マハン
海上権力史論

The Influence of
Sea Power
upon History, 1660-1783

Alfred Thayer Mahan

【著】アルフレッド・T・マハン
【訳】北村謙一　【解説】戸高一成

解説　『海上権力史論』について

戸高一成

マハンと「海上権力史論」

海軍戦略を語るとき、欠かすことの出来ない名前にマハン（Alfred Thayer Mahan, 1840-1914）がある。マハンは、ニューヨーク州ウエストポイントで一八四〇年に生まれた。十二歳で神学校に入り、一八五四年にコロンビア大学に入学したが、二年でコロンビア大学を中退、アナポリス海軍士官学校（日本式に言えば海軍兵学校）に進み、一八五九年に卒業した。当時は、海軍が帆船海軍から急速に蒸気船海軍に変わりつつある時代であり、マハン自身は、帆船に一種のロマンを感じていたようで、新しい技術によって生まれた蒸気推進の軍艦には、あまり愛着を感じなかったようである。勢い艦隊勤務から陸上勤務が増え、海軍士官の本務よりも、海軍のあり方についての研究に興味が移ったようである。結果、マハンは一八八三年に最初の著作 *The Gulf and Inland Waters* を発表した。これは南北戦争における海軍戦史であり、これが評価された結果一八八五年に設立直後の海軍大学校の戦史、戦略教官となった。これがマハンの後世を決定したと言える。マハンは海軍大学校での講義録を整理して一八九〇年に *The Influence of Sea Power upon History, 1660-1783* を刊行した。これが本書『海上権力史論』のテキストである。

アメリカでは、発行直後の評価はあまり芳しいものではなかったが、イギリスではすぐに注目され、大きな評価を得た。主な内容が、イギリス、フランス、オランダの海上抗争の歴史を扱っているので当然であろう。当時日本においては、海軍関係者以外には、さほど注目はされなかったが、海軍省の外郭団体でもある水交社において翻訳の企画が進められることになった。

マハンは追って一八九二年に *The Influence of Sea Power upon The French Revolution and Empire, 1793-1812* を出版、再び大きな反響を得て、海軍史家、海軍戦略家としてその知名度を高めていった。

マハンは一八九六年に現役を退いて著作に専念するが、この年に日本で *The Influence of Sea Power upon History, 1660-1783* の翻訳が完成し、「海上権力史論」（明治二十九年、水交社訳、東邦協会発行）として公刊されたのである。この訳書が発売されると、海軍関係者ばかりでなく、たちまち読書界では一種のマハンブームが巻き起こった。明治三十年の東邦協会会報第三十二号では、「海上権力史論」に対する新聞雑誌の書評を紹介しているが、主要十二誌が克明な紹介、批評を行っていることからも、その注目度の高さがうかがえる。代表的な一例として、「国民新聞」の評の一部を見れば、

> 此書一たび出でて欧州の政事《ママ》家軍人、先を争ふて購読し、紙価一時に高まりたりと。其書名は、海上の制力たる海軍の消長に関すと雖も、其の第一七世紀以来欧州列国が外交上の成敗、国力の消長、国運の盛衰、富の増減は、殆ど論じ尽くして明晰たり。仮令は、第一七世紀の始めに於いて和蘭、葡萄牙、西班牙が一時世界に横行闊歩したる所以、英国が世界に偉大の領地を広めたる

所以、欧州大陸が過る数百年間戦闘に従事せる間に於ける海上権力の関係する所以、更に細かに言へば西仏諸国が南北両米に於いて一時領地を得たる所以。海上の消長によりて英国が遂に印度より仏を逐い和蘭を排し、南洋に於いて西、和、葡諸国に打ち勝ちたる所以、若しくは和蘭の国力が如何に海上制権の為め久しく保持したる所以、一言せば列国が外交操縦の制権力の尤も大関係を有し列国の富の上に大要素たる海上の権力に就いて、事実に徴し、其の間の戦術を批評し、其の間の英雄ネルソン、ルイテル、コルベール等の人たるを記し……（句読点は筆者）

と、丁寧な紹介を行っている。水交社が翻訳をしたという背景には、当然ながら海軍の意向が存在することは明瞭であり、この時期、日清戦争後の海軍は、その勢力を対露戦備に向けて増強するため、海上防衛に関して国民の関心を高めるための世論喚起に躍起となっていたので、この著作にも大きく期待したと考えても不自然ではない。

マハンの名が日本で広く注目されたのはこの出版以降であり、間もなく明治三十三年（一九〇〇）に、*The Influence of Sea Power upon the French Revolution and Empire, 1793-1812* が「仏国革命時代海上権力史論」として、「海上権力史論」の続編として翻訳された。翻訳、発行ともに「海上権力史論」と同じ、水交社訳、東邦協会発行であった。マハンは、この二著作で、日本においてもその海軍戦略家としての知名度を確固たるものとしたのである。特に日本海軍は、マハンの積極的な海上権益獲得指向に日本海軍の展望を重ね合わせ、マハンを海軍戦略の師としたのである。実現しなかったものの、マハンを海軍大学校の教官として招聘する動きさえ有ったのである。日本海軍にとって、マハンの考えは、海軍拡張の必要性を主張する際の強力な論理的支援となったであろう事は容易に想像出来る。しかし、それは単に海軍にとってのみ利用価値のある海軍論ということではなく、広い意味での海洋国家の持つべき海国論とも言うべき背景を持っていたことも確かなのである。

海国論として見たとき、マハンが特に強調したのが、海洋国家にとって、海軍とその運用は国際間の力関係、つまり政治戦略と切り離せないこと。そして、海洋を介する一国の商業圏を確保することが国家の盛衰の要点であり、そこにこそ海軍の存在理由があるということである。さらに、海軍士官には、十分な政治的判断力を求めていた。

マハンは、重要なキーワードをいくつか示したが、中でも根拠地と交通線を重視していた。根拠地は戦略的要地であり、軍事的な優越的地点である。これを維持するための補給線としての交通線を確保する、という考えなのである。マハンの時代は、帆船海軍が蒸気船海軍に取って代わる時代であり、根拠地の重要性は非常に高まっていた。帆船時代の根拠地は、食料と水の補給が主であったが、蒸気船海軍では多量の石炭の備蓄と、大規模な修理施設と各種補給品、特に高機能の船渠《せんきょ》設備(ドック)が求められるようになったからである。因みにマハンはこれらの根拠地を確保するためには、他国の主権にはあまり配慮していないように思われる。

マハンの言う交通線は、基本的にロジスティクスであるが、マハンの意識としては、航路制海というような意味であったように思える。ロジスティックスとしての交通線を考えるとき、その確保には二通りの形が考えられる。まず物資を積んだ輸送船、あるいは輸送船団そのものを護衛する「直接護衛」と、航路帯の安全を確保し、輸送船は、その安全な海を自由に航海することを考える「航路制海」である。マハンは、航路制海によって交通線は確保されるとしたようである。ちなみに近海邀撃《ようげき》決戦思想だった日本海軍は、通商保護の意識が薄く、制海権の確保が即ち航路確保であるとの意識から、個々の船団護衛という思想を余り持たなかったのである。現実の問題として、日本海軍は船団護衛艦艇を長く建造しなかったのである。しかし、マハン自身、海戦の勝利によって制海権を確保しても、ゲリラ的攻撃を抑えきることは困難である、としていたところを見落としており、後に制海圏内でさえ潜水艦による莫大な損害を被る、という結果に陥っている。

マハンは、著作の中で繰り返しこの前記の点について言及しているが、この中で海洋支配に関していくつかの単語を使い分けている。筆者にとっても、この使い分けを明確に判断することは困難だが、マハンは、control ocean ＝管海（平時活動に関わる海洋支配、あるいは政治的海洋支配であろうか）、commanding of the sea ＝制海（作戦に関わる海洋支配、あるいは武力的海洋支配であろうか）を共に確立するための力を、海洋力（sea power）という概念で示したのではないかと考えている。この海洋力（sea power）を現実のものにするツールこそ、大海軍、大艦隊に他ならなかったのである。これは、言うまでもなく、日本海軍にとっても望むところだったのである。

マハンの著作の翻訳と日本海軍

さて、では、マハンの著作は、日本及び日本海軍にとって、単純に素晴らしい海洋国家戦略の教科書として受け入れられたかと言えば、そう簡単ではない。特に日本海軍は、結果としてマハンの海洋国家主義ともいうべき思想に、大きな期待と同時に、大きな危惧を抱くことになったのである。さらに、このマハンを、日本海軍の代弁者として、極めて巧妙に世論誘導に使った節があるのである。それは、これらマハンの著書の翻訳のタイミングに意図的なものを見ることが出来るからである。

まず、本書「海上権力史論」は、原書発行の六年後に翻訳を発行している（東邦協会版）。次作の「仏国革命時代海上権力史論」は、原書発行後八年で翻訳が出されている。これは明らかに日本海軍の拡張に対して理解を得るための梃子として機能したことが考えられる。ところで、マハンの海洋戦略論の結論とも言うべき *Naval Strategy*（「海軍戦略」）は、発行が一九一一年であった。発行と同時に、日本海軍は大量の原書を購入したにも関わらず、長く翻訳をさせていないのである。これは、「海軍戦略」の内容には日露戦争以降の対日脅威感情が露わで、国内の反米感情を煽るのではないかと危惧されたためではないかと思われる。実際マハンは、明瞭に日英同盟に対して不満を持ち、万一日米間に衝突があったならば、英国はどのような態度に出るのか、とあからさまに不快感を記しているのである。これを素直に読めば、アメリカ海軍は潜在的に（当然ではあるが）日本を敵視していることがあきらかであり、日本人の中に反米感情を植え付けることになりかねない内容でもあったからである。

ところが、昭和五年、ロンドン条約で海軍軍令部は、主張した海軍兵力量の要求が通らなかったと見るや、いずれ遠からず日米衝突が起こると判断、直ちに反米（反米海軍）世論を掻き立てること、及び海軍軍令部自身の権限の強化を考えたのである。そこで翌六年、まず手を付けたのが、マハンの「海軍戦略」の翻訳だったのである。これは明らかに、重要な海洋戦略書の翻訳と言いながら、日米間の危機を煽る結果を意図したものだったと考えられる。この辺りの経緯については、資料が少ないが、海軍戦略を翻訳した尾崎主税は、後に翻訳前後の経緯を回想して「昭和六年春、軍令部三班六課戦史班で課長の佐藤脩大佐より翻訳を命ぜられた」とあり、翻訳着手そのものが、明瞭に海軍軍令部の指示であったことが示されているのである。そして、昭和七年に翻訳が完成し、出版されたのである。実に原書が出版されてから二十一年目の翻訳発行だったのである。これは、過去のマハンの著作の翻訳のタイミングとは異なる意図を読み取ることが出来るのである。これ以降、日本国内の対米感情は良好になる機会がないままに太平洋戦争に向かうのである。

そして、マハンの「海軍戦略」を読んで育ったと言っても良い世代が日米開戦を決意し、最前線の指揮官として戦ったのである。昭和十七年、「海軍戦略」のダイジェスト版が発行されたとき、前書きにおいて、大本営参謀であった富永謙吾少佐は、明瞭に「マハンが居なかったら、大東亜戦争は或いは起こらずに済んだかも知れない。少なくともハワイ海戦というものは存在しなかったのではないかと考えられる。」と書いているのである。これは、マハンこそが日米衝突の原因を作った人物である、と言っているのである。マハンの影響の大きさを改めて認識させる言葉といえよう。

最後に、この「海上権力史論」の今日的意味を考えたい。マハンの著作は、二十冊に及ぶ単行図書と多数の論文からなるが、このなかで重要なものを挙げれば、本書「海上権力史論」と「仏国革命時代海上権力史論」「海軍戦略」を挙げなくてはならない。実はこの三著作は一体で、いわば「海国戦略史論」とも言うべき論文なのである。そして、本書はマハンの海洋戦力論の第一部であり、まずここから入るべき重要な本と言うべきなのである。

訳書について

本来マハンの史論の特徴は、詳細な歴史的事実の蓄積によって結論を導き出すものである。多くの事例を取り上げるために記述が煩瑣になり、論旨がやや拡散しがちな傾向があるが、その歴史を検討して、現在と未来を推し量るという手法には、普遍的なものがある。個々の事例は古くなり、新しい事例に取って代わることはあるが、背景にある歴史の構造とも言うべき骨組みは変わらない部分が少なくないのである。今日的視点で見ても、根拠地、交通線というマハンが示した海洋戦略の重要性は変わっていない。ただ、巨大な空母機動部隊の出現は、機動部隊自体を根拠地と見なすことが出来るようになったことが、新しい変化であろうか。そして、その交通線であるロジスティックスの確保には極めて多大の労力が投入されることも変わらないのである。最近では、対テロ戦争と位置付けられた「不朽の自由作戦」(Operation Enduring Freedom)でのインド洋に於ける海上自衛隊の補給活動という形で、日本人が我が事として目前に見たことなのである。

マハンに私淑していた秋山真之は、その「海軍基本戦術」改訂版(大正元年)の前書きにおいて、初版当時に比べて軍事技術の驚くべき発達の中で、既に自分の戦術論が陳腐化したと言いながら、「若し夫れ、銃は槍の長きもの、砲は銃の大なるものたるを悟得せば、此の陳腐の旧書も亦温古知新の一助ともならんか」としている。秋山の言いたいことも、技術は進化するが、原理は変わっていないということなのであり、これもまたマハンがたびたび言及していたことなのである。

「海上権力史論」は、前記のように日米海軍の運命に大きく関わったマハンの戦略論の第一部とも言うべき部分であり、長く海軍士官必読の書であったが、戦後はほぼ忘れ去られていた。これは、その原書が普及しているとは言い難く、訳書自体も稀覯書に近く、さらに訳文がはなはだ前時代的で、現代の読者にとっては繙読に適さないものであったことが一つの原因であった。従って、この新訳を求める声はあったが、マハンの文章は難解で有名なものであり、特に数行に渡ってピリオドのない、冗長な文体は、翻訳を困難なものとしてきたのである。「海軍戦略」を訳した尾崎主税中佐も、

- 心理学的論理で書かれている部分が多い
- 博引傍証に勤めるあまり文章が複雑になる
- 文法を超越した表現がある
- 要するに、評判とおりの難物である

とその苦労を回顧しているほどである。

本書は、この「海上権力史論」の新訳に挑戦したもので、抄訳とは言いながら、訳者の北村謙一氏は海兵六十四期卒、歴戦の海軍士官であり、戦後は米海軍大学校を卒業し、海上自衛隊護衛艦隊司令官を務めている。本書の訳者としてこれ以上を望めないほどの適任者であろう。

当然ながら、今日この「海上権力史論」を以て、そのまま現在の海洋戦略を考えるテキストとして相応しいと言うことにはならない。しかし、歴史は、人間が繰り返してきた試行錯誤の足跡なのであり、マハンが言い、秋山が言ったように、技術は進歩しても、歴史の背景としての人間の行いは変わらないのである。故大井篤氏（海兵五十一期）は、かつて筆者に「日本の海軍は、もっと西洋史を勉

強すべきだったのですよ。欧米人を相手に戦おうというのに、相手の歴史的な思考パターンを知らないでは、ねえ」と話されたことがある。
このように見るとき、本書から読み取れる情報は、常に新しい時代に合わせた読み方が出来ると考えて良く、また常に新しい時代背景の中で読まれるべき書物であるとも言えるのである。

平成二十年五月

呉市海事歴史科学館館長　戸高一成

訳者序

本書の原名は『歴史に及ぼしたシーパワーの影響（一六六〇―一七八三年）』The Influence of Sea Power upon History, 1660—1783（一八九〇年発行）である。邦訳の市販のものとしては明治二十九年水交社発行『海上権力史論』があり、わが国ではその書名で有名である。

同書は、戦前はマハンの『海軍戦略』（一九一一年発行）とともに海軍将校必読の書とされ、その考え方は日本海軍に少からぬ影響を与えた。日露戦争当時東郷平八郎聯合艦隊司令長官の先任参謀として威名を馳せた秋山真之中佐（当時）も、大尉でアメリカに留学中個人的にマハンに師事し、その考え方を大いに取り入れている。海上自衛隊幹部学校も両書を学生の教材として使用し、訳者は昭和四十八年海上自衛隊退職後毎期の学生に対し両書について講話をしている。

原書は発行とともに直ちに内外の絶讃を博したが、反面これをいろいろ批判するものも当時からあった。しかしいずれにせよ、同書がこれまでのアメリカの海外進出と海軍の発展に大きな影響を及ぼしてきたのは事実である。また自国の発展を海洋上に求めなければならないよう運命づけられている国に今なお貴重な示唆を与えているのも確かである。最近のソ連海軍力の著しい増強と海外におけるその活発な活動を見ると、ソ連もまたマハンの考え方に大いに学んでいるのではないかと思われる。

同書は多くの民族が海洋を適切に利用するか否かによって興廃いずれかの道をたどった経過を示す記録である。同書は海軍戦略の研究を志すものにとっても、また海洋大同盟時代といわれる次の世紀に向ってわが国の進むべき道を模索するものにとっても、今一度読み返してみる価値のある古典である。海外に広大な植民地をかかえていたスペインや、当時の世界の貿易、海運を一手に牛耳っていたオランダがいかにして衰亡していったか。フランスがいかにしてせっかくの海外発展の芽を自ら摘んでいったか。そしてイギリスがいかにして苦難を越えて七つの海を支配するに至ったか。それらを想い、かつまた明治維新から太平洋戦争そして今日まで日本がたどってきた道を振り返ってみるとき、まさに感慨無量なものがあるに違いない。

もちろん時代の変遷に伴い、マハンの考え方をいかに理解し、それを今日の日本にいかに適用するか又はしないかは、日本の将来に関心を持つすべての国民が自ら考えるべきことであろう。

原書は全文翻訳すれば、本訳書の版にしても七五〇ページ内外に達しよう。しかしそこに引用された海戦はすべて帆船時代のもので、その詳細は軍事専門の学究にとってもあまり興味がないであろう。したがって本書ではそれらを割愛して適当な大きさのものにまとめ上げることにした。整理にあたっては、日本のようにその発展を海洋上に求めざるを得ない国がそのためにとるべき内政、経済、外交、防衛等を含む総合的な国家政策の考究、並びに海軍戦略、艦隊の指揮運用及びいわゆるシビリアン・コントロールの研究に資することをおもなねらいとした。

原書の著者序、緒論、第1章シーパワーの要素及び最終の第14章一七七八年の海洋戦争の論評は、マハンの考え方を理解する上で最も参考となる部分であるので全訳した。残りの十二章については、イギリス、フランス、オランダ、スペインの興亡及びアメリカ独立戦争におけるシーパワーの影響を例証するものとして第2、第3、第4、第7、第8及び第10章を選んで抄訳した。東インド関係は割愛した。

マハンの文章は今日のわれわれにはあまり馴染まない。また長い文章が多く、しばしば十行以上にわたる。しかしすでに評価の定まった古典であることを尊重し、意訳は避け、長い文章をいくつかの短い文章に切ったほかは、努めて原文に忠実に訳した。なお seapower の訳語としては戦前は専ら「海上権力」が用いられたが、戦後は多く「海洋力」という言葉が用いられている。しかし本書では、読者が訳語の語感から先入主的な印象を抱かれるかも知れないことをおそれて「シーパワー」という言葉をそのまま使用した。本書中に時々「海洋力」という言葉が出てくるが、それは原文に maritime power または maritime strength とあるもので、一応区別してはみたが、それがシーパワーと異るものかどうかは訳者にはわからない。海上自衛隊幹部学校に教材用として作られた全訳資料があるが、翻訳にあたりそれを大いに利用させてもらったことをおことわりし、幹部学校の関係教官のご協力に感謝申しあげたい。

原書房社長、成瀬　恭氏から本書の現代文での翻訳の話があり、昨年から手をつけ、余暇を利用して二年がかりでようやくまとめ上げた。成瀬社長のご好意並びに同社編集部の奈良原真紀夫氏のご協力ご尽力に深謝したい。

昭和五十七年十一月

訳者　北村謙一

追記　人名、地名等の固有名詞は、周知のもの以外は各章ごとに最初に出てくるものの日本呼びのカタカナの次に（　）で包んでローマ字の原名を添えた。（　）は右のほか、原文にあるもの、また補足の節か句であって読みやすくするためにカッコに包んだものである。〔　〕は訳者の注である。

〈原書と当訳書の章の対応関係〉

原書	当訳書
著者序	同上（全訳）
緒論	同上（〃）
第1章	第1章（〃）
第2章	第2章（抄訳）
第3章	第3章（〃）
第4章	第4章（〃）
第5章〜6章（省略）	
第7章	第5章（抄訳）
第8章	第6章（抄訳）
第9章（省略）	
第10章	第7章（抄訳）
第11〜13章（省略）	
第14章	第8章（全訳）

訳者解説

シーパワーをいかに捉えるべきか
——その今日的意義——

マハン

マハンは「歴史に及ぼしたシーパワーの影響」を一八九〇年に書いたが、その著作がその後の歴史に大きな影響を及ぼしたことは、まぎれもない事実である。マハンを膨張主義者、大海軍主義者、プロパガンディスト等と評するものがいる。その視点から見る限りその批判はある程度あたっているかも知れない。しかしそれだからといって、全体を通じてのマハンの論旨の卓越さと価値を否定することはできない。ここではそのような論評はさておき、マハンのいう「シーパワー」をいかに捉えるべきか、またその今日的意義をどう見るべきかについて、マハン後年の著作『海軍戦略』（一九一一年発行）の論述を加味しつつ、解説を兼ねて若干、補足しておきたい。

マハンのいうシーパワー

マハンはモムゼンの『ローマ史』から、第二次ポエニ戦争におけるローマ勝利の決定的要因がローマによるイタリア半島からイベリア半島に至る西部地中海の北半分の「コントロール」にあったことに気がついた。マハンのシーパワー史論はここから始まる。彼は十七世紀から十八世紀にかけてのイギリスとオランダ、フランス、スペイン等との主として海上における闘争の経過の中から、すでに水平線上にその姿を現わしていた「第三の力」が歴史に大きな影響を及ぼしたことを発見して、これを「シーパワー」と呼んだ。「海軍力」よりもさらに広い概念を強く世人に印象づけるためにキャッチ・フレーズとして彼が考え出したこの言葉は、本人の予想をはるかに越えた反響を呼んだ。しかし彼は必ずしもその定義を明確にしなかった。通常「制海」ないし「制海権」と訳されている海上の「コントロール」についても同じである。

このため今日もなおシーパワーの意義そのものについていろいろな論議が行われ、それが彼の所論の当否にまで及ぶことがある。しかしここでそんな論議をしてもはじまらない。要はその今日的意義をいかに捉え、それを現在のわが国の政策なり戦略にいかに活用するか又はしないかにある。以下はこれに対する私の解答ではない。この問題への取り組み方についての単なる参考意見に過ぎない。

マハンは第一章「シーパワーの諸要素についての考察」の中で、「広い意味におけるシーパワー」の発展のことに触れ「ここにいうシーパワーとは武力によって海洋ないしはその一部分を支配する海上の軍事力のみならず、平和的な通商及び海運をも含んでいる」と述べているだけである。

マハンはシーパワーの連鎖の鍵について、生産によって生産物の交易が必要となり、海運によって交易品は運搬される、植民地は海運の活動を助長拡大し、また安全な拠点を増やすことによって海運の保護に役立つ、と述べた。こうして生産、海運及び植民地の三つの中に海洋国家の政策及び歴史の多くに対する鍵が見つけ出されるというのである。

マハンはまた、シーパワーに影響を及ぼす一般条件として、(1)地理的位置、(2)自然的構造、(3)領土の大きさ、(4)人口、(5)国民性及び、(6)政府の性格の六つを挙げた。しかしこれらはシーパワーの構成要素として取り上げたわけではない。

以上からマハンは、一方に(1)生産・通商、(2)海運及び、(3)植民地という循環する海外経済発展の要素を置き、他方にそれを保護又は推進するものとして海軍力を並置し、全体を総称してシーパワーと呼んだのではないかと思われる。

このように海外経済発展の中に海洋に面した国家の繁栄を求める見地からは「この平和的な通商及び海運があってはじめて海軍の艦隊は自然にかつ健全に生まれ、またそれが艦隊の堅実な基盤になる」のである。したがって「狭義の海軍は、商船が存在してはじめてその必要が生じ、商船の消滅とともに海軍も消滅する」ことになる。「ただし侵略的傾向を持ち、軍事機構の単なる一部として海軍を保有している国はこの限りでない」とマハンはいう。こうした表現からは、大海軍を背景とした膨張主義者というマハンのイメージはどうしても浮んでこない。

本書の中にも出ているが、マハンは『海軍戦略』の中で、イギリスのクロムウエル統治の時代に

「通商路の管制」という新しい戦略思想が生まれ、それに伴って、⑴移動海軍と、⑵通商路の付近にあって海軍の作戦基地となる港すなわち根拠地が必要となったことに触れている。彼はこの二つが海軍戦略上の決定的要素であるという。

マハンは植民地を、経済的には本国が必要とする物資の供給者及び本国の生産物の市場であるとともに、貿易の基地及び船舶の避難拠点を提供するもの、また軍事的には根拠地を提供し艦隊に補給支援を与えるものとして捉えた。これらの海外の植民地及び根拠地と本国との間の交通は当然確保しなければならない。そして植民地や根拠地との距離が遠くなれば必然的にその途中にも中間基地が必要となる。ここで次の二点について若干補足しておく必要があるように思われる。

〈海上交通線とは〉

まず本書中にもしばしば出てくる「海上交通線」(sea lines of communication) の意味についてである。それは厳密にいえば通商路とか貿易路のことではなくして、艦隊又は前方の基地に対する兵站線という意味の軍事用語であり、陸戦用語の「交通線」を海上に適用したものである。しかし一般には両者は混同して使用されている。シーレーン(海上路、航路)という言葉は一般用語であろうが、その中には軍事用語の海上交通線も含まれているようである。もちろん海上の交通路は陸上の道路や鉄道のように地理的に固定されたものではない。二点間を結ぶ航路は通常は二点間の最短路線をとるが、平時においても海、潮流又は気象上の考慮からわざわざ迂回航路をとることがある。有事においてはそのほかに彼我の作戦の状況に応じて機宜変更されるものである。

〈制 海 と は〉

マハンの論述においては「シーパワー」と並んで「制海」の概念が中核となっている。しかし彼はそれについてもはっきりと定義を示していない（あるいは当時その言葉が定着的に使用されていたのかも知れない）。このため、限られた地域の陸上作戦の場合のような完全な制圧を連想するためか、広大な海洋を限られた艦艇でもって制圧することは到底不可能だとして「制海」の考え方を否定するものがいる。水上艦艇だけの時代においてもそうであるから、潜水艦や航空機が出現した今日においてはなおさらであるという。

しかし本書の中でマハンは、当時においても敵の艦隊を撃破ないし駆逐した後も、小部隊によるゲリラ的襲撃や補給輸送、また通商破壊の巡洋艦又は私掠船（戦時敵船舶の攻撃捕獲の免許を得た武装民有船）による通商破壊を完全に阻止することはできなかったことを繰り返し述べている。完全な制海はあり得ないことを認めた上での「制海」はつまるところ程度の問題であろう。すなわち地理的には、広い戦域全般についてか、あるいはその中の比較的広い海域についてか、ないしは限られた局地水域についてであるかということであろう。またそれぞれの地理的範囲において、味方の艦船はどの期間、どの程度に安全に（自由にもしくは大きな危険を冒してか、大規模ないし小規模にか）に行動することができ、また味方は敵の艦船の行動をどの程度に妨害することができるかということであろう。したがって、味方が自国の安全保障上必要とする海域を必要とする期間、必要とする程度に利用するとともに、自国の安全保障上敵艦船の行動を阻止したいとする海域について必要とする期間、必要とする程度に敵艦船の行動を阻止することができるならば、一応「制海」の目的は達成されたものとみなしてよいであろう。

シーパワーの今日的意義

マハンの所論がすぐれたものであることは事実としても、情勢が変った今日果たして適用しうるであろうか。適用しうるとしても、いかなる修正ないし配慮が必要であろうか。

マハンのシーパワー論の今日的意義を考える場合に配慮すべきことが二つある。一つはシーパワーが目指す目標は何であるかを再確認すること。次は当時、より厳密にいえば十七世紀後半から十八世紀にかけての間、イギリス、フランス、オランダ、スペイン等がおかれた条件と、今日われわれが直面している条件との間の類似点と相異点の認識である。これについては若干の補足が必要なように思われる。

まず第一の点について。戦争にしろ、平時の国家政策にしろそのおのおのには国家としての究極的な目的がある。それを達成するために各省庁はそれぞれの任務を分担する。たとえば戦争の場合における自衛隊について見ると、自衛隊には国家の戦争目的の達成に寄与すべく作戦任務が課せられる。自衛隊はそれを達成するために陸海空各自衛隊及び必要に応じ設けられた統合部隊にそれぞれ任務を割り当て、各部隊もまた同様にしてそれぞれ下位段階の部隊に任務を割り当てる。各段階の部隊に割り当てられた任務は、それぞれの部隊にとっては達成すべき自らの目標である。各国軍隊ではこの場合、上位段階の部隊の任務すなわちその目標を下位段階の部隊の任務の目的と呼んで両者を区別する。こうして究極目的を頂点とするピラミッド型の目標システムすなわち目標系列ができ上る。

マハンも最終章「一七七八年の海洋戦争の論評」の中で、戦争の「目的」と軍事作戦を指向する「目標」について述べている。両者の関係はこのような目標系列を頭に浮べれば容易に理解できよう。こうして各部隊は一つの目標系列の中における自分の目標の位置づけを明確にし、それを堅持してその達成に努める。もし情勢が変って自分の目標を自らの責任の下に変更しなければならないと判断したときは、その目的すなわち上位段階の目標の達成に寄与しうるような新たな自らの目標を選定する。これが各国の軍隊において「戦争の原則」として教えられているものの中で第一に挙げられる「目標の原則」である。わが国の最近の防衛論議においては、このわかり切ったことが忘れられ、そのために目的不在の無用の議論になることが多い。

次に第二の点について、マハンは緒論の中で、過去の史例から今日に適用しうる教訓を学び取ろうとするときの注意として、当時と今日の類似点ばかりに注目して相異点をおろそかにすることを戒めている。それはマハンのシーパワー論の今日的意義を考える場合にもいいうることである。

類似点を追求していくと、相異点を看過するのみならず、類似点を過大視して夢想に陥る傾向があるとマハンはいう。自分があらかじめ出しておいた結論を裏付けるのに都合のよい実例を、条件の相異にもかかわらず集めようとするのは陥りやすい極端な例である。

たとえば次のような議論の立て方はどうであろうか。――シーレーンの確保は日本の防衛上必要ではない。第二次大戦においてポーランドの二〇〇万の軍隊はわずか二週間で潰滅し、ポーランドは一カ月でドイツに降伏した。しかしそれは海外からの補給に関係のないことである。またフランスがドイツの軍門に降ったのは、国内での地上戦闘能力の潰滅のためであって、海外からの補給が止まったからではない――。

この例でポーランド、フランス、日本の三国に共通な点は降伏したことである。またポーランドとフランスに共通な点は、降伏の直接的な原因が地上戦闘能力の潰滅にあって海外からの補給の途絶になかったことである。それは事実である。しかし日本の場合は異る。本土決戦のために準備された部隊は陸軍関係だけでも二百数十万あり、それらはまだ無傷のまま残っていた。それにもかかわらず日本は無条件で降伏した。それは海外からの補給が絶え、戦争の継続はおろか一般国民に配給する食糧の確保すらすでに困難になっていたからである。ポーランドやフランスと日本では戦争の条件が全く異っていた。したがって前者の教訓をそのまま日本に適用することは極めて危険なのである。

〈シーパワーの目的〉

ところでマハンはシーパワーの要素の一つに植民地を挙げている。しかし彼がアメリカのために考えたことは植民地の獲得ではなくて、海外における経済的発展にあったように思われる。とすれば、それは今日においてもいいうることである。天然資源に乏しい小さな島々に一億一千万人の国民がひしめき合っている日本にとっては、それ以外に生存し発展する途はない。

〈条件の類似点と相異点〉

マハンが考察の対象とした時代の条件と今日の条件の間には、類似点がある反面、大きな相異点がある。留意すべきは特に後者である。

第一に、当時の国際政治の場においては海外に植民地を求めることが許されていたが、今日においては植民地という考え方それ自体が認められない。しかし植民地の保有に代わって諸外国と通常の通商を通じて自国の必要とする物資の供給を受け、また自国の生産物を輸出することができる。したがって生産・通商及び海運がシーパワーの主要要素であることには変りはない。

第二は、海洋の機能である。マハンは海洋の機能を経済的には通商の公路、軍事的には自由な進攻路又は自国防衛の第一線として捉えた。現在もそれに変りはない。しかし今日の海洋には資源地帯という第三の機能がある。マハンはオランダの漁業にちょっと触れただけで、資源地帯としての海洋の利用については少しも論じていない。しかし今日では重要な動物性蛋白質食糧の供給源として、また海底油田、海底鉱物資源地帯等として海洋の重要性はますます増大している。それのみならず、沿岸二百海里の経済水域及び大陸棚が国際的に認められたことにより、資源に関する沿岸国の主権範囲は大いに拡大された。ここにおいて漁船隊、海洋開発能力、また軍事、漁業及び海底開発に必要な海洋調査能力をもシーパワーの構成要素に加えるべきだとの意見がある。もっともなことである。

第三は、軍事技術の発達である。特に核兵器、潜水艦、航空機、ミサイル、軍事用人工衛星、指揮・通信・情報等の電子装備等の出現と発達は、マハンがシーパワーを構想した時代とは画期的な条件の変化である。

第四は、これは一般に看過されやすい点であるが、当時イギリス、フランス、オランダ、スペイン等は地球上の広範囲にまたがって闘争していたものの、それらの本国は西ヨーロッパの一隅にかたまっていた。すなわち相抗争する各国海軍の本国の主要基地はこの一隅に互いに近接して位置し、各国の海上交通線もまたここに集束していた。

しかし今日の東西対立下の海軍戦略情勢は当時とは大いに異る。東側の海軍兵力は主としてソ連海軍であるが、その主要基地は互いに遠く隔たり地理的にも相互支援が困難な状況にある。しかも北海に面した基地以外の三基地はその出入口が地理的に西側によって制約されている。他方西側の主要国は地球上に広く分散している。しかしいずれも相当規模の海軍を持ち、その相互支援は主として海路行われる。一方ソ連の主要基地相互間及び主要基地と海外基地を結ぶ海上交通線はユーラシア大陸の外縁地域を通っている。しかも途中には多くの地理的制約地点があり、それらはすべて西側によって容易に管制される。

本書に登場する主要国の当時の相互関係と今日の東西間の関係におけるこの大きな条件の相異は、第三の軍事技術の面における条件の著しい相異と相まって海軍兵力、海軍戦略、海軍作戦のあり方に大きな影響を与えるであろう。

＜根拠地と艦隊＞

マハンの原著には海軍戦略や艦隊の運用に関係のある記述が相当ある。しかし海軍戦略そのものについては、マハンは主として『海軍戦略』の中で論じている。本書のおもなねらいもマハンの戦略思想の紹介にはない。したがってここでは次の二点に触れるだけにとどめておこう。

マハンは緒論の中でフランスのある著述家の次の言を引用している。――「海軍戦略は、戦時と同様平時においても必要であるという点において陸軍戦略と異っている。実に海軍戦略は、戦争によっては獲得し難いようなある国のすばらしい地点を平時に購入又は条約締結のいずれかによって占有することにより、最も決定的な勝利を収めることができよう」。この引用は『海軍戦略』の中にもあり、海軍戦略の特徴を理解する上で重要である。

マハンが『海軍戦略』の中で、海軍戦略上の決定的要素として移動海軍すなわち艦隊と根拠地を挙げたことはさきに述べた。海軍戦略がグローバルなものになれば、海外根拠地もグローバルな規模で考えなければならない。かつての大英帝国がそうであった。その点、今日のアメリカ合衆国及びソ連の海外基地の取得、利用の状況は、それぞれの海軍戦略の反映と見れば興味深い。

マハンは本書においても、また『海軍戦略』の中においても、敵の艦隊こそ軍事努力の真の目標であることを繰り返し強調している。そのためかも知れないが、マハンは艦隊決戦主義、大艦巨砲主義の元凶であるかのようにしばしばいわれる。果たしてそういえるかどうかは知らない。しかしマハンの強調する「目標の原則」や「集中の原則」に照らし、マハンが本書及び『海軍戦略』の中で述べている限りにおいてその評はあたらないように思われる。マハンに個人的に師事した秋山真之は、海軍大学校教官当時の応用戦術講義録の中で、目的と目標の関係に触れたあと、戦略の要旨は「滅敵」ではなくして「屈敵」であると述べている。それは東洋古来の考え方を反映したものであるが、「目標の原則」を踏まえての意見でもある。極端な艦隊決戦主義は、艦隊こそ軍事努力の真の目標であるということを教条化したものであり、もし「目標の原則」に配慮すればその弊は防ぎ得たかも知れない。大艦巨砲主義にしても、航空機の出現という条件の変化が海軍作戦に及ぼす影響を適正に見積もらなかったために陥った弊害で、マハンの責任ではない。マハンが条件の相異点に留意するよう注意していたことはさきに述べたとおりである。事実、攻撃空母時代になっても、作戦の主要目標が敵兵力であったことには変わりがない。ただ艦隊の主兵力が戦艦から空母に代わっただけである。それは原則の変更ではなくして、適用の問題に過ぎない。ただし今日直面する条件下において、軍事努力の主要目標をどこにおくべきかは、あらためて検討するに値する問題であるかも知れない。

ソ連のシーパワー

もう五、六年前のことである。海上自衛隊を退職後訪米した際、旧知のアメリカ海軍作戦部長ハロウェイ海軍大将をペンタゴンに訪ねた。同大将の取り計らいで数名の提督と個別に面談の機会を得た。そのうちの一人で対潜作戦担当のある海軍中将の部屋を訪れたとき、あいさつを終わるや、いきなりソ連の海軍戦略をどう見るかとの質問があった。私が日ごろの所見を述べると、同中将は「それではマハンの戦略思想と同じではないか」という。「そのとおり。ソ連海軍は最も忠実なマハンの戦略思想の継承者であると思う」と私が答えると、同中将は立ち上って私に握手を求めながら「私も全く同感である」と述べた。ソ連が現在進めている海洋政策をシーパワーの見地から見ると次のとおりである。

ユーラシア大陸にまたがる広大な国土を有するソ連は、軍事的には世界最大最強の陸軍を擁し、資源的にもほとんど自給自足ができて、誰の眼にも典型的な大陸国家と映る。そのソ連がいつのまにか同時に最も強大な海洋国家になっていた。

まず漁船隊である。ソ連が遠洋漁業を重視し始めたのは第二次大戦後である。遠洋漁船隊は急速に増強され、今や大型漁船では水産王国日本を凌ぎ、魚獲量でも世界の首位グループに属している。さらに注目すべきことは、ソ連の遠洋漁船隊が他の国家施策とともに政府によってコントロールされ、外交及び海軍活動を支援するために巧みに利用されていることである。

次は商船隊。その増強は第二次大戦後、特に一九五〇年代後半に入ってからである。ソ連はほぼ自給自足できると思われるにもかかわらず、その商船隊は急速に増強され、その保有船腹量はすでに世界の上位グループに達している。ここにおいても注目すべきは、商船隊が政府のコントロール下に対外政策支援の道具として巧みに利用されていること。またその貨物船及びタンカーのうちの相当数のものが海軍部隊を支援しうる態勢にあることである。

ソ連はまた世界最大の海洋調査船隊を持っている。海洋調査は漁業、海洋開発のみならず、潜水艦作戦、対潜作戦、機雷作戦等にも必要である。ソ連の海洋調査船はそのほかに漁船及び商船とともに情報活動をも行っていると見るべきであろう。こうしてソ連海軍はおそらく他のいずれの海軍よりも多くの海洋調査資料と、豊富な海上における軍事情報を得ているものと思われる。

そして最後は海軍である。ソ連海軍は近年も引き続き増強を続け、隻数においてはすでに米海軍を凌駕しているが、質的にも急速に改善されつつある。特に潜水艦兵力、各艦種・航空機を通じてのミサイル攻防戦力においてすぐれているのがその特徴である。さらに最新型の各種艦艇及び大型爆撃機を着々建造し実戦配備している。ソ連海軍はすでに有事、自国の沿岸の防衛及び商船の保護に必要と思われる水準をはるかに越え、現に遠く外洋に行動しつつあり、さらに遠隔地の陸上に戦力を投入しうる態勢を整えている。

ソ連海軍の外洋進出は、強力な補給艦船グループ（必要に応じて一般貨物船及びタンカーが使用される）によって支援されるほか、世界各地で取得又は使用を認められた海・空基地の支援を受けている。しかもそれらの基地が西側のシーレーンを管制するのに地理的に適した位置を占めていることは注目すべき点である。

ゴルシコフ元帥は「海軍は戦闘手段としてきわめて効果的な必要不可欠の手段であるばかりでなく、平時における政策遂行手段として常に利用されている」といい、前記の評価を裏付けている。元帥はさらに続けていう――「艦隊はその機動性と制限戦争下における柔軟性とにより、沿岸諸国に対して影響力を及ぼすことも、また軍事力誇示から上陸部隊の揚陸までのあらゆるレベルの軍事的脅威を行使することも可能である」(『国家のシーパワー』)。

ソ連はこうして強力な艦隊、商船隊、漁船隊、海洋調査隊という海洋の軍事的、経済的利用に必要なすべての要素を備え、しかもそれらを政府のコントロール下に共産主義体制に特有の平戦時を通じた政戦略に基づいて活用している。ソ連はまた、かつての植民地に代わって衛星国又は「友好協力国」をつくり、そこに海・空基地を設け、又はその国の基地を便宜使用している。これらはマハンのシーパワーの生きた現代版、というよりはそれをさらに強化拡充したものということができよう。このようにソ連のシーパワーの構成要素は一応みごとに整えられた。しかし、果たしてそれが将来より大きな成果を収めうるかどうか。本書第一章に述べられたシーパワーに影響を及ぼす六つの条件に照らしてその将来を検討してみることも興味あることであろう。

海上権力史論　主な目次

海上権力史論

著者序

本書は、特にシーパワーがヨーロッパやアメリカの歴史の流れに及ぼした影響との関連において、欧米の一般史を検討することをその目的としている。歴史家は概して海の事情には暗い。彼らは海について特別の関心も知識も持っていないからである。このため彼らは、海上力（maritime strength）が大きな諸問題の上に深遠で決定的な影響を及ぼすことを看過してきた。それはシーパワーの一般的傾向についてよりも、特定のケースについて一層そういえる。海洋の使用及びコントロールは、現にそうであるが、今までも世界の歴史における一大要素であった、と一般的にいうことは容易である。しかし特定の情勢のもとにおいてシーパワーがいかなる意義を有するかを見つけ出してこれを示すことは、より面倒なことである。しかしそれをしなければ、シーパワーの一般的な重要性はわかっても、それを明確に認識することはできない。当時の状況を分析することによりシーパワーの影響を受けていることが明らかにされた史例を集積し、それに基づいてしなければならないにもかかわらずそれをしない。

イギリスはほかのどの国よりも海によって偉大になれた国である。それにもかかわらずイギリスの二人の著述家に、いろいろな事件に対する海洋力（maritime power）の影響を軽視するこの傾向が見られるのは奇妙である。

その一人のアーノルド（Arnold）はその著『ローマ史』の中でこういっている。「最高の個人的天才が二度にわたり、大国の資源と制度に対して戦った。そして両回とも国家の方が勝った。ハンニバル（Hannibal）はローマと十七年間戦い、ナポレオンはイギリスと十六年間戦った。しかし前者はザマ（Zama）において、また後者はウオータールー（Waterloo）において敗れた」。

サー・エドワード・クリーシー（Sir Edward Creasy）はこれを引用して次のように付言している。「しかしこれらの二つの戦争における類似点の一つについて適切な分析が行われていない。偉大なカルタゴの雄将〔ハンニバル〕をついに破ったローマの将軍〔スキピオ〕と、フランスの皇帝に最後の致命的打撃を与えたイギリスの将軍〔ウエリントン〕の間には顕著な類似点がある。スキピオ（Scipio）とウエリントン（Wellington）はいずれも、非常に重要ではあるが戦争の主要戦域からは遠く離れたところにいた部隊の指揮官を長年の間勤めた。両者はそのおもな軍歴を同じ国スペインにおいて過した。スキピオはウエリントンと同様に、征服者たる敵の主将と対決するまでに、敵のほとんどすべての麾下将軍たちと次々と戦い、これを打ち破ったが、それはスペインにおいてであった。スキピオとウエリントンはともに、一連の敗北によって国民が動揺していたときに、武力に対する国民の自信を回復した。いずれも敵の選ばれた指揮官及び選ばれた老練な兵士たちを完全かつ徹底的に打ち破って、長年にわたる危険な戦争を終結させたのである」。

以上の英人著述家はいずれも、もっと顕著な一致点について述べていない。それは、いずれの場合も海上の支配権が勝者側にあったということである。ハンニバルは、ローマが海上を支配していたためにゴール（Gaul）経由のあの長い危険な行軍をしなければならなかった。その間に彼は老練な兵士たちの半分以上を失ってしまった。一方老スキピオは、この海上支配により、麾下の軍隊をローヌ(Rhone)河畔からスペインへ送ってハンニバルの後方補給線を遮断させ、自らは帰国してトレビア(Trebia)河畔において侵略者を迎え討つことができた。この戦争を通じてローマの軍団は、ハンニバルの基地であるスペインとイタリアの間を、妨げられることも疲れることもなく海路往復した。

一方メトーラス(Metaurus)河畔における決戦の勝敗は、ローマ軍がハスドラバル(Hasdrubal)とハンニバルに対して内線の位置を占めていたことにかかっていたが、それも結局は弟ハスドラバルが増援部隊を海路送ることができず、ゴール経由の陸路によらざるを得なかったためであった。このためカルタゴの両部隊はイタリアの長さだけ互いに隔てられ、その一方の部隊〔弟ハスドラバルの増援部隊〕がローマの将軍たちの連合攻撃によって撃破されたのである。

他方海軍史家たちは、一般に自らその任務を海軍の出来事の単なる記録者に限定して、一般の歴史と自分が取り組んでいる特殊な問題〔海軍の歴史〕との関連についてあまり考えない。しかしフランスの海軍史家たちはイギリスの海軍史家たちほどではない。フランスの海軍史家たちは、その天性と訓練とにより、特殊な結果を生んだ原因は何か、またいろいろな出来事の相互関係はどうかについて、イギリスの海軍史家たちよりも一層注意深く調査する。

しかし筆者の知る限りにおいて、本書が求めている特殊な目的、すなわちシーパワーが歴史の流れや国家の繁栄に及ぼす影響に関する評価について明確に述べている著作はない。ほかの歴史は、戦争や政治、また諸国の社会的、経済的状況は取り扱う。しかし海に関する問題については単に付随的に、そして一般に冷淡に触れるだけである。同様に本書も海上権益の問題を前面に置くことをねらっている。しかしその際海上権益を一般歴史における原因と結果という環境条件から切り離すことなく、いかに海上権益がそれらの原因、結果の環境条件を変え、またそれらの環境条件が海上権益を変えたかを明らかにしたいと思っている。

本書の包含する期間は、帆船時代がその特有の特徴をかなりはっきり示し始めた一六六〇年から、アメリカ革命が終った一七八三年までである。相次ぐ海上の事件をつなぎ合わせる全般的な歴史の糸はことさら細くしてあるが、明白で正確なアウトラインを提示するように努めた。筆者は自分の職業に対して全幅的な共感を抱く海軍士官の一人として本書を書いたが、海軍の政策、戦略及び戦術上の問題点については、自由にこれを論ずることを躊躇しなかった。しかし技術的な用語は避けて簡単に述べたので、これらの事項には専門家でない読者も興味を持たれることを期待する。

一八八九年一二月

A・T・マハン

歴史に及ぼしたシーパワーの影響

緒　論

多分に軍事闘争史たるシーパワーの歴史

シーパワーの歴史は、決してすべてとはいわないがその大部分が、国家間の紛争や勢力争い、そしてしばしば戦争にまでなった実力闘争の物語である。海上貿易が諸国の富と力に大きな影響を及ぼすことは、国家の成長と繁栄を支配する真の原則が発見されるよりずっと前からはっきりわかっていた。

自国民のためにそのような利益をけたはずれに多く確保しようとして、他国民を締め出すべくあらゆる努力が払われた。そのためには、平和的な立法措置によって独占的ないし禁止的な規則をつくるか、もしそれらの措置が失敗したときは実力を直接行使するかのいずれかの方法がとられた。こうして通商上の利益や、まだ定住者のいない遠く離れた商業地域における諸利益のすべてではないにしても、より多くを専有しようとして争うことから引き起こされる、利害の衝突や憤激の感情のために戦争が起こった。一方ほかの原因によって起こった戦争も、海を支配するか否かによってその実施と結果が大いに左右された。シーパワーの歴史は、海洋上において又は海洋によって国民を偉大にする傾向のあるすべての事柄を包含しているが、以上述べたところからそれは主として軍事史であるということができる。以下、全面的にではないがおもにこの面について考察してみたい。

歴史の教訓の不変性

偉大な軍事指導者たちは、正しい考え方をし、また将来戦争を巧妙に行うためには、このような過去の軍事史の研究が緊要不可欠であると教えてきた。ナポレオンは、将来に大望を抱く軍人たちの研究すべき会戦の中に、まだ火薬のことを知らなかったアレキサンダー（Alexander）やハンニバル（Hannibal）やシーザー（Caeser）が戦った会戦を挙げている。

また専門的著述家たちも次の点については事実上意見が一致している。それは、戦争における諸条件の多くは兵器の進歩とともに時代から時代へと変っていくが、その間にも不変で、したがって普遍的に適用されるため一般原則といってもよいようなある種の教訓があることを歴史は教えている、ということである。同じ理由から過去の海洋の歴史を研究することは有益であろう。そのわけは、過去半世紀の間における科学の進歩と、動力としての蒸気の導入によって、海軍の兵器には大きな変化がもたらされたにもかかわらず、過去の海洋史は海戦の一般原則の例証であるからである。

動揺する現代の海軍関係の見解

こうして帆船時代の海戦の歴史と経験を批判的に研究することは、次の理由により二重に必要である。すなわち、帆船時代の歴史と経験は、今日においても適用可能で価値のある教訓を提供してくれることがわかってこようが、蒸気時代の海軍にはまだ結論的な教訓として引用できるような歴史がないからである。われわれは、帆船時代の海軍については多くの経験的知識を持っているが、蒸気時代の海軍については実際に何も持っていない。したがって将来の海戦に関する理論はほとんどすべてが推定によるものである。オールによって動かされたガレー船には周知の長い歴史があるが、そのガレー船の艦隊と蒸気艦の艦隊との間の類似点をよく考察することによって、将来の海戦に関する理論にもっとしっかりした基礎を与えようといろいろな努力が行われてきた。しかしその類似性が十分にテストされるまでは、その理論に夢中にならない方がよいだろう。うわべが似ているだけでは類似性があるとはいえない。

歴史的艦種間の対比

蒸気艦とガレー船とに共通の特徴は、ともに風には無関係にいずれの方向にもいけることである。このような能力の有無が、蒸気艦やガレー船と帆船とが根本的に異る点である。帆船は、風が吹いているときも限られた範囲内のコースしかとれないし、風がやめばじっととどまっておらなければならない。

しかし、似ている点を観察することは賢明であるが、一方異っている点を見つけ出すこともまた賢明である。そのわけは、類似点を発見して——それは知的探究において最大の喜びの一つであるが——それに夢中になって想像をたくましくしていると、新発見のその類似性の中にいやしくも相異点があることにはがまんできなくなりがちであり、したがってそのような相違点を看過したり、それを認めようとしないおそれがあるからである。

ガレー船と蒸気艦とは、その発達の経緯を異にしているが、両者は上述の特徴を持っている点において共通している。しかし少くとも次の二点において異っている。したがってガレー船の歴史から蒸気艦に関する教訓を求めるときは、類似点のみならずこれらの相異点をもしっかりと心にとめておかなければならない。でないと、誤った推論に陥るおそれがある。

ガレー船の原動力は、必然的に使用中に迅速に衰えていく。人力はこのような消耗的な労苦に長時間耐えられないからである。したがって戦術運動は限られた時間内しか継続できなかった（注1）。またガレー船時代は、攻撃兵器は短射程であったばかりでなく、そのほとんどすべてが白兵戦用に限定されていた。これらの二つの条件のために、戦闘はほとんど必ずといってもよいほど相互の突進になった。もっとも白兵戦の乱闘に移る前に、方向変換をしたり、急転回して敵に向うといった若干の巧妙なかけ引きも試みられていたが。

今日の相当すぐれた、卓越さえしている海軍の大多数の見解によると、このような突進や乱闘の中に、近代的海軍武器の必然的なすう勢が見られるという。それは一種のドニーブルックの市場（Donnybrook Fair）的などんちゃん騒ぎで、そこでは乱闘の歴史が示すように敵味方の識別は困難であろう。この見解の価値がいかなるものであるかは後日判明しよう。しかしガレー船と蒸気艦はいろいろな点において異っているにもかかわらず、いかなるときにも敵に向って直進することができ、またその艦首に衝角（ラム）をつけることができるというたった一つの事実をもって、歴史的な根拠だと主張することはできない。将来はともかく、今日においてはこの見解はまだ推定に過ぎない。それについて最終的な判断を下すのは、戦闘の試練を経てもっとはっきりするまで待った方がよいだろう。

そのときまでは、数的に同兵力の艦隊間の乱闘――そこでは戦術的な技量を発揮しうる余地は最低度に少くなる――は、今日の精巧で強力な兵器をもってなしうる最善の策ではない、と反論しうる余地がある。提督に自信があればあるほど、麾下の艦隊が戦術的に熟達していればいるほど、部下の艦長たちが優秀であればあるほど、提督は兵力同等の部隊間の乱闘に突入することは必ず避けるに違いない。乱闘になれば、これらのすべての利点は失われ、偶然が最高の力をふるい、彼の艦隊はそれまで行動を共にしたことのない諸艦の寄せ集めと同等の条件下に置かれるであろうからである（注2）。歴史は、いかなるときに乱闘が適当であるか、又はないかを教えてくれる。

（注1）　こうしてシラクサ（Siracusa）〔シシリー島にあった古代都市〕のヘルモクラテス（Hermocrates）は、アテネの来攻に対し、大胆にそれを迎え撃ち、敵の進撃線の側面に位置してこれを失敗に終らせるような方策を提唱して次のようにいった。「敵の進撃はゆっくりしているに違いないから、これを攻撃しうる好機は無数にあるであろう。しかしもし敵が戦闘準備を整え、一団となって急にわれわれに襲いかかってくるならば、敵は懸命にオールを漕がなければならないので、その疲れ切ったところへわれわれは襲いかかることができ

る」。

（注2）　筆者は、効果のないデモンストレーションに終るような手のこんだ戦術運動を唱道しているかのように見られないよう用心しなければならない。筆者は次のように信じている——決定的な結果を求める艦隊は敵に近接しなければならないが、衝突に有利なある種の条件が得られるまで衝突は試みてはならない。そのような有利な条件は、通常運動によって得られるであろうし、最もよく訓練され運用される艦隊側がそれを得るであろう——。実際のところ、最も臆病で拙劣な戦術行動の場合と同じように、向う見ずの接戦もしばしば効果のない結果に終るものである。

ところでガレー船は蒸気艦と一つの顕著な類似点を持っているが、他の重要な点で異っている。しかし相違点はそうすぐには目に見えないので、あまり重要視されない。反対に帆船についていえば、その顕著な特徴は、帆船とより近代的な船〔蒸気艦〕との間の相違点にある。しかし蒸気艦に類似した点もあり、その類似点は容易に発見することができるのであるが、相違点はあまり目立たないために、とかく注目を引かない。帆船は風に依存するので蒸気艦に比較すれば全く劣っていると一般に思われているため、この印象はさらに強くなる。しかしそれは、帆船は帆船同士で戦ったのであるから、帆船の戦闘から得られた戦術上の教訓は正しいのだということを忘れている。ガレー船は無風になっても役に立たなくはならない。このため今日では帆船よりも重視されている。それにもかかわらず帆船は、蒸気が利用されるようになるまでの間、最高の地位を占めていた。遠距離から敵に損害を与え、乗員を疲労させることなく無限の長時間の間行動し、乗員の大部分をオールの代りに攻撃武器の使用に専念させることなどができる能力は、帆船と蒸気艦に共通している。戦術的見地からはこの能力は、少くとも無風でも逆風下でも行動しうるガレー船の能力と同様に重要なものである。

類似点を追跡していると、相異点を看過するのみならず、似通った点を過大視して空想に陥るおそれがある。たとえば、帆船が長射程で比較的大きな貫徹力を持つ砲と、それよりは射程は短いが大きな破壊力を持つカロネード砲〔昔海戦で用いた大口径の短砲〕を持っていたように、近代的な蒸気艦は長射程砲台と魚雷砲台とを持っている。その点を取り上げて、魚雷はカロネード砲のように近距離のみで有効であり、破壊力をもって敵艦を損傷するが、他方砲は昔のように貫徹をねらっているというならば、それは近似点を過大視したものと考えることができよう。しかしこれらは明らかに、提督や艦長たちの計画に影響を与えるに違いない戦術的な考察である。しかもこの類似性は真実であって、無理にこじつけたものではない。

また帆船は敵艦に切りこむために、一方蒸気艦はラム戦術〔敵艦に体当たりして自艦の艦首水線下に設けた衝角ラムによって敵の水線下を破壊する戦術〕によって敵艦を撃沈するために、両者ともに敵艦に直接接触しようとする。しかしこれはいずれにとっても最もむつかしい仕事である。というのは、それを達成するには戦場の中の一つだけの地点まで自艦を持っていかなければならないからである。ところが発射兵器であれば、広い海面上の多くの地点からこれを発射することができる。

風上及び風下の相対位置

二隻の帆船間又は二つの帆走艦隊間の戦闘においては、風向との関連における両者の相対的位置は、最も重要な戦術問題を含んでおり、おそらくその時代の船乗りの主要関心事であったであろう。しかし皮相的に見れば、それは蒸気艦にとっては無関心事になっているので、今日の諸条件下においてはそれとの類似性は見出せないはずであり、したがってこの点に関しては歴史の教訓は価値がないように見えるかも知れない。

しかし風下側と風上側（注3）というはっきり区別のできる特徴を、第二義的な細目は無視し、その本質的な特色に注目して注意深く考察するならば、上記のことは誤りであることがわかるであろう。風上側の顕著な特徴は、それが意のままに戦闘を仕掛け又は拒否する力を与える点にある。この能力があるために攻撃方法を選ぶに当たり、常に攻勢的態度をとりうる利点がある。この利点は次のようなある不利点をも伴っていた。たとえば隊列が不規則になり、掃射や縦射にさらされたり、攻撃側の砲火の一部ないし全部を犠牲にする等である。ただしこれらはすべて敵に接近するときに陥ることであるが。

一方風下側にある艦又は艦隊は攻撃することができなかった。このため、もし後退したくなければ守勢に立って敵の選んだ条件の下で戦わざるを得なかった。しかしこの不利点は、戦闘序列を乱されることなく維持することが比較的容易であることや、敵が一時対応することのできないような射撃を持続することによって償われた。

他の攻勢的又は守勢的立場との類似性

歴史的に見れば、いつの時代の攻勢作戦にも守勢作戦にも、この有利な又は不利な特徴に相応し又は類似したものがあるものである。攻勢側は、敵に接近してこれを撃破するためにある種の危険を冒し不利を忍ぶ。守勢側は、守勢にとどまっている限り、前進の危険を冒すことなく、慎重で整然とした位置を保持し、攻勢側が甘んじて冒さざるを得ない暴露の虚に乗ずる。風上側と風下側の関係位置の間にあるこれらの根本的な相異は、それに付属するより詳細な多くの事項を通じて明らかに認識されていた。

海軍政策への必然的影響

イギリス人は一貫して敵を攻撃し撃破することを方針としていたので、通常風上側を選んだ。しかしフランス人は求めて風下側についた。風下側に位置することにより、敵が近接してくれば通例その間にそれを無力化し、こうして決戦を避けて味方の艦を温存することができるからである。フランス人は、まれに例外はあるが、海軍の行動よりも他の軍事的考慮の方を重視し、海軍のために金を費すことを惜しんだ。したがって守勢的位置をとり、艦隊の努力を敵の来襲を撃退することに限定することによって、艦隊を経済的に使用しようとした。敵が適切に行動するよりも勇敢なことを示そうとする限りにおいては、もし風下側を巧妙に利用するならば、風下側は上記の方針にはすばらしく適していた。しかしロドネー（Rodney）が単に敵を攻撃するためではなく、敵の一部におそるべき兵力を集中するために、風上側の利点を利用しようとする意図をあらわしたとき、彼の用心深い相手たるド・グーシェン（De Guichen）はその戦術を変更した。三回にわたる彼らの戦闘の最初の戦いでは、フランス人は風下側に位置した。しかしロドネーの目的を看破したあと彼は、攻撃のためではなく、自分に有利な条件の場合のほかは戦闘を避けるために、風上側の利を得ようとして運動した。

しかし今や、戦闘を選ぶ力又はそれを避ける力はもはや風にあるのではなく、より大きなスピードを持った側にある。ただしその優速は艦隊にあっては、個艦のスピードのみでなく、艦隊の戦術行動の斉一性にも依存するであろう。今後は最大のスピードを持つ艦艇が風上側の利点を占めるであろう。

（注3）艦艇が風上の位置すなわち「風上の利」を占めるとか、「風上に位置している」といわれるのは、風向が、同艦が敵の方に向うことができ、敵が同艦の方へ直向することができないようなときのことである。極端な場合は風が一方から他方へ真直ぐに吹くときである。しかしこの線の両側の広い範囲に「風上側」ということばがあてはまる。もし風下側の艦を中心として円孤を描けば、円孤内の八分の三近くの範囲にあるほかの艦艇は、多かれ少かれ風上の利を占め又はなお維持しているということができる。

戦略への歴史の教訓の適用

したがってガレー船の歴史からと同じように、帆船の歴史からも有益な教訓を見つけ出そうと期待することは、多くの人が考えるように、無駄なことではない。両者は近代艦と類似の点を持っている。しかし本質的に異った点も持っている。したがって帆船時代の経験ないしは戦闘型式を蒸気艦の従うべき戦術の先例として引用することはできない。しかし先例は、原則（プリンシプル）とは別であり、また原則ほど有益ではない。先例はもともと誤まっているかも知れないし、状況が変れば適用できなくなるかもわからない。他方原則は物事の本質に基づいている。条件の変化に伴ってその適用がいかに変ろうとも、成功するためには、原則が、従わなければならない基準であることは変りはない。戦争にはこのような原則がある。原則が存在することは過去の歴史を研究することにより見つけることができる。過去の歴史を研究すれば、成功と失敗の中に原則が見出される。時代が変っても同じである。条件と武器は変化する。しかし条件に対処し、又は武器をうまく活用するためには、戦場の戦術における、又は戦略という名の下に包含されるより広い作戦における、これらの不変の歴史の教訓はこれを尊重しなければならない。

しかし歴史の教訓が一層明白でかつ不変の価値を持つのは、戦争の全戦域を包含するより広い作戦、又は地球上の大部分をカバーする海上の戦争の場合である。それは状況が一層不変であるからである。戦争の戦域には大小の差があり、戦争の困難さには多少の違いがあり、両軍の兵力には大小の開きがあり、必要な移動には難易の差があるかも知れない。しかしそれらは単に規模や程度の相異であって、本質上のそれではない。荒野が開拓され、交通手段が増え、道路が開かれ、河に橋がかけられ、食糧資源が豊富になるにつれ、作戦はより容易に、より迅速に、より広範になる。しかし作戦にあたって従うべき原則は変らない。徒歩による行軍が馬車による軍隊輸送に代り、さらにそれが鉄道輸送に代って、距離の尺度が大きくなった。もし諸君がそういいたいのなら、時間の尺度が小さくなったといってもよい。しかし軍が集中されるべき地点、軍が移動すべき方向、軍が攻撃すべき敵陣の部分、交通線の保護等を指し示す原則はそれによって変らなかった。

海上においても同じであって、おずおずと港から港へこっそり行動したガレー船から、地球の果てに向って大胆に飛び出していった帆船へと進み、さらに帆船からわれわれの時代の蒸気艦へ進んだ結果、海軍作戦の規模と迅速さは増大したが、海軍作戦を導くべき原則はそれによって必ずしも変らなかった。さきに引用した二三〇〇年前のヘモクラテス(Hemocrates)の演説には、原則において当時と同様に今日も適用しうる正しい戦略計画が含まれていた。相戦う両軍又は両艦隊が接触(接触ということばはおそらく他のいかなることばよりも、戦術と戦略を区分する線を示している)する前に、全戦域を通ずる作戦の全計画について、決定しておかなければならない多くの問題がある。それらの問題の中には、戦争における海軍の適当な機能、海軍の真の目標、海軍兵力を集中すべき一つ又は二つ以上の地点、石炭及び補給品の集積所の設置、これらの集積所と本国の基地との間の交通線の維持、通商破壊作戦の軍事的価値(戦争における決定的作戦であるかそれとも第二義的作戦であるか)、通商破壊を最も効率的に実施することのできる方式(巡洋艦を分散してやるか、それとも商船が通過しなければならないある死活的に重要な中枢を実力で押えるか)等がある。これらはすべて戦略的な問題であり、これらのすべてについて歴史は語るべき多くのものを持っている。最近イギリスの海軍部内において、フランスとの戦争の際のイギリス海軍の配備において、二人のイギリスの偉大な提督たるホー（Howe）卿とセント・ビンセント（St. Vincent）卿がとった方針の得失をめぐって有益な討議が行われた。この問題は純粋に戦略的であって、単なる歴史上の関心事ではない。それは今日もなお死活的に重要なものであって、その決定の根拠となる原則は当時も今日も同じである。セント・ビンセント卿の方針は、イギリスを侵略から救い、ネルソン及び彼の同僚の提督たちの手でまっすぐにトラファルガル（Trafalgar）に導かれた。

戦術にも適用可能

そこで特に海軍戦略の分野においては、過去の教訓は今日も価値を有し、その価値は少しも減ずることはない。過去の教訓は海軍戦略の分野においては、原則の例証としてのみならず、先例としても有益である。それは条件が比較的変らないからである。しかし両艦隊が戦略的考慮の下にある地点で衝突するに至った場合、戦術については過去の教訓は明らかに戦略の場合ほど有益ではない。人類の休むことのない進歩は武器に不断の変更をもたらし、それとともに戦闘の方法——戦場における軍隊や艦艇の運用や配備——も絶えず変化するはずである。そこで海事関係者の多くは、過去の経験を研究しても何の得るところもないし、そのようなことに費す時間は無駄であると考えるようになる。それはもっともなことであるが、このような考え方は広範な戦略的考慮——それは国家に艦隊を維持させ、艦隊の行動範囲を指示して世界の歴史を変更し、また今後も変更し続けるであろう――を全く度外視するものであるのみならず、戦術についてさえも偏狭な考え方である。

過去の戦闘は、それがどの程度戦争の原則に従って戦われたかによって成功又は失敗している。そして成功又は失敗の原因を周到に研究する海軍軍人は、これらの原則を発見し、段々それを会得するだけでなく、それらの原則を自分たちの時代の艦艇及び武器の戦術的用法に適用しうるすぐれた才能をも取得するであろう。彼はまた戦術の変化は武器が変化した後に起こるだけでなく、このような変化の間隔が不当に長かったことに気づくであろう。これは疑いもなく、武器の改善は一人ないし二人の尽力によってできるが、戦術を変更するためには保守的な階層の惰性に打ち勝たなければならないという事実によってである。しかしそれは大変不幸なことである。この不幸は、各変化を率直に認めること、新しい艦艇や武器の力と限界を周到に研究すること、そしてその上で新しい艦艇や武器の用法をその持っている特性に適合させること（それがその艦艇や武器の戦術を構成する）によってのみ是正することができる。歴史は、軍人が一般に苦労して戦術の改善をやることを望んでも無駄であること、しかしそれをやる軍人は非常に有利な条件でもって戦闘に赴くであろうということ――それ自体が少からず価値のある教訓――を示している。

したがってわれわれはここで、フランスの戦術家モローグ（Morogues）が百二十五年前に書いた次のことばを認めてよい。彼は「海軍戦術はいろいろな条件に基づいているのであるが、それらの条件のおもな原因である武器は変化するであろうし、その変化は次には必然的に艦艇の構造、その用法、そしてついには艦隊の配備と運用法に変化をもたらす」といった。彼はさらに「海軍戦術は絶対不変の原則に基づいた科学ではない」と述べたが、これについてはもっと批判の余地がある。もしこれを、原則の適用は武器の変化に伴って変化する、といえばより正確であろう。戦略においてもまた原則の適用法は疑いもなく時々変化する。しかしその変化の程度は戦術の場合よりもはるかに少い。したがって戦略の基本的原則を認めることはより容易である。モローグのこのことばは、歴史上の諸事件からいくつかの例証を得ようとするわれわれの主題にとっては非常に重要である。

例証1「ナイルの海戦、一七九八年」

一七九八年のナイル（Nile）の海戦において、イギリス艦隊はフランス艦隊に対して圧倒的勝利を収めたのみでなく、エジプトにあるナポレオン軍とフランスとの間の交通線を破壊するという決定的成果を挙げた。この海戦そのものにおいてイギリスの提督ネルソンは、大戦術（「戦闘中のみならず戦闘以前においても良好な協同連携を図る術」と定義づけられたようなものが大戦術であるとすれば）の最もりっぱな模範を示した。その場合のきわ立った戦術的連携は「錨泊中の艦隊の風下側の諸艦は風上側の諸艦が撃破される以前にその救援に赴くことはできない」という今では過去のものとなった一つの条件に依存していた。しかしこの連携の根底に横たわる原則、すなわち敵の戦列のうち最も救援しにくい部分を選ぶこと、そして優勢な兵力をもってその部分を攻撃するという原則はまだ過去のものとはなっていない。セント・ビンセント岬（Cape St. Vincent）沖の海戦において、ジャービス（Jervis）提督が十五隻の艦隊をもって二十七隻の敵艦隊に対して勝利を収めたときの彼の行動もこれと同じ原則によったものであった。ただしこの場合は、敵は錨泊中ではなくして航行中であった。しかし人間の心は、状況に対処する不朽の原則によるよりも状況の推移によってより印象づけられると思われるような構造になっている。これとは反対に、ネルソンの勝利が戦争の経過に及ぼした戦略的影響においては、そこに含まれている原則が一層容易に認められるばかりでなく、その原則は今日にも適用しうることが直ちにわかる。エジプト遠征の成否は、フランスとの交通線の自由を確保することにかかっていた。この交通線は海軍力がありさえすれば確保できたのであるが、イギリス海軍はナイルの勝利によってフランスの海軍力を撃破し、フランスの終局的敗北を決定づけた。しかもその打撃を、敵の交通線を叩くという原則に従って与えたということのほかに、それと同じ原則が今日においても有効であり、帆船時代又は蒸気艦時代と同様にガレー船の時代においても等しく有効であったであろうということもまた直ちにわかる。

例証2「トラファルガル、一八〇五年」

しかしながら、過去を古くさいものと思って漠然と軽蔑する感情は、人間生来の怠惰と相まって、人々をして海軍の歴史の表面の近くに横たわっている恒久的な戦略的教訓に対してさえ盲目にする。たとえばネルソンの名誉の花冠であり彼の天才の証印であるトラファルガルの海戦を例外的に壮大な孤立した事件以上のものとみなす人が幾人いるであろうか。「いかにして英艦隊がちょうどそこにいあわせるようにやってきたのだろうか」という戦略的質問を自問するものが幾人いるであろうか。トラファルガルの海戦は、史上で最も偉大な指導者のうちの二人たるナポレオンとネルソンが互いに一年以上にわたって戦ってきた一大戦略ドラマの最終幕であることを理解する人が幾人いるであろうか。トラファルガルにおいては、ビルヌーブ（Villeneuve）が失敗したのではなくして、ナポレオンが打ち負かされたのであり、ネルソンが勝ったのではなくして、イギリスが救われたのである。なぜか。それは、ナポレオンの協同連携作戦が失敗し、イギリスの艦隊はネルソンの直観的洞察力と積極性により、絶えず敵の航跡を追い、決定的瞬間に適時に戦場にいることができたからである。トラファルガルにおける戦術は、細部については批判の余地があるが、大筋において、戦争の諸原則にかなっていた。また彼らの大胆さは、その結果によっても、その場合の緊急性によっても、正当化された。しかし準備における効率、実施における積極性と活力及び同海戦に先立つ数カ月の間におけるイギリスの指導者の側における考え方や洞察力についての偉大な教訓は、戦略的な教訓であり、それだから今もなおりっぱなものなのである。

例証3「ジブラルタル攻囲、一七七九―八二年」

これらの二つの場合、結局は当然かつ決定的な結末となった。次に引用する三番目の場合は、このような明確な結末には達しなかったので、何をすべきであったかについて論議の余地があろう。アメリカの独立戦争の際、フランスとスペインは一七七九年にイギリスに対して同盟を結んだ。その同盟艦隊は三回にわたってイギリス海峡に現れた。一度は、同盟艦隊は戦列艦六十六隻に達し、イギリス艦隊は隻数においてはるかに劣勢であったため、イギリスの諸港に避難せざるを得なかった。当時スペインの大目的はジブラルタル（Gibralter）とジャマイカ（Jamaica）を奪回することであった。ジブラルタル奪回のために同盟国は、このほとんど難攻不落の要塞に対し陸海の両方から非常な努力を払った。しかし効を奏しなかった。そこで提示される問題は――それは純粋に海軍戦略の問題であるが――こうである。イギリス帝国の遠く離れかつ非常に堅固な前進基地に対してはるかに大きな努力を指向するよりは、イギリス海峡を管制し、港湾に停泊中であってもイギリス艦隊を攻撃し、また通商の破壊や英本国への侵攻をもってイギリスを脅威することにより、ジブラルタルをより確実に奪回することはできなかったであろうかということである。イギリス人は久しく敵の侵略を被らなかったから、侵略の恐怖に対しては特に敏感であり、また自分たちの艦隊への信頼が大きいために、もしその信頼が手荒く揺さぶられたならば、彼らはそれだけひどく落胆したであろう。どのように決定されようとも、戦略上の問題としてこの問題は公正である。当時のあるフランス士官は、この問題を別の形で提起した。同士官は、ジブラルタルの代りになったかも知れない西インドの一つの島に大きな努力を指向することに賛成した。しかしイギリスは本国及び首府を救うためにはジブラルタルを明け渡したかも知れないが、ほかの海外領土の代りに地中海の鍵たるジブラルタルを放棄したであろうとは考えられない。ナポレオンはかつてビスチュラ（Vistula）河畔においてポンディシェリー（Pondichery）を再占領するであろうといった。一七七九年に一時同盟艦隊がしたように、もしナポレオンがイギリス海峡を管制することができたならば、彼がイギリスの海岸においてジブラルタルを占領したであろうということを疑いうるであろうか。

例証4「アクチューム、紀元前三一年並びにレパント、一五七一年」

歴史はその伝える事実によって戦略的研究を示唆するとともに戦争の諸原則を例証するという真実を一層強く印象づけるために、さらに二つの例を取り上げよう。その例とは本書で特に考察する時代よりも古いものである。地中海の東西の両勢力間の二大闘争（そのうちの一つにおいては当時知られた世界の帝国が危機に瀕していた）において、相対抗する艦隊がアクチューム（Actium）とレパント（Lepanto）のように互いに非常に近い地点で会敵したのだが、いかにしてそんなことが起こったのであろうか。これはただの偶然の一致であったのか、それとも再び起こった条件、そして将来も再び起こるかも知れないような条件によってであろうか。もし後者の場合であるとすれば、その理由を研究する価値がある。もしアントニー（Antony）とかトルコのような東方の一大勢力が再び勃興することがあるならば、戦略的問題は類似しているであろうからである。現在のところは実際、シーパワーの中枢は主としてイギリスとフランスにあり、圧倒的に西方にあるように見える。しかし現在ロシアが保持している黒海海域の管制に対してなんらかの偶然の事態が起こるならば、地中海の入口の領有、シーパワーに影響を及ぼす現存の戦略的条件はすべて変るであろう。ところでもし西側が東側に対抗することになれば、イギリスとフランスは、一八五四年に両国が行き、また一八七八年にイギリスが単独で行ったように、なんら抵抗も受けずに直ちにレバント（Levant）〔東部地中海沿岸諸国、特にシリヤ、レバノン方面〕に行くであろう。もし前述のような変化があった場合には、東方勢力は前二回の場合のように途中で西方勢力を要撃するであろう。

例証5 「第二次ポエニ戦争、紀元前二一八―二一〇年」

世界の歴史上の非常に顕著でかつ重要な時期に、シーパワーは戦略的な関係と重要性を持っていたが、それは今までほとんど認められていない。シーパワーが第二次ポエニ戦争の結果に及ぼした影響を詳細にたどるのに必要な知識を得ることは今ではできない。しかし今残っている証拠だけでも、シーパワーが決定的要素であったとの主張を保証するのに十分である。今まではっきりと伝えられてきたようなこの戦争の諸事実のみを理解するだけでは、この点について正確な判断を下すことはできない。例によって海軍に関する記事は軽く看過されてきたからである。当時のことがよく知られている時代に起こり得たことについての知識に基づき、僅かの証拠から正確な推論を引き出すためには、一般の海軍史の細部に通暁していることもまた必要である。

本当に海洋を管制していたとしても、制海（control of the sea）とは、敵の単独行動の艦船も小さな戦隊もひそかに港から脱出することができないとか、使用される瀕度の多少にかかわらず大洋上の航路を横切ることができないとか、長い海岸線上の無防備の地点に対して敵を悩ますような襲撃を加えることができないとか、封鎖された港湾に入ることができないということを意味するものではない。それとは反対に、このような回避行動は弱者の側も、いかに海軍力が劣勢であってもある程度は可能であることを歴史は示している。

カルタゴの提督ボミルカル（Bomilcar）は戦争の第四年目に、カンネ（Cannae）におけるローマ軍の大敗北の後、四千名の軍隊と一団の象を南部イタリアに上陸させた。ボミルカルは第七年目に、シラクサ（Siracusa）沖のローマ艦隊から逃れて、当時ハンニバルの手中にあったタレンツム（Tarentum）に再び姿を現わした。またハンニバルはカルタゴへ特派船を派遣し、最後には疲弊した麾下の軍隊を安全にアフリカへ引き揚げさえした。以上の事実があったとしてもそれらは、ローマ艦隊が全般的な制海、ないしはそのうちの決定的海域の制海を握っていたということとは矛盾しない。これらの事実は、カルタゴの政府がもし欲したならば、ハンニバルに絶えず支援を送ることができたであろうということを証明するものではない。事実ハンニバルはかかる支援を受けなかった。しかし以上の事実は、このような支援を与えることができたであろうという印象を当然抱かせるきらいがある。したがって海上におけるローマの優勢が戦争の経過に決定的な影響を与えたという記述は、確認された事実を検討することによって立証する必要がある。このようにしてシーパワーの影響の種類と程度が公正に見積られるであろう。

戦争の当初においてローマは海上を管制していた、とモムゼン（Mommsen）はいっている。それがいかなる原因又はいくつかの原因の組合せに帰せられようとも、本質的に非海洋国であるローマは第一次ポエニ戦争において、その相手である海洋国カルタゴに対して海軍の優位（naval supremacy）を確立した。そしてそれはその後も続いた。第二次ポエニ戦争においては重要な海戦はなかった。そのことはそれだけで、また他の確証された諸事実との関連においてなお一層、海上における優位を示すものであり、その優位は同じような特徴を持ったほかの時代の優位と類似のものであった。

ハンニバルはなんら回想録を残していないので、彼がゴール（Gaul）を通りアルプスを越えて、危険でほとんど破滅的な行軍を決心するに至った動機は不明である。しかし、スペインの海岸にあった彼の艦隊がローマの艦隊と戦いうるほど強力でなかったことは確かである。かりに彼の艦隊が強力であったとしても、彼は重大なほかの理由によって、彼が実際にとったのと同じ道をとったかも知れない。しかし、もし彼が海路を行ったならば、スペインを出発したとき率いていた六万人の老練な兵士たちのうちの三万三千人を失うことはなかったであろう。

ハンニバルがこの危険な行軍をしている間に、ローマ側は二人の老スキピオ兄弟の指揮の下に、執政官指揮下の軍隊を運ぶローマ艦隊の一部を派遣しつつあった。この艦隊は重大な損害を受けることなく航海して、陸軍部隊はハンニバルの交通線上のエブロ（Ebro）河の北に無事陣地を占めた。同時にほかの執政官の指揮する陸軍を搭載した別の戦隊がシシリー島に派遣された。両戦隊をあわせると二百二十隻に達した。各戦隊はそれぞれの警備区域においてカルタゴの戦隊と遭遇して容易にこれを撃破した。これは、これらの戦闘について述べられた僅かの記録から推論でき、またそれはローマ艦隊が実際に優越していたことを示すものである。

第二年目以後戦争は次の形をとった。ハンニバルは北からイタリアに進入し、一連の勝利の後ローマを迂回して南部イタリアに地歩を固め、糧食を現地に求めた。これは同地方の人々を離反させるおそれがあった。ローマがすでにそこに確立していた強力な政治的、軍事的支配体制と接触するときは、特に危険であった。したがって、彼が彼自身と信頼しうる基地との間に、現代戦争用語で「交通線」(communications) と呼ばれるところの補給、増援の流れを確立することは、最も緊急的に必要であった。それぞれ又は全体で、このような基地として役立ちそうな友好的な地方が三つあった。カルタゴそれ自身、マケドニア（Macedonia）及びスペインがそれであった。カルタゴとマケドニアとの交通は海路によってのみ可能であった。最も確実な支援が得られるスペインからは、敵の妨害がなければ、陸路と海路の両方によって来ることができた。しかし海路の方がより短くより容易であった。

戦争の第一年目にローマはそのシーパワーによってチレニア海（Tyrrhenian Sea）及びサルジニア海（Sardinian Sea）として知られるイタリア、シシリー及びスペインの間の海域を絶対的に管制した。エブロ河からチベル河（Tiber）に至る海岸地方はローマに対しておおむね友好的であった。

第四年目に、カンネの戦闘の後シラクサはローマとの同盟を放棄し、反乱はシシリー中に拡大し、マケドニアもまたハンニバルと攻勢的同盟を結んだ。これらの情勢の変化により、ローマ艦隊の実施すべき作戦が拡大し、その兵力に大きな負担がかかった。艦隊はどのような配備をとり、艦隊はこの戦争にその後いかなる影響を及ぼしたであろうか。

ローマがいかなるときにもチレニア海の管制を失わなかったという明らかな証拠がある。ローマの戦隊は妨害されることなくイタリアからスペインへ行っていたのである。スペイン海岸においても、ローマは全面的に海上を支配し、ついに小スキピオは艦隊を係船するのが適当であると考えるに至った。アドリア海（Adriantic）においては、マケドニアを牽制するためにブリンヂシ（Brindisi）に一個戦隊と海軍基地を置き、それらはよく任務を達成してマケドニアの密集団の一兵たりともイタリアの地を踏ませなかった。「戦闘艦隊の不足によりフィリップは一切行動不能に陥った」とモムゼンはいっている。ここにおいてシーパワーの効果は、推論上のことなとではなく実際のものであったのである。

シシリーにおいては戦いはシラクサを中心として行われた。カルタゴとローマの艦隊はそこで遭遇したが、ローマ艦隊の方が明らかに優勢であった。というのも、カルタゴ艦隊は時々補給物資をシラクサに投入するのに成功したものの、ローマ艦隊と交戦することを避けたからである。ローマ艦隊はリリベーアム（Lilybaeum）、パレルモ（Palermo）及びメッシナ（Messina）をその手中に収め、シシリー島の北岸をよく基地として利用していた。カルタゴ人は南方からはシシリー島へ行くことができたので、かれらはこうして反乱を続けることができた。

これらの事実を総合すると、ローマのシーパワーが次の範囲を管制していたとするのは合理的な推論である。それは歴史の全体の流れによって支持されている。それはスペインのタラゴナ（Tarragona）からシシリー島の西端のリリベーアム（現在のマルサラ・Marsala）に至り、そこから島の北側を回ってメッシナ海狭を経てシラクサへ下り、そこからアドリア海のブリンヂシに至る線の北側の海域である。この管制は戦争を通じて揺らぐことなく続いた。ただしそれは、すでに述べたような大なり小なりの海上の襲撃までも締め出すものではない。しかしハンニバルが非常に必要としていた持続的で確実な交通線の維持は断じて許さなかった。

一方戦争の初めの十年間、ローマ艦隊がシシリーとカルタゴ間の海域、ましてや上記の線以南の海域で持続的な作戦を行えるほど強力でなかったことも同様に明らかであるようである。ハンニバルがスペインを出発したとき、彼は自分が当時保有していた船舶などをスペインとアフリカ間の交通線の維持にあてたが、ローマ艦隊はそれを妨害しようとはしなかったのである。

したがって、ローマのシーパワーはマケドニアを全く戦争の圏外に追いやった。ローマのシーパワーは、カルタゴがシシリー島において有効でローマ側を最も悩ますような牽制行動を続けられないようにすることはできなかった。しかしカルタゴがイタリアにいる偉大な将軍〔ハンニバル〕に援軍を、その最も必要とするときに送ることを阻止した。

ローマのシーパワーはスペインについてはどうであったろうか。スペインは、ハンニバルの父及びハンニバル自身がその意図したイタリー侵攻の基地とした地方であった。イタリー侵攻開始の十八年間、彼らはこの地方を占領していて、まれに見る明敏さをもって政治的、軍事的力を拡大し強化した。彼らは軍を起こし、局地戦においてそれを訓練して、新しく今や老練な軍に育てあげた。ハンニバルは出発にあたり、その政府を弟のハスドラバル(Hasdrubal)に託した。ハスドラバルは、派閥争いでのろわれたアフリカの母国からはハンニバルが望みうべくもなかった忠誠と献身を、最後までハンニバルに献げた。

ハンニバルが出発したとき、スペインにおけるカルタゴの勢力は、カディス(Cadiz)からエブロ河までの間確保されていた。エブロ河とピレネー山脈との間の地方にはローマ人に友好的な種族が住んでいたが、ローマ人がいないのでハンニバルに対し成功的な抵抗をすることはできなかった。ハンニバルは彼らを制圧し、ハンノ(Hanno)の指揮下に一万一千名の兵隊を残して、ローマ人がそこに地歩を築いて彼とその基地の間の交通線を妨害することのないようにした。

しかしクネアス・スキピオ(Cnaeus Scipio)が同年海路二万二千名の軍隊を率いて同地に到着し、ハンノを撃破して沿岸地方とエブロ河の北方をともに占領した。こうしてローマ軍はハンニバルとハスドラバルからの増援部隊との間の道路を完全に閉ざし、そこからスペインのカルタゴの勢力を攻撃することができる地歩を保持した。一方イタリーとの間の彼ら自身の交通線は海路であったため、彼らの海軍の優位によって確保された。ローマ軍は、カルタヘナ (Cartagena) にあるハスドラバルの海軍基地に相対するタラゴナに海軍基地をつくり、そこでカルタゴ領域に侵攻して行った。スペインにおける戦争は老スキピオ兄弟の指揮の下に行われたが、七年の間紆余曲折があり、一見したところ枝葉的な問題であった。その七年の最後において、ハスドラバルは彼らに壊滅的な敗北を与え、老スキピオ兄弟は戦死し、カルタゴ軍はハンニバルへの増援部隊を率いてピレネー山脈への突破にまさに成功するばかりになった。しかしその企図は一時阻止された。それが再開される前にカプア (Capua) が陥落して二万二千人の老練なローマの軍隊が開放され、クロデュース・ネロ (Claudius Nero) の指揮の下にスペインへ送られてきた。このネロは非常はすぐれた能力の持主であり、あとで第二次ポエニ戦争中にローマの将軍が行った最も決定的な軍事行動を行うことになる。この時宜を得た増援により、一度失われたハスドラバルの進路に対する支配が再び確保されたのであるが、その増援は海路行われた。海路を通ることは最も迅速でかつ容易であったが、ローマ海軍によりカルタゴ軍には閉ざされていた。

二年後に、あとでアフリカヌス (Africanus) として有名になった小パブリュース・スキピオ (Publius Scipio) がスペインにおける指揮を受け継ぎ、陸海の連合攻撃によってカルタヘナを占領した。その後彼は、麾下の艦隊を解散し、船乗りたちを陸軍に移すという最も異例な措置をとった。スキピオは、ピレネー山脈の通路を閉ざすことによってハスドラバルに対する単なる「封じこめ」部隊として行動することに満足せず、南スペインに進撃してガダルキウィール (Guadalguivir) 河畔で激しいが非決定的な戦闘を行った。その後ハスドラバルはスキピオから逃れて急いで北上し、ピレネー山脈をその西端で越えてイタリアに急行した。当時イタリアにおけるハンニバルの立場は、麾下の軍の自然消耗が補充されないため、日に日に弱化しつつあった。

ハスドラバルが途中あまり損害を受けることなく北端においてイタリアに進入したとき、戦争はすでに十年も続けられていた。もし彼が連れてきた軍隊が無敵のハンニバルの指揮下にある軍隊と安全に合同することができたならば、戦争に決定的転機をもたらしたであろう。ローマ自体がほとんど疲弊し切っていたからである、ローマ自身の植民地及び同盟諸国とローマを結んでいた鉄の連鎖は極度に張りつめられ、一部はすでにぷっつり切れていた。しかしハンニバルとハスドラバルの二人の兄弟の軍事的立場もまた極度に危険であった。一人はメトーラス (Metaurus) 河畔にあり、他はアプリア (Apulia) にあって、二人は二百マイルも離れ、おのおの優勢な敵に相対していた。しかもこれらローマの両軍は、互いに分離された敵の中間にあった。この不利な情勢とハスドラバルの来着の著しい遅れは、ローマによる制海のためであった。ローマの制海によってカルタゴの兄弟の相互支援はゴール経由の通路に限定されたのであった。ハスドラバルが陸路により遠くかつ危険な迂回をしていたちょうどそのときに、スキピオはハスドラバルに対抗するローマ軍に増援するために、スペインから一万一千名を海路すでに送っていたのである。結局は、ハスドラバルからハンニバルへの伝令が、非常に広い敵国の地帯を通過しなければならなかったため、南部ローマ軍の指揮をとっていたクローデュース・ネロの手中に捕えられ、ネロはこうしてハスドラバルがとろうと意図していた通路を知った。ネロは情勢を正しく判断し、ハンニバルの警戒の目を逃れ、最精鋭の八千名の部隊を率いて急行し、北部にあったローマ軍に合流した。この合同は効を奏し、両執政官は圧倒的な兵力をもってハスドラバルを攻撃し、その軍隊を撃破した。カルタゴの指揮官たるハスドラバル自身がこの戦闘で戦死した。ハンニバルは彼の陣営に投げこまれた弟の首を見てこの災厄をはじめて知った。ローマは今や世界の女王であろう、と彼は絶叫したといわれる。このメトーラスの戦いは両国間の戦いを決定的にしたものとして一般に認められている。

最終的にはメトーラスの戦いとなりローマの勝利に終ったこの軍事情勢は、次のように要約することができるであろう。すなわち、ローマを打倒するためには、イタリアにおいてその勢力の中心を攻撃し、ローマが盟主となっている固く結ばれた同盟を粉砕することが必要であるということである。これが目標であった。その目標を達成するためには、カルタゴ軍は強固な作戦基地と確実な交通線を必要とした。作戦基地は、偉大なバルカ (Barca) 一族の天才によってスペインに建設された。しかし確実な交通線の確保はついに達成できなかった。とりうる交通路には、海路直接行く路とゴール経由の迂回路の二つがあった。前者はローマのシーパワーによって閉鎖され、後者はローマ軍の北部スペイン占領により危険にさらされ、ついには遮断された。この北部スペインの占領はローマの制海によって可能となったのであるが、カルタゴ側はローマの制海を危険に陥れることができなかった。したがってハンニバルとその基地に対して、ローマはローマそれ自身と北部スペインという二つの中央位置 (central position) を占有していたが、これら二点は海路による容易な内側交通線 (interior line of communications) によって結ばれ、その海上の内側交通線によって相互支援が絶えることなく可能であったのである。

もし地中海が陸上の平坦な砂漠であって、その中でローマ人がコルシカとサルヂニアにけわしい山脈を、タラゴナ、リリベーアム及びメッシナに要塞化された拠点を、ゼノア近くに至るイタリアの海岸線を、並びにマルセーユその他の地点に同盟国の要塞を保有していたとするならば、そしてもしローマ人が性能的にその砂漠を自由に横切ることができる軍隊を持っており、しかも彼らの敵は非常に劣勢で、したがってその軍隊を集中するためには大きな迂回路をとらなければならなかったとするならば、当時の軍事情勢は直ちに認識されたであろう。またその特殊な部隊の価値及び効果を表現するのにいかなる強いことばを使っても強過ぎるということはなかったであろう。また、同じ種類の敵の部隊は、兵力においていかに劣勢であっても、こうして保持されている領土内に侵入ないしはそれを急襲したかも知れず、村落を焼き、数マイルにわたって国境を荒らしたかも知れず、また軍事的意味において交通線を危険に陥れることはないにしても、時々輸送隊を遮断することすらしたかも知れないということもまた認められたであろう。このような掠奪的な作戦は、いつの時代においても劣勢海軍の交戦国によって行われてきた。しかしそれらの行動は、「ローマの艦隊はしばしばアフリカの海岸へ行き、またカルタゴの艦隊は同様にしてイタリアの海岸の沖合いに姿を現わした」ので「ローマもカルタゴもともに確実な海洋の支配権を持っていたということはできない」という、既知の事実と矛盾する推論を決して正当化するものではない。今考察中の場合には、海軍は上述の仮定の砂漠においけるかかる特殊な部隊の役割を演じたのである。しかし海軍は大抵の著述家の知らない海上において行動するので、また海軍軍人は大昔から一般のものとは変った人種であり、彼ら自身の予言者はなく、彼ら自身も彼らの任務もまた理解されなかったので、当時の歴史、したがって世界の歴史に及ぼした海軍の絶大で決定的な影響力は看過されてきた。もし上記の論議が健全であるとするならば、シーパワーこそ唯一の影響力であると主張するのが不条理であろうように、結果における主要要素のリストからシーパワーを省略することも同様に誤まりである。

海軍の戦略的協同連携

これまで引用してきたような例は、特に本書の中で取り扱う時期より以前及び以後の、しかも遠くかけ離れたいくつかの時代から引用したものであるが、シーパワーの本質的な重要性及び歴史の教えるべき教訓の性格について例証するには役立つであろう。さきに考察したように、シーパワーの重要性とか歴史の教訓とかは、戦術の部類よりも戦略の部類に属している。それらは戦闘の実施よりもむしろ会戦(campaign)の実施に関係があり、したがって、より永続的な価値を持っている。

これに関連して大家の言を引用しよう。ジョミニはいう——「私は一八五一年の末にたまたまパリにいたとき、私は光栄にもさる高貴な方〔ナポレオン三世〕から、最近の火器の改善は戦争のやり方に何か大きな変更をもたらすであろうかということについて意見を求められた。私は次のように答えた。すなわち、戦術の細部にはおそらく影響があるでありましょう。しかし大きな戦略的な作戦及び諸戦闘の大きな組み合わせにおいては、勝利は過去と同様今日においても、あらゆる時代の偉大な将軍の成功、すなわちアレキサンダー及びシーザー並びにフレデリック及びナポレオンの勝利をもたらした諸原則の適用によって得られるでありましょうと」。

この研究〔諸原則の適用の研究〕は、今や海軍にとって従来以上に重要になった。近代的蒸気艦は大きい安定した運動力を持っているからである。ガレー船や帆船の時代においては、最善に計画された企図も天候の障害によって失敗したかも知れない。しかしこの困難はほとんど消滅してしまった。大きな海軍の協同連携を指導すべき原則はあらゆる時代に適用することができたし、それらの原則は歴史から推論することができる。しかし天候についてあまり顧慮することなしにそれらの原則を実行しうる力は、最近獲得したものである。

広い範囲の海軍戦略

「戦略」という言葉に通常与えられる定義は、全く別個であれ又は互いに関係しあっているものであれ、現に戦争の場面ないしは間もなく戦争の場面になると通常みなされる一つ又はそれ以上の戦場を含む軍事的行動の組み合わせに戦略を限定している。この定義は陸上においてはそれでよいとしても、最近のフランスのある著者がこのような定義は海軍戦略にとっては狭過ぎると指摘しているが、その指摘は全く正しい。彼はいう――「海軍戦略は、戦時と同様平時においても必要であるという点において陸軍戦略とは異っている。実に海軍戦略は、戦争によって獲得し難いようなある国のすばらしい地点を平時に購入又は条約締結のいずれかによって占有することにより最も決定的な勝利を収めることができよう。海軍戦略は、あらゆる機会を利用してある海岸上のある選んだ地点に地歩を固めることができ、また最初は一時的占有に過ぎなかったものを、永久的なものにすることを学ぶのである」。

イギリスが十年以内に次々とキプロス（Cyprus）及びエジプトを、うわべは一時的という条件で占有したが、取得した地点をまだ放棄するに至っていないのを見てきた世代は、容易に次の言葉に同意することができる。すべての大海洋国が自国の国民や艦船がはいりこんでいくいろいろな海洋において、キプロスやエジプトほど目にはつかずそれほどの価値もない地点を次から次へと、静かに執拗に求めつつある事実から、その言葉を裏づける例証は常に得られる。その言葉とは「海軍戦略は、戦時におけると同様平時においても、国のシーパワーを建設し、支援し、増大することをその目的とする」ということである。したがって海軍戦略の研究は、自由な国のすべての市民、特に国家の対外関係及び軍事関係にたずさわるものにとって興味があり価値のあるものである。

さてこれから、海上における国家の偉大さに必要不可欠であるか又はそれに大きな影響を及ぼすような一般的諸条件について検討を行おう。そのあと十七世紀中期から歴史的調査を始めるが、当時におけるヨーロッパの海洋諸国について行う一層特別な考察は、本書の主題の結論を例証し、またその結論が正しいことを示すのに役立つであろう。

（注）ネルソンの名声は同時代の人々の影を薄くするほど輝やかしく、またネルソンはイギリスをナポレオンの野望から救いうる唯一人の人としてイギリス中から絶対的な信頼を得たのであるが、それだからといってネルソンは戦域のごく一部を占め、ないしは占めることができたに過ぎないという事実をおおい隠してならないことはもちろんである。

トラファルガルに終った会戦におけるナポレオンの目的は、西インド諸島において、ブレスト、ツーロン及びロッシュフォール（Rochefort）のフランスの諸艦隊と強大なスペインの艦隊とを合同させることにあった。ナポレオンはこうして圧倒的兵力をつくり、同部隊をしていっしょにイギリス海狭に戻ってフランス陸軍の渡峡を援護させようと意図していた。イギリスの権益は世界中に散らばっているので、フランスの諸艦隊の行先きがわからなければ、イギリスは混惑と混乱を生じ、イギリス海軍はナポレオンの目標地点〔イギリス海峡〕からほかに牽制されるであろう、とナポレオンが期待したのも当然であった。

ネルソンに托された戦域は地中海であり、そこで彼はツーロンの大兵器廠と東方及び大西洋へ通ずる公路の監視を行っていた。この戦域はその重要性において他のいかなる戦域にも劣っていなかった。さらに、ナポレオンのエジプト遠征計画は再開されるであろうとネルソンは確信していたので、彼の眼には、この戦域はさらに別の重要性をもっていると映じていた。この確信のためにネルソンはまず措置を誤まり、ビルヌーブの指揮の下にツーロン艦隊が出撃したとき、その追跡が遅れた。さらにツーロン艦隊は長い間追い風に恵まれ、一方イギリス艦隊は逆風に悩まされた。

以上はすべて事実である。またナポレオンの艦隊合同の計画が失敗したのは、英艦隊の執拗なブレスト沖の封鎖並びにツーロン艦隊が西インド諸島に向けて逃走した際及びそれが再び急いでヨーロッパへ戻ってくるにあたり、ネルソンが精力的にそれを追跡したことに帰すべきである。以上にもかかわらずネルソンは、歴史がネルソンの追跡に対してすでに与え、また本書においても強調している高い名誉に、公正にいって、値している。

ネルソンは本当にナポレオンの意図を見抜いていなかった。それはすでにいわれているように、ネルソンの洞察力の不足のせいかも知れない。しかし防御側の持つ通常の不利、すなわち攻撃が加えられるまではどの地点が敵から脅威されるか知ることができないという不利のせいに過ぎないかも知れない。情勢の鍵にじっと目を注ぐことが洞察力なのである。そしてネルソンは、まさしくそれは艦隊であって根拠地ではないと見ていた。その結果ネルソンの行動は、目的の堅持と実施にあたっての不屈の精力がいかにして最初の誤まりを償い、功妙につくられた計画を挫折させるかを示す顕著な一例を提供してくれた。

ネルソンの地中海艦隊には多くの任務と苦労の種があった。しかしそれらすべての中でもツーロン艦隊こそが地中海では支配的要素であり、またナポレオンのいかなる海軍編成においても重要な要素であるとネルソンは明らかに見抜いていた。したがって彼の注意は迷うことなく同艦隊に注がれた。彼はそれほどそれに注目したので、同艦隊を「私の艦隊」とすら呼んだ。この言葉はフランスの評論家たちの過敏な感情を幾分害したのであるが、軍事情勢についてのこの簡潔正確な見解に力づけられて彼は大胆な決心をし、「彼の艦隊」のあとを追うために自分の持場を放棄するという大きな責任を負ったのである。こうして追跡を決意したのであるが、それを決意したのは否認し難い英知であるにしても、それによってそれを決意した意思の強さが忘れられてはならない。追跡を決意したネルソンは、敵の行動に関する誤まった情報と不確実さに伴う避け難い遅れにもかかわらず、ビルヌーブがフェロール

(Ferrol)に入港する一週間前にカディスに帰り着くほど猛烈にビルヌーブを追跡したのである。それと同じ熱情によりネルソンは麾下の艦隊をカディスからブレストに回航した。もしビルヌーブがブレストの近所に到着しようとする企図を固執していたならば、そのときブレスト沖のイギリス艦隊はビルヌーブの艦隊よりも優勢であることができた。イギリス艦隊は艦艇の総隻数においては西仏同盟艦隊よりも劣勢であったが、このように八隻の老練艦艇の時宜を得た増強により、戦略的にはとりうる最善の地歩を占めたのである。このことはアメリカ独立戦争における類似の状況について論ずる場合にも指摘されるであろう。イギリスの部隊はビスケー湾において合同して一大艦隊となった。この艦隊は、ブレストとフェロールに分かれた敵の二つの部隊の中間に位置し、どちらの部隊に対しても単独では数的に優位であり、その一つを他方が来着しうる前に撃破することができる公算が大きかった。これは全般的には英当局の側におけるすぐれた措置によるものであるが、結果においてはほかのすべての要素の中でも特にネルソンのひたむきな「彼の艦隊」追求がきわ立っている。

この興味深い一連の戦略的行動は八月十四日に終った。その日にビルヌーブはブレストに行き着くのをあきらめてカディスに向い、カディスには二十日に入港した。ナポレオンはこのことを聞くや、ビルヌーブに対し怒りを爆発させたが、その後直ちにイギリス侵攻の目的を放棄し、ウルム(Ulm)及びアウステルリッツ(Austerlitz)の会戦に終った一連の行動を指令した。トラファルガルの海戦は十月二十一日に行われたので、かの広範囲に及んだ行動とは二カ月の隔たりがあるのであるが、それでもトラファルガルの海戦はこの行動の結末であった。時日の上においてはあの行動とは切り離されているが、それにもかかわらずこの海戦は、そのすぐ前に彼が立てた記録の上にあとから印せられた彼の天才を示す証印であった。同様な真実性をもってイギリスはトラファルガルにおいて救われたといわれるが、そのときにはナポレオンはすでにイギリス侵攻をあきらめていたのである。トラファルガルにおける仏西同盟艦隊の撃滅が強調され、その陰でナポレオンの計画をすでに音もなく挫折させていた〔それ以前にネルソンの挙げた〕戦略的勝利が忘れられている。

第1章　シーパワーの要素

海洋は偉大な公路

海洋が政治的、社会的見地から、最も重要かつ明白な点は、それが一大公路であるということである。いや、広大な公有地という方がよいかも知れない。その上を通って人々はあらゆる方向に行くことができる。しかしそこにはいくつかの使い古された通路がある。それは、人々が支配的ないくつかの理由によって、ほかの通路よりもむしろ一定の旅行路を選ぶようになったことを示している。これらの旅行路は通商路と呼ばれる。そして人々はなぜそれを選んだのか、その理由は世界の歴史を調べればわかってくるであろう。

陸路に対する海上輸送の有利

海上には周知又は未知のあらゆる危険があるにもかかわらず、海路による旅行も輸送もいずれも、常に陸路によるよりはより容易かつ安価であった。オランダが商業上の大をなしたのは、海上輸送のみならず多数の静かな水路のおかげであった。それらの水路によってオランダは、自国の内陸部及びドイツの内陸部へかくも安価かつ容易に行くことができた。二百年前においても海上輸送は陸上輸送より有利であった。しかしそれは、道路があまりなくしかも非常に悪く、戦争がしばしば起こって社会が不安定であった時代においては一層顕著であった。当時海上輸送は盗賊の危険に瀕していたが、それでも陸路によるよりは安全かつ迅速であった。当時のオランダのある著述家は、イギリスと戦争になった場合の勝利のみこみについて見積った際、なかんづく次の点に注目している。それは、イギリスが水路を国内に十分ゆきわたらせることができなかったこと、それにイギリスは道路が悪かったため、国内のある場所から他の場所へ物資を送るには海路によらなければならず、途中捕獲される危険にさらされていたことである。純然たる国内通商については、今日ではこの危険は一般になくなっている。海上輸送が今もなおより安価ではあるが、たとえ沿岸通商が破壊され、ないしはなくなったとしても、今日では大抵の文明にとってそれは単に不便だというだけに過ぎないであろう。しかし共和制フランス及び第一次帝政時代の諸戦争の際は、海上にはイギリスの巡洋艦が群がり、フランス内陸には良好な道路があったにもかかわらず、フランスの沿岸に沿って護送船団が一地点から一地点へとひそかに行動していた。そのことが絶えず語られていたことを、当時の歴史やそれをめぐって生れた軽い海洋文学に詳しい人々は知っている。

海軍は通商保護のために存在する

しかし現代の状況下においては、国内通商は海に面する国にとってはその事業のほんの一部を占めるに過ぎない。外国産の必要品やぜいたく品は、自国船又は外国船のいずれかによって自国の港まで運んでこなければならない。それらの船はこれらの品物と交換に、天然の産物であれ加工品であれ、その国の産物を積んで帰っていくであろう。そしてこの海運業を自国船によって行うことは、すべての国にとってその願望である。こうして往ったり来たりする船は、帰るべき安全な港を持たなければならないし、また航海を通じてできる限りその国の保護を受けなければならない。

この船舶の保護は、戦時においては武装船によって行わなければならない。したがって狭義の海軍は、商船が存在してはじめてその必要が生じ、商船の消滅とともに海軍も消滅する。ただし侵略的な傾向を持ち、軍事機構の単なる一部として海軍を保有している国はこの限りでない。アメリカ合衆国は現在侵略的目的を持っていないし、その商船隊も姿を消してしまった。したがって艦隊の衰退も海軍に対する一般的な関心の欠如も至極当然の帰結である。しかしなんらかの理由で海上貿易が引き合うことが再び発見されるときは、海運に対して再び大きな関心が注がれ、艦隊の復活を促すようになるであろう。中央アメリカ地峡を通ずる運河の開設がほぼ確実になれば、積極的な海外進出の衝動が強まって同様な結果をもたらすこともあり得よう。しかし果たしてそうなるか、疑問である。平和的で金もうけの好きな国民は先見の明を欠くものであり、先見の明は特に現代においては、適当な軍備を整える上に必要であるからである。

通商は安全な海港に依存する

商船や軍艦が自国の海岸から外に出ていくようになると、やがて平和な通商や避難、補給のために、艦船が頼ることのできる地点が必要だと感ずるようになる。今日では、外国の港ではあっても友好的な港は世界中いたるところにある。また平和が続く間はそれらの港による庇護で十分である。しかし必ずしもいつもそうであるとは限らなかった。また合衆国は長く続いた平和の恩恵を受けてきたとはいえ、いつまでも平和が続くとは限らない。昔は、商人である船乗りたちは新しい未開の地に貿易を求めるにあたり、猜疑心が強く敵意に満ちた住民から生命と自由の危険を冒して利得を得た。またもうけになる貨物を十分に集めるのに非常な時間をかけていた。したがって直観的に自分の通商路のはるかかなたの端末地方に、力づくか又は相手の好意によって手に入れることのできるような一つ又はそれ以上の基地を求めた。そこに相当程度安全に自分自身又は代理人が定住することができた。船はそこに安全に停泊することができたし、またそこでもうけになるその土地の産物を継続的に集め、それを母国へ運んでいく本国の商船隊が到着するまで待つことができた。これらの初期の時代の航海は、大きな危険はあったが莫大な利益もあった。このためこのような施設が自然に増えていって、ついに植民地になった。植民地が結局発展し成功するか否かは、その本国の才能と政策にかかっていたが、その発展と成功が世界の歴史、特に海洋の歴史の大部分をなしている。しかしすべての植民地が上述の単純で自然的な発生と成長をたどったわけではない。植民地の多くは、その考え方や基礎作りにおいてより組織的で純粋に政治的であり、また個々の私人の行為というよりはむしろ国民の支配者たちの行為であった。しかし貿易基地とその発展は、利得を求める冒険者の単なる所産に過ぎないが、その起因と本質においては念入りに組織され免許された植民地と同じであった。いずれの場合にも母国は外地に足がかりを得たわけで、母国はそこを足がかりとして自国商品の新しい販路、自国海運の新しい活躍舞台、自国国民のためのより多くの仕事、自国自身のためのより多くの楽しみと富を求めたのであった。

植民地及び植民地の拠点

しかし通商路のはるかな端末において安全が確保されても、通商上の諸要求がすべて満たされたわけではなかった。航海は長く危険であったし、海上ではしばしば敵によって悩まされた。植民地獲得活動が最も活発な時代の海上には、今日ではほとんど忘れ去られた無法状態がはびこっていた。また海洋諸国間に平和が保たれた日はあまりなく、まれであった。こうして通商路に沿って、主として通商のためではなくして防衛及び戦争のために、喜望峰、セント・ヘレナ（St. Helena）及びモーリシャス（Mauritius）のような基地に対する要求が起こってきた。またジブラルタル、マルタ（Malta）、セント・ローレンス（St. Lawrence）湾の入口のルイスバーグ（Louisburg）のような拠点の保有に対する要求も起こってきた。これらの拠点の価値は、必ずしも全面的にではなかったが、主として戦略的なものであった。植民地や植民地の拠点はその性格において、ときには商業的であり、ときには軍事的であった。そしてニューヨークがそうであったように、同一の地点が商業と軍事の視点から等しく重要であったというのは例外であった。

シーパワーの連鎖の環――生産、海運、植民地

生産、海運及び植民地の三つの中に、海に臨む国家の政策のみならず歴史の鍵が見出されよう。生産によって生産物の交易が必要となり、海運によって交易品は運搬される。植民地は海運の活動を助長拡大し、また安全な拠点を増やすことによって海運の保護に役立つ。

政策は、その時代の思潮及び支配者の性格と先見性によっていろいろ変化してきた。しかし海に面した諸国の歴史は、政府の俊敏さや先見性によるよりも、むしろ位置、領土の広さ、地形、国民の人口や国民性、一言でいえば自然的条件と呼ばれるものによってより大きく決定されてきた。しかし個個の人たちの賢明な又は賢明ならざる行動が、ある時代には広い意味におけるシーパワーの発展に大きな修正的な影響を及ぼしたということは認めなければならない。またそういうことは今後も起こるであろう。ここにいう広い意味におけるシーパワーとは、武力によって海洋ないしはその一部分を支配する海上の軍事力のみならず、平和的な通商及び海運をも含んでいる。この平和的な通商及び海運があってはじめて海軍の艦隊が自然にかつ健全に生まれ、またそれが艦隊の堅確な基盤になるのである。

シーパワーに影響を及ぼす一般条件

諸国家のシーパワーに影響を及ぼす主要条件として、次のようなものを挙げることができよう――(1)地理的位置、(2)自然的形態（それに関連して天然の産物及び気候を含む）、(3)領土の範囲、(4)人口の数、(5)国民性、(6)政府の性格（国家の諸制度を含む）。

1　地理的位置

まず第一に指摘できることは、もしある国が陸上で自国を防衛する必要がなく、また陸上において領土の拡張を求める誘惑にかられることのないような位置を占めているならば、その国は国境の一部を大陸に接する国に比較して、目標を専ら海上に向けて絞ることができるという点において有利であるということである。この点においてイギリスは、フランス及びオランダの両国よりは海洋国としてはるかに有利であった。オランダは、その独立を保つために大陸軍を維持して金のかかる戦争を実施する必要があったため、早期に国力を消耗してしまった。一方フランスの政策は、ときには賢明であったがときには最も愚かにも、海洋政策から大陸拡張計画へと絶えず転換された。これらの軍事努力によってフランスはその富を消耗した。もしその地理的位置をもっと賢明にかつ一貫して利用していたならば、フランスはもっとその富を増大したことであろう。

地理的位置によっては、おのずから海軍力の集中が促され、又はその分散を余儀なくされるかもわからない。この点においてもイギリス諸島はフランスよりも有利であった。フランスの位置は大西洋のみならず地中海にも接している。それにはそれなりの利点があるものの、それは概して海上における軍事的弱みの因となっている。フランスの東西の両艦隊は、ジブラルタル海峡を通過したあとにおいてのみ合同することができた。フランスはそれを企ててしばしば危険を冒し、ときには損傷を受けてきた。合衆国は大西洋及び太平洋の両洋に臨んでいるが、もし両海岸で大きな海上貿易を行うようになれば、その位置は大きな弱点の根源となるか又は莫大な出費の起因となるであろう。

イギリスはその巨大な植民地帝国のゆえに、本国周辺海域に兵力を集中するのに便利な利点を犠牲にした。しかしその犠牲を払ったのは賢明であった。というのは、事実が証明したとおり、失ったところよりも得たところの方が大きかったからである。イギリスの植民地体制の成長とともにその艦隊もまた大きくなっていった。しかしその商船隊と富の成長の方がもっと早かった。さらにアメリカ独立戦争並びにフランス共和制及び王制時代の戦争に際しては、あるフランスの著者の強い表現を用いるならば、「イギリスは、その海軍のすばらしい発展にもかかわらず、富のさ中にありながらいつも貧困のために悩んでいるように見えた」のであった。イギリスの力はその心臓も手足も生かしておくのに十分であった。しかし同じように広大な植民地帝国であったスペインは、その海上力の弱体のために、非常に多くの地点をただ侮辱と損傷にまかせるだけであった。

ある国の地理的位置が、その国の兵力の集中を容易にするだけでなく、中央位置という戦略的利点及びその仮想敵に対する敵対作戦のための好基地をも提供することがある。このことは再びイギリスの場合にあてはまる。イギリスは一方においてはオランダ及び北方諸国に面し、他方においてはフランス及び大西洋に面している。イギリスが、ときどきそれに直面したように、フランスと北海及びバルト海の諸海軍国との連合によって脅かれたときも、ダウンズ（Downs）及びイギリス海峡のイギリス艦隊、さらにブレスト沖のイギリス艦隊すらも、内線の位置を占めていた。したがって、もし敵のいずれか一方が同盟国と合同するためにイギリス海峡を通過しようとすれば、イギリスは自国の合同兵力を容易に敵兵力の間に配することができた。また北方と南方のいずれの側においても、イギリスはよりよい港と接近するのにより安全な海岸に恵まれた。これは当時ではイギリス海峡の通峡にあたり非常に重大な要素であった。しかし最近では蒸気及び港湾の改善のおかげで、かつてフランスが苦しんだこの不利点は軽減された。帆船時代には、イギリス艦隊はトーベイ（Torbay）とプリマス（Plymouth）に基地を作ってブレストに対して作戦した。その計画は次のように簡単なものであった。すなわち、東風又は穏やかな天候のときはイギリスのブレスト封鎖艦隊は困難もなくその配備位置を維持するが、西寄りの強風の季節で非常に荒天のときはイギリス艦隊はイギリスの港の方へ向きを変えた。それは、風が変るまでフランス艦隊が出港できないことがわかっていたし、風が変ればフランス艦隊は出港できるが、イギリス艦隊も同様に配備地点に帰れるからであった。

敵又は攻撃目標に地理的に近いことの利点は、最近では通商破壊といわれる（フランス人は交通破壊戦＝gurre de course と呼ぶ）作戦形式の場合最も明瞭である。この作戦は通常無防備の平和的な商船に対して行われるため艦艇の小部隊が必要となる。このような艦隊は、その自衛能力が小さいため、手近に避難港又は支援を受ける基地を必要とする。それらは、自国の戦闘艦艇によって管制されている海域内の一部分又は友好国の港湾のいずれかの中に求めることができよう。友好国の港湾はいつも同じ場所にあり、また敵よりも通商破壊艦の方がそれへ至る近接路をよく知っているので、最も強力な支援を与えてくれる。フランスはイギリスに近いため、こうしてフランスの対英交通破壊戦は非常に容易にできた。北海、イギリス海峡及び大西洋岸にフランスの港があったので、フランスの巡洋艦は出入するイギリスの通商路の集束点に近いそれらの地点から出撃した。これらの港の相互間の距離は、正規の軍事的協同連携には不利であるが、この不正規の第二義作戦にとっては有利であった。そのわけは、正規の作戦の真髄は努力の集中にあるが、通商破壊にとっては努力の分散が通例であるからである。通商破壊艦はより多くの獲物に出会いこれを捕獲することができるよう分散するのである。それが本当であることは、フランスの偉大な私掠船〔戦時敵船捕獲の免許を得た武装民有船〕の歴史がそれを例証している。それらの私掠船の基地や活躍海域はおもにイギリス海峡や北海にあったが、それ以外では遠方の植民地地方にあった。遠方の植民地地方ではガダループ（Guadaloupe）やマルチニック（Martinique）のような島が同様な近くの避難港になっていた。今日の巡洋艦は石炭補給の必要があるので、昔の巡洋艦より港に依存する度合がかえって大きい。合衆国の世論は、敵の通商に指向される戦争に大きな信をおいている。しかし合衆国は海外貿易の大中心地に至近のところには一つも港を持っていないことを想起しなければならない。したがって合衆国の地理的位置は、合衆国がその同盟国の港の中に基地を見つけ出さない限り、通商破壊を成功的に行うには非常に不利なのである。

もしある国が、攻撃上の便宜に加えて、公海に容易に出て行くことができ、しかも同時に世界交通の重要通路の一つを管制することができるような位置を占めているならば、その国の戦略的位置の価値が非常に高いことは明らかである。イギリスの位置は今日も再びこのように非常に高いが、昔はもっと高かった。オランダ、スウェーデン、ロシア、デンマークとの貿易並びにドイツの内陸部へ大きな川を遡って行う貿易は、イギリスの玄関口に接近してイギリス海峡を通過しなければならなかった。帆船はイギリスの海岸近くを航行したからである。さらにこの北方貿易はシーパワーに独特の関係を持っていた。いわゆる海軍需品は主としてバルト諸国から入手していたからである。

もしジブラルタルを失わなかったならば、スペインの位置はイギリスのそれに非常に似通ったものになっていたであろう。一方にはカディス、他方にはカルタヘナ（Cartagena）のある大西洋と地中海を一覧すれば、レバント〔東地中海地方〕との貿易はスペインの膝許を通り、また喜望峰回りの航路もスペインの玄関口から遠く離れていないところを通ることがすぐわかるであろう。しかし〔スペインがジブラルタルを失った結果〕スペインのジブラルタル海峡の支配権が失われたのみならず、スペイン艦隊の大西洋、地中海の両部隊も容易に合同できなくなった。

今日、イタリアの地理的位置だけを見て、イタリアのシーパワーに影響を及ぼすその他の条件を無視するとすれば、長大な海岸線と良好な諸港を持っているイタリアは、レバントに至る通商路及びスエズ地峡経由の貿易路に対して決定的影響を及ぼすのに好適の位置を占めているように見えるであろう。それはある程度本当である。そしてもしイタリアが本来イタリア領である島をすべて今日保持しているならば、一層そうであろう。しかし現在マルタはイギリスの、またコルシカはフランスの手中にあるので、イタリアの地理的位置の利点は大いに減殺されている。人種的同族性と情勢から、これら二つの島はイタリアにとって合法的にほしいところである。それはジブラルタルがスペインにとってそうであるのと同じである。もしアドリア海が通商の大公道であるならば、イタリアの位置はなお一層有力であるだろう。このような欠陥があるためイタリアの地理的位置は完全でないが、それとシーパワーの十分かつ確実な発展を妨げる他の諸要因と相まって、イタリアがしばらくの間海洋諸国の中で上位段階にありうるかどうか甚だ疑わしい。

ここでは徹底的に論議することを目的とはしていない。ある国の情勢が海上におけるその国の経歴にいかに重大な影響を及ぼすかを、例を挙げて示そうとしているだけである。それゆえこの話は一応これで打ち切ることとしよう。その重要性を一層示すような例は今後歴史的な考察をする中で絶えず出てくるであろうからなおさらである。しかしこの際次の二つの所見は述べておくに値する。

その第一は、諸種の情勢により、地中海は通商及び軍事の両見地において、同じ広さの他のいずれの海域よりも、世界の歴史の中でより大きい役割を演じてきたことである。諸国が相次いで地中海を支配しようとして争ってきたが、その争いは今なお続いている。したがって今まで地中海における優位の基盤となり、今もなおなっている諸条件について、また地中海沿岸のいろいろな地点の相対的な軍事的価値について研究することは、他の方面についてこれと同程度の研究をする場合よりも一層有益であろう。その上さらに、地中海は今日多くの点においてカリブ海に著しく似通っており、パナマ運河が完成したあかつきには一層似通ってくるであろう。すでに豊富な例証のある地中海の戦略的諸条件を研究することは、比較的わずかな歴史しかないカリブ海についてのその種の研究にとって好個の序曲となるであろう。

第二の所見は、中央アメリカの運河との関連においてアメリカ合衆国の地理的位置に関係のあることである。もし運河が完成されてその建設者の希望が実現するならば、カリブ海は今日のような、局地的交通の終点と場所、ないしはせいぜい途切れ途切れの不完全な交通線に過ぎない地位から、世界の大公道の一つに変わるであろう。この通路によって大規模な通商が行われ、他の諸大国すなわちヨーロッパ諸国はかつてなかったほどわが国の海岸の近くに利害関係を持つようになるであろう。これとともにカリブ海が国際的紛糾から遠ざかっていることはこれまでほど容易ではなくなるであろう。この通路に関する合衆国の位置は、イギリスのイギリス海峡に対する、また地中海諸国のスエズ運河に対する位置と同じようなものになるであろう。この交通路に対する影響力と支配力は地理的位置によって左右される。この点、合衆国の国力の中枢すなわち恒久基地（注1）が他の諸大国のそれよりもこの交通路にはるかに近いことはもちろんのこと明らかである。それらの大国がカリブ海の島又はアメリカ本土に現に占有しているか、ないしは今後占有する地点がいかに強大なものであっても、それらの国の前進基地であるに過ぎない。一方合衆国は、軍事力のあらゆる原料においていかなる国よりもすぐれている。しかし合衆国は明らかに戦争に対して無準備であるため弱体である。また合衆国は地理的に係争地点に近いにもかかわらず、メキシコ湾沿岸の特性によってその価値の幾分かを失っている。というのは、敵に対して安全であるとともに第一級の軍艦を修理しうる施設をも備えた港湾に不足しているからである。第一級の軍艦なくしては、いかなる国も海洋のいかなる部分でも管制しようなどとうぬぼれることはできない。カリブ海における優位を争う場合には、ミシシッピー河の南水路の水深、ニューオルリーンズが近いこと、ミシシッピー河の水運の利などからして、合衆国はその主要努力をミシシッピー河に注ぎ、そこに永久作戦基地を求めなければならない。しかしミシシッピー河の入口の防備には独特の困難がある。一方これに対抗する二つきりの港、キーウエストとペンサコラは、水深があまりにも浅く、また合衆国の資源との関連においてその位置ははるかに不利である。すぐれた地理的位置の利を十分に活用するためには、これらの欠陥を克服しなければならない。そのうえ、合衆国とパナマ地峡との距離は比較的近いものの、それでもなお相当あるので、合衆国はカリブ海に、不慮の事態に応じうる根拠地ないしは第二義的な作戦基地を取得しなければならないであろう。それらの基地が天然の利点を有すること、防御しやすいこと、また枢要な戦略的争点に近いことにより、合衆国の艦隊をいかなる相手にも劣らず問題の場所に近くとどめておくことが可能であろう。ミシシッピー河への出入を安全にし、このような前進基地を手中に収め、それらの前進基地と本国基地との間の交通線を確保するならば、要するに適当な軍備（合衆国は軍備に必要なあらゆる手段を持っている）を整えるならば、合衆国の地理的位置とその国力からして、この方面における合衆国の優位は数学的確実さをもって実現するのである。

（注1） 恒久的作戦基地とは、すべての資源がそこから得られ、陸上及び海上の大交通線がそこで結合され、造兵廠と軍の拠点がそこにあるような地方をいう。

2 自然的形態

シーパワーの発展に影響を及ぼす諸条件中、次に検討するのは自然的形態についてである。さきに引用したメキシコ湾沿岸特有の特徴は、この自然的形態の項目にぴったり当たっている。ある国の海岸線はその国の国境線の一つである。国境線からそのかなたの地域（この場合は海洋）へ一層容易に近づくことができればできるほど、国民が海路によってほかの世界と交通しようとする傾向はますます強くなるであろう。もし長い海岸線は持っているが全く港湾を持たない国があるとすれば、このような国は自分自身の海上貿易も、海運も、海軍も持つことはできない。ベルギーがかつてスペインの、またオーストリアの一州であったときは事実そうであった。オランダは一六四八年に、戦勝後の平和の条件としてシェルト（Scheldt）河を海上貿易に対して閉鎖するよう強要した。これによってアントワープ（Antwerp）の港は閉鎖され、ベルギーの海上貿易はオランダに移された。スペイン領ネーデルランドは海洋国ではなくなった。

水深の深い港湾が多数あることは力と富の源泉であり、もしそれらが航行可能な河川の河口にあればなおさらそうである。河川によって国内通商をそこへ集中するのに便利であるからである。しかしそれらの港湾は、非常に近接しやすいためもし適当に防衛されていなければ、戦争の場合弱点の因となる。一六六七年にオランダ人は、あまり困難を感ずることなくテームズ河を遡っていってロンドンの目の先でイギリス海軍の大部分を焼き払った。ところが数年後に英仏連合艦隊は、オランダ上陸を企てたが、オランダ艦隊の勇猛さと、同様に海岸への近接の困難さのためにその企ては失敗した。一七七八年には、もしフランスの提督が躊躇しなかったならば、当時不利な条件下にあったイギリス軍はハドソン河に対する確実な管制権とともにニューヨーク港を失っていたであろう。もしフランス軍がその管制権を手にしたならば、ニューイングランドからニューヨーク、ニュージャージー及びペンシルバニアに至る密接かつ安全な交通線を回復したであろう。前年のブルゴインの敗北のすぐあとだけに、この打撃によってイギリスはおそらくもっと早く和を講じるに至ったであろう。ミシシッピー河は合衆国にとって富と力の大きな源泉である。しかしその河口の防備が弱かったこととその地方を貫く多数の支流のために、ミシシッピー河は南部連合軍にとってはかえって弱点となり敗北の因となった。そして最後に一八一四年にチェサピーク湾が占領され、ワシントンが撃破されたことは、最も貴重な水路であってもその入口が防御されていないならば、かえってその水路を通じて危険が招来されるという厳しい教訓を教えてくれた。その教訓は最近のことなので容易に思い出されるのであるが、海岸防御の現状を見るとやはり容易に忘れられるようである。また諸条件が変ったと考えるべきでもない。今日では以前とは情況や攻撃防御の細目は変っているものの、大きな諸条件は依然昔のまま変化していない。

大ナポレオン戦争前及び戦争中フランスは、ブレスト以東には戦列艦用の港を持っていなかった。イギリスは同地域にプリマスとポーツマスの二大兵器廠を持ち、さらに他にも避難補給用の港湾を持っていたので非常に有利であった。地勢上のフランスのこの欠陥は、その後シェルブール（Cherbourg）の工事によって是正された。

海へ容易に出られる出口を含む海岸の地形のほかに、国民を海へ導き、又は反対に海から遠ざける他の自然条件がある。フランスはイギリス海峡沿岸において軍港には乏しかったけれども、同海峡と大西洋沿岸に、また地中海においても、外国貿易に有利な位置にあり、また大きな河の河口にあって国内交通を育成するような良港湾を持っていた。しかしリシュリュー（Richelieu）が国内戦に終止符を打っても、フランス人はイギリス人やオランダ人のような熱心さをもって海に挑戦しそれに成功することはなかった。そのおもな理由はまさしくフランスの自然的条件の中にあった。フランスは気候がよく、その国民が必要とする以上のものを自ら生産する楽土であったからである。一方イギリスは自然の女神の恩恵には乏しく、その製造業が発達するまでは輸出しうるものはほとんどなかった。イギリスの幾多の欠乏が、そのたゆみない活動と海洋の企業に適した他の諸条件と相まって、国民を海外に導いた。そして彼らは海外で本国よりも楽しくより豊かな土地を発見したのであった。彼らの諸要求と才能は、彼らを商人とし、植民者とし、それから製造業者とし、生産者とした。海運は生産物と植民地との間の不可欠な連鎖である。こうして彼らのシーパワーは成長した。しかし、もしイギリスが海に引きつけられたとするならば、オランダは海へ追いやられた。海なくしてはイギリスは衰亡したが、オランダは滅亡したのである。

オランダがヨーロッパの政治における主要要素の一つであったその最盛期のとき、あるオランダの有能な当局者は、オランダの国土は住民の八分の一以上を支えることはできないと見積った。オランダの製造業は当時その数が多くかつ重要であったが、その成長は海運業よりも大いに遅れていた。国土の貧困と、海岸が海にむき出しになっていることがオランダ人をまず漁業に追いやった。彼らはそこで魚を保存する方法を発見したので、国内消費用のみならず輸出用の魚もとるようになり、富の基礎を築いた。こうして彼らは、イタリアの諸共和国がトルコの圧力と喜望峰回りの航路の発見により衰えかけていたときに貿易業者となり、イタリアに代ってレバントとの大貿易国となった。オランダはさらにバルト海、フランス及び地中海の中間にあり、かつドイツの諸河川の河口にあるという地理的位置に恵まれて、ヨーロッパの運送業のほとんど全部をすみやかにその手中に収めていった。

二百年あまり前には、バルト海の小麦と海軍需品、新世界のスペインの植民地とスペインの間の貿易、フランスのワインと沿岸貿易、これらはすべてオランダの船で運ばれていた。イギリスの海運の多くすら当時はオランダの船で行われていたのである。この繁栄のすべてがオランダの天然資源の貧困からのみ生まれたといおうとしているのではない。無からは何物も生まれない。本当のところはこうである。オランダ人は貧困な条件下にあったために海へ追いやられた。そして海運業を支配したことその商船隊が大きかったことから、通商の急激な発展並びにアメリカと喜望峰回りの航路の発見に続いて起こった探険心の急激な高まりによって利益を得る立場にあった。以上が事実である。

ほかの原因も同時にあずかって力があったが、オランダの繁栄はすべてその貧困が生み出したシーパワーの上に築かれた。彼らの食糧、衣類、工業用の原材料、彼らの船の建造や艤装（彼らはほかのヨーロッパ全部をあわせたものとほぼ同じ数の船を建造した）に用いる木材と大麻は輸入されていた。そしてイギリスとの悲惨な戦争が一六五三年と一六五四年の間十八ヵ月も続き、彼らの海運業がとまったとき、「常にオランダの富を維持してきた漁業や貿易のような収入源はほとんど枯渇した。工場は閉鎖され、作業は中止された。ズイデル・ジー（Zyder Zee）にはマストが林立し、国中に乞食が満ちあふれ、街路には草が生え、アムステルダムでは千五百軒の家が空家になった」といわれる。屈辱的な和平のみが彼らを破滅から救った。

この悲しむべき結果は、世界においてその演じつつある役割に対して、自国に必要な資源をすべて外国に依存している国の弱点を示すものである。ここで述べるまでもなく条件が異っているので割り引きして考えても、当時のオランダの場合と今日のイギリスの場合とは非常に似ている点がある。本国における繁栄の維持は主として海外における自国の勢力の維持にかかっている、ということを自国に向って警告するものこそ真の予言者である。もっともこのようなものは自国ではあまり評判はよくないようであるが。

人々は政治的特権の欠如に対して不満を抱くかも知れないが、もしパンを欠くようになればもっと不安になるであろう。フランスは海洋国と見なされるが、その国土の広さ、快適さ、そして豊かさによって同国にもたらされたのと同じ結果が、合衆国に再現されていることを指摘することは合衆国にとって一層興味のあることである。

最初、合衆国の父祖たちは、部分的には肥沃であるがあまり開発されていない、港湾に囲まれて豊かな漁場に近い、海沿いの狭い土地を手に入れた。これらの天然の条件、生れながらの海に対する愛好心、今なお彼らの血管の中で脈うっているイギリス人の血の脈動、これらが相まって健全なシーパワーの基礎となるすべての傾向や職業が今もなお存続している。最初の植民地のほとんどすべてが海に沿い、ないしは大きな湾の一つに沿っていた。すべての輸出と輸入は一つの海岸に向って行われた。海に対する関心と、海が公共の福祉において演じる役割に対する賢明な評価は、容易にかつ広く人々の間に広まっていった。そして公共の福祉に対する配慮よりも、もっと有力な動機もまた盛んであった。船舶建造用の材料が豊富にあり、その他の投資が比較的少いために、海運が有利な私企業となったからである。

その後諸条件がいかに変ったかは周知のとおりである。力の中枢は今や沿岸地方にはない。書物や新聞は互いに競って内陸部のすばらしい発展や未開発の富について述べる。資本家はそこに最善の投資の対象を見つけ、労働者は最大の好機を見出す。辺境地方は無視され、政治的には弱い。メキシコ湾や太平洋岸は実際にそうであり、大西洋岸は中央ミシシッピー流域地方に比較してそうである。海運が引き合う時代が再び訪れるとき、また大西洋、メキシコ湾及び太平洋の三沿岸地方が軍事的に弱体であるのみならず国の海運の欠如のためにより貧しいことに気がつくとき、そのときには彼らの協同努力が再びわれわれのシーパワーの基礎を築く上に役立つかも知れない。そのときが来るまでは、シーパワーの欠如によりフランスの国運が制約されたことを知っている人は、合衆国が同様に国内が富み過ぎているためにあの偉大な道具〔シーパワー〕をフランスのように無視するようになりつつあることを嘆き悲しむかも知れない。

天然の条件を修正するものとして、イタリアのような一つの型を指摘することができよう。イタリアは長い半島で、中央の山脈によって半島は二つの狭い地帯に分けられ、必然的にそれに沿って道路がいろいろな港を結んで走っている。絶対的な海上の管制によってのみこのような交通線を全面的に確保することができる。というのは、水平線のかなたから来攻する敵がどの地点を攻撃するかは知ることができないからである。しかしそれでもなお十分な海軍部隊があって中央に配備されているならば、重大な打撃が加えられる以前に、それ自体が自らの基地であり交通線であるところの敵の艦隊を撃破することは十分望みうるであろう。

その先端にキーウエストがある長くて狭いフロリダ半島は、平坦で人口は少いけれども、一見してイタリアのような条件を備えている。その類似性は皮相的なものであるかも知れない。しかし海軍戦争の主要な場面がメキシコ湾であれば、半島の先端に至る陸上交通線は重要であろうが、敵の攻撃にさらされるであろう。

海が国の境界となり又は国を取り巻くのみならず、国を二つ又はそれ以上の部分に分割するときは、海の管制は望ましいのみならず死活的に必要である。このような天然の条件は、シーパワーの建設と発展を促すか、さもなければその国を無力にする。サルジニア島とシシリー島を持つ今日のイタリア王国はこのような条件にある。それゆえに、若く今なお財政的に弱体であるにもかかわらず、イタリアは海軍を建設すべく力強く賢明な努力を傾注しているかに見える。もし敵に対して決定的に優勢な海軍を持つならば、イタリアはその力の基盤をその本土よりも島においた方がよいとすら主張された。そのわけは、すでに指摘したような半島内の交通線の不安全性のために侵入軍は敵対的な住民の間で孤立し、また海上からは優勢なイタリア海軍によって脅威されて最も深刻な困惑にさらされるであろうからである。

イギリス諸島を分けているアイルランド海は、実際の分界線というよりはむしろ幅広い河口、江湾に似ている。しかし歴史は連合王国にとってアイルランド海からの危険があったことを示している。フランス海軍がイギリス海軍とオランダ海軍とを合わせたものにほぼ匹敵していたルイ十四世の時代に、アイルランドにきわめて重大な紛糾事情があって、アイルランドはほとんど全面的に土着のアイルランド人とフランス人の支配下に移った。それにもかかわらずアイルランド海はフランス人にとって有利であったというよりは、むしろイギリス人にとってその交通線における弱点のために危険であった。

フランス人はその戦列艦をこの狭い水域に入れるような危険を冒すことをせず、上陸を企画した遠征部隊を南部及び西部の外洋に開けた港に指向した。いよいよというときにフランスの大艦隊はイングランドの南海岸に送られ、そこでイギリス、オランダの連合艦隊を決定的に打ち破った。同時に二十五隻のフリゲート艦がイギリスの交通線攻撃のためセント・ジョージ海峡（St. George's Channel）に派遣された。アイルランドにいるイギリス陸軍は敵対的な住民のまっただ中にあって重大な危険にさらされた。しかし幸いにしてボイン（Boyne）の戦いとジェームズ二世の敗北によって救われた。イギリスの交通線に対するこの行動は厳に戦略的なものであったが、もしそれが今日もとられるならばイングランドにとっては一六九〇年の場合と同様にまさしく危険であろう。

同世紀のスペインは、離れている諸部分を強力なシーパワーによって結合しない場合のかかる分離の弱点について印象的な教訓を提供した。当時スペインは、その過去の偉大さの名残りとして、新世界における広大な植民地はいうまでもなく、ネーデルランド（今日のベルギー）、シシリーその他イタリアの領地を保有していた。しかしスペインのシーパワーは甚だしく衰微していたので、当時の博識で穏健なオランダ人は次のように主張することができた――「スペインでは、その全海岸をわずかなオランダの船が航海している。そして一六四八年の和平以来、スペインの船と船員が少ないために、スペイン人は公然とインド諸島向けのオランダの船を傭い始めた。以前は用心深くすべての外国人を西インド諸島から締め出していたのであるが。……西インド諸島はスペインにとって胃のようなものであるから（というのは国の収入のほとんどすべてがそこから引き出されている）、海軍力によってスペインの頭に結びつけられなければならないこと。またナポリとネーデルランドは二つの腕のようなものであるから、海運によるのでなければスペインの方へその力を伸ばすこともスペインから何物も受けとることもできないことは明らかである。これらはすべて平時はオランダの船によって行うことができても、戦争になれば妨げられる」――。アンリ（Henri）四世の偉大な大臣であったサリー（Sully）は半世紀前にスペインの特徴を説明して「脚や腕は強くて力に満ちているが、心臓が非常に弱くて働きが弱々しい国の一つ」だといった。彼の時代以降スペイン海軍は災厄のみならず全滅の憂き目を見、また屈辱のみならず退廃に陥った。その結果は簡単にいえば、海運が破壊され、それとともに製造業が死滅したということであった。政府はその支持を、多くの大打撃にも耐えて存続しうるような広範で健全な商業と工業に依存することなく、容易にかつしばしば敵の巡洋艦によって阻止されるような、アメリカからの若干の財宝船による途切れがちなわずかの銀の流入に依存していた。半ダースほどのギャリオン〔一五～一七世紀のスペイン又は地中海の大帆船〕を一度以上も失うことによってその行動が一年間も麻痺したことがあった。

ネザーランドにおける戦争が継続していた間、オランダが海上を支配していたためスペインはその軍隊を海路送ることができず、長途の費用のかかる陸路により送らなければならなかった。また同じ理由によりスペインは必需品の窮乏に陥ったのであるが、現代の通念ではきわめて奇妙に思える相互協定に基づきそれらの必需物資はオランダ船によって供給された。こうしてオランダ船は自国の敵を支えたことになるが、その見返えりにアムステルダムの取引所で歓迎された正金を受け取った。アメリカにおいてはスペインは、本国の援助なしに石造の城壁を盾にできる限り自衛に努めた。一方地中海においてはスペインは、主としてオランダの無関心によって侮辱と危害を免れた。それはフランスとイギリスはまだ地中海における支配権をめぐって戦いを始めていなかったからである。歴史の流れの中でネザーランド、ナポリ、シシリー、ミノルカ（Minorca）、ハバナ（Havana）、マニラ及びジャマイカ（Jamaica）が次々と、海運を持たないこの帝国〔スペイン〕からもぎとられていった。要するに海上におけるスペインの無力が主としてその全般的衰微の兆候であったかも知れないが、それがスペインを深淵に突き落した一つの顕著な要因になった。そしてスペインは今なおそれから全く脱却せずにいる。

アラスカ以外にはアメリカは海外領土すなわち陸路接近することのできない土地は一フートも持っていない。その海岸線には突出していて防衛上特に弱いような地点はあまりない。そして国境のすべての重要な部分へも水路により安価に、また鉄道により迅速に到着することができる。最も弱い国境である太平洋は、ありうる最も危険な敵からは遠く隔たっている。国内資源は現在の需要に比較して無尽蔵であり、あるフランスの士官が著者に語った言葉を借りれば、われわれは「われわれの小さな一角」でいつまでも自給自足でやっていける。しかしもしこの小さな一角がパナマ地峡を通ずる新しい通商路を経て侵略されることがあれば、あらゆる人々の共通の生得権である海洋を使用する権利を放棄してきたものと同じように、今度は合衆国が大いに目覚めることになるであろう。

3 領土の範囲

海洋国家としての国家の発展に影響を及ぼし、そこに住む人々とは区別される国家そのものに関係する諸条件のうちの最後のものは領土の範囲である。この問題は比較的少い言葉でざっと片づけることができるであろう。

シーパワーの発展に関して考察すべきことは、国が占めている総面積ではなくして、その海岸線の長さであり、その港湾の特性である。これらについては、地理的、自然的条件が同一であれば、海岸線の長さは人口の多少に応じて強点の因とも弱点の因ともなるということができる。この点国家は要塞のようなものである。守備隊の数は要塞の防壁の長さに比例しなければならない。衆知の最近の例は南北戦争に見られる。もし南部が好戦的であるとともに多数の人口を擁し、また海洋国としての他の資源に釣り合った海軍を持っていたならば、その長い海岸線と多数の入江は大きな力の要素となったであろう。当時合衆国の国民と政府は、南部の全海岸の封鎖の効果について全く得意になっていた。それは偉大な業績、すばらしい偉業であった。しかしその偉業は、もし南部の人々の数がもっと多く、また彼らが海洋国民であったならばあり得なかったであろう。そこで示されたことはすでに述べたように、いかにすればこのような封鎖を維持することができるかではなくして、このような封鎖は海洋に不慣れであるのみならず数においても少い人々を相手にしてはじめて可能であるということである。封鎖がいかにして実施されたか、また戦争の大部の期間を通じて封鎖にいかなる艦種が使用されたかを想起する人は、封鎖計画は当時の状況下においては正しかったけれども、真の海軍を相手にしてはその計画を実行することはできなかったであろうということを知っている。合衆国の艦艇は、なんらの支援も受けずに海岸線に沿って散らばり、単艦又は小部隊でもって広大な内陸水路網を警備していたが、その内陸水路網は敵がひそかに集中するには好都合であった。第一線の水路の背後には長い入江があり、あちこちに強固な要塞があった。敵の艦艇は追跡を逃れ又は保護を受けるためにいつでもそのいずれかに退くことができた。もし南軍にこのような利点を利用し又は北軍の艦艇の分散に乗じうる海軍があったならば、北軍は実際にやったようにその艦艇をばらまくことはできなかったであろう。また北軍艦艇は相互支援のため集中を余儀なくされ、その結果多数の小さいが有用な近接路は自由に通商のできる状態のままに放置されていたであろう。しかし南部の海岸は長くかつそこには多くの入江があったため力の源泉になり得たかも知れないが、それらの特徴のゆえにそれはかえって大きな損害の因ともなった。北軍のミシシッピー河啓開のあのすばらしい物語は、南部全域にわたって間断なく行われていた行動のうちの最も顕著な例に過ぎない。北軍の艦艇は海岸線のどの裂け目からも進入しつつあった。南部諸州のために富を運びその貿易を支えてきた河川は、かえって南部にとって害となり、敵軍がそこを通って心臓部に進入するのを許すことになった。南部地域がもっとよく保護されておれば最大の消耗戦の中ででも国民は生き永らえることができたであろう。しかし実際には地域全体にわたって周章狼狽、不安、麻痺状態が起こった。この戦争ほどシーパワーが大きく決定的な役割を演じたことはない。この戦争は北米大陸に相対抗するいくつかの国家の代りに一つの大国が存在することによって世界の歴史の流れが修正されるであろうということを決定した。しかしりっぱにかちとられた当時の栄光に誇りを感じ、海軍の優越によってもたらされた偉大な結果は認めるにしても、次の事実を理解するアメリカ人は同国人が自信過剰に陥っていることを決して忘れてはならない。その事実とは、南部が海軍を持っていなかったのみならず、また海洋国民でなかったのみならず、防衛すべきその海岸線の長さに釣り合った人口を持っていなかったということである。

4　住民の数

国の自然的条件について考察したあとは、続いてシーパワーの発展に影響を及ぼすものとしてその国の住民の特質について検討しなければならない。その中でもまずそこに住んでいる住民の数を取り上げよう。それは今考察したばかりの領土の範囲と関係があるからである。領土の範囲については、シーパワーに関連して考察されるべきものは単に領土の面積ではなくして、海岸線の長さと特性であることはさきに述べた。同様に住民についても勘定に入れるべきものは単に総数だけでなく、海上における仕事に従事するもの、少なくともすぐに艦船勤務に使えるものと海軍用資材の建造に使えるものの数である。

たとえば、それ以前及びフランス革命に続く大戦争の終結時までは、フランスの人口はイギリスのそれよりもはるかに多かった。しかしシーパワー一般、すなわち平和的通商並びに軍事的能率に関しては、フランスはイギリスよりも大いに劣っていた。軍事的能率に関してはこの事実は一層顕著であった。なぜならば、戦争が勃発したときの軍備状態においてはフランスは時々有利であったが、それを維持することができなかったからである。こうして一七七八年に戦争が勃発したとき、フランスは海員登録名簿により直ちに五十隻の戦列艦に配員することができた。これに反してイギリスでは、海軍力の確固たる基盤となっていた同国の船舶が世界中に散らばっていたために、本国にいた四十隻の戦列艦に配員するのに大いに苦労した。しかし一七八二年には、イギリスは就役中ないしは就役準備完了のもの百二十隻を保有していたが、フランスは七十一隻を越えることはどうしてもできなかった。さらに下って一八四〇年、英仏両国がレバントにおいてまさに戦わんとしていたときに、当時のある教養の高いフランス士官は、フランス艦隊の能率が高い状態にあることと艦隊の司令官の資質がすぐれていることを賞讃し、また同兵力の敵と戦った場合の結果について自信を表明しながらも、「当時われわれが集めることができた二十一隻の戦列艦の艦隊の背後には全然予備艦はなかった。六ヵ月以内にさらに一隻の艦艇も就役させることはできなかったであろう」といった。艦艇も適当な装備品もともに欠乏していたが、これはそのためだけによるものではなかった。彼は続けていう。「二十一隻の戦列艦に配員したために海員登録名簿の登録者を全部使ってしまったので、国内各地に設けられた常設の徴兵所では、すでに三年以上も艦艇に乗っていたものの交代員を補充することもできなかったのである」。

このような〔英仏両国間の〕差異は、いわゆる持久力ないしは予備兵力における相異を示しており、その相異は表面に現われて見える以上に実際はもっと大きい。というのは、海上の大商船隊は必然的に乗組員のほかに、海軍の艦艇装備等の建造修理を容易にするいろいろな手仕事に従事したり、海洋とかあらゆる種類の船に多少とも密接な関係のある他の職業に従事する多数の人々を使用するからである。この種の職業は疑いもなく最初から海に適応した素質を賦与するものである。イギリスの有名な海軍軍人サー・エドワード・ペリュー（Sir Edward Pellew）がこの問題を綿密に洞察していた逸話がある。一七九三年に戦争が勃発したとき、例の船員の不足に直面した。ペリューは海上に出たいと熱望したが陸上員をもってする以外に定員を満たすことができなかった。そこで彼は部下の士官に指示してコーンウォール地方の（Cornish）鉱夫を募集させた。彼は鉱夫の職業について個人的に知識を持っていた。その職業の状態や危険性から判断して、彼らはすみやかに海上生活の要求に適するようになるであろうと彼は考えたのである。結果は彼の明敏を証明した。というのは、そうしなければ避けられなかった遅延をこうして回避して、幸運にもたった一回の戦闘によってこの戦争で最初のフリゲート艦を捕獲することができたからである。そして特に教訓的なことは、その艦は就役後数週間に過ぎなかったのに対し敵艦は一年以上であったにもかかわらず、両者はともに大きな損害を受けたものの、損害の程度はほぼ同等であったということである。

このような予備兵力には、今やかつてほどの重要性はほとんどなくなってしまったということもできるかも知れない。それは、近代的な艦艇や武器は作るのに長時日を要するからであり、また近代の諸国家は戦争が勃発するや、敵が同等の努力を組織しないうちにこれに立ち上れないほどの打撃を与えるべく、すみやかに自国の軍隊の全力を整えることをねらうからである。通俗的な言葉を用いれば、相手の国家組織の全抵抗力が動き出すいとまを与えないのである。その打撃は組織された敵の艦隊に加えられる。そしてもし敵艦隊が屈伏すれば、爾余の組織がいかにしっかりしていてもそれは何の役にも立たないであろうというのである。

ある程度これは真実である。以前は今日ほどではなかったが、従来からもそれは真実であった。かりに両国の現有全兵力を実質的に代表する両国艦隊が会敵して、その一方が撃破され、他方がなおもしはるかに少ない戦闘力を残存するとすれば、負けた方がその戦争のために海軍を再建しうる望みは今日では以前に比しはるかに少ないであろう。そしてその結果は、その国がシーパワーに依存する程度にまさに比例して悲惨であろう。トラファルガルの海戦の場合、もし当時イギリス艦隊が仏西連合艦隊のようにイギリスの力の大部分を代表していたならば、〔そしてもし敗北していたならば〕イギリスにとってのその打撃はフランスの場合よりもはるかに致命的であったであろう。このような場合におけるイギリスにとってのトラファルガルは、オーストリアにとってのアウステルリッツ（Austerlitz）、またプロシアにとってのイエナ（Jena）と同じであったであろう。すなわち英帝国は軍事力の破壊ないし瓦解によって打ちのめされていたであろうし、それこそナポレオンの最も好む目標であった。

しかし過去におけるこのような例外的な大災害についての考察に基づいて、ここで考察しているところの、ある種の軍隊生活に適した住民の数に基づいた予備兵力の価値を低く見てよいであろうか。今述べた打撃は、まれに見る高い練度と軍隊精神及び威信を持つ軍隊を、例外的な天才が率いて戦って与えた打撃であった。その上に、意識的な劣等感と以前の敗北によって士気が多少阻喪した相手に対して加えられた打撃であった。アウステルリッツの戦いはウルム（Ulm）の戦いのすぐあとに起こったのであるが、ウルムの戦いにおいては三万のオーストリア軍は一戦も交えずして降伏したのであった。しかもそれ以前の数年の歴史は、オーストリアの敗北とフランスの勝利の一連の長い記録であった。トラファルガルの海戦は、まさに会戦と呼ぶべきほとんど絶え間のない失敗のすぐあとに起こった。そして仏西連合艦隊の中では、スペイン人にとってはセント・ビンセント岬の海戦の、またフランス人にとってはナイルの海戦の敗北の記憶は、過去のものではあったがなお新しいものであった。イエナの場合を除き、これらの壊滅的な打撃は、ただ一回だけの災難ではなくして、連敗のあとの最後の打撃であった。なおイエナの会戦においては、兵数、装備及び一般戦備において両軍間に開きがあったので、単一の勝利によってもたらされるであろう結果を考察するには、この会戦の結果はあまり参考にならない。

イギリスは現在世界における最大の海洋国である。イギリスは蒸気と鋼鉄の時代においても、帆と木の時代に保有した優越を維持して今日に至っている。フランスとイギリスは最大の海軍を有する二大海軍国である。そして両国のうちのいずれがより強力であるかは今まで未決の問題であるので、海戦のための物的力においては事実上同等であると見なすことができよう。両国が衝突の場合、一回の戦闘又は会戦の結果決定的不均衡を生じそうな人員上又は戦備上の相異が両国間にあるとみなしうるであろうか。もしみなし得ないとすれば、予備力が効果を発揮し始めるであろう。すなわち組織された予備兵力、それから海上を業とする人々の予備力、機械を使用しうる技量における予備力、富という予備力が物をいい始めるのである。イギリスは機械的技能において指導的立場にあるために、近代的甲鉄艦の装備に容易に馴れることのできる機械的技能者の予備力を有している、ということが幾分忘れられたように見える。またイギリスの商工業が戦争の負担を感ずれば、余った船乗りや機械的技能者たちは軍艦に乗り組むことだろう。

開発されたものであれ未開発のものであれ、予備力の価値についてのすべての問題は要するにこうだ――近代的戦争条件の下では、ほぼ同等の二つの敵対国のうちの一方がたった一回の会戦で敗北すれば、それで勝敗の決がつくことになるであろうか。諸海戦はまだその解答を出していない。オーストリアに対するプロシアの、またフランスに対するドイツの圧倒的な勝利は、強国がはるかに弱い国――その弱さが自然的理由によるものであれ、また公的無能力によるものであったにせよ――に対して収めたものであったように思われる。もしトルコが頼みうるなんらかの国家的予備力を持っていたならば、プレブナ（Plevna）のような遅延が戦争の運命にいかに影響を及ぼしたであろうか。

どこにおいても認められているように、もし時が戦争における最高の要素であるならば、国民の思潮が本質的に非軍事的であったり、その国民がすべての自由な人々と同様に大きな軍隊のために金を支出するのに反対するような国は、戦争が起こった場合必要とされる新しい諸活動に国民の精神や能力を転換させるのに必要な時間をかせぎうる程度には少なくとも軍隊を強力にしておく義務がある。もし現有の兵力が、たとえ不利な場合でも陸上又は海上により敵の攻撃を持ちこたえうるほど強力であるならば、その国は天然の資源及び力——その人員、その富、あらゆる種類のその能力——がそれぞれの効果を発揮することをあてにすることができよう。これに反して、もしその国が保有するいかなる軍隊も迅速に敵によって圧倒され粉砕されるならば、天然の力がいかにすばらしい可能性を持っていても、その国は屈辱的状態から救われないし、またもし敵が賢明であるならば、近い将来に復讐することもできなくなるであろう。このような話はより小さい戦争の場面では絶えず繰り返されている。すなわち「もし某々がもう少し長く持ちこたえることができるならば、これは救われるであろう、あるいはあれはできるであろう」と。それは病気の場合「もし病人がそれだけ長く持ちこたえることができるならば、本人の体力によって危機を脱することができるだろう」というようなものである。

イギリスは現在ある程度そのような国である。オランダはそのような国であった。オランダは軍備のために金を出そうとしなかった。もしオランダが危機を免れ得たとしたならば、それはやっとのことであった。オランダの偉大な政治家デ・ウイット（De Witt）は次のように書いている。「オランダ人は、平時においては、また戦争をおそれて、あらかじめ犠牲を払ってまで〔軍備を整えることを〕するほどの強い決心はしないであろう。オランダ人の国民性はこのようなものだから、危険が眼前に迫らない限り、彼らは自国の防衛のために金を出したがらないのである。私は、節約しなければならないところでは気前よくぜいたくするくせに、金を使うべきところでしばしば貪欲にけちけちする国民を相手にしているのである」。

合衆国もこれと同じ非難を受けるべきである、ということは世界中に知れ渡っている。合衆国は、有事にその陰で予備力を動員するための時間をかせぎうるだけの防衛力の盾を持っていない。有事に国の要求を満たすに足る海上を業とする人々は、いったいどこにいるのか。わが国の海岸線の長さと人口に釣り合ったこのような人的資源は、わが国の商船隊とその関連工業にのみ求められようが、それらは現在ほとんど存在していない。商船の乗組員がわが国の国旗に所属し、またわが国の海軍力が戦時彼らの大部分を海軍に召集しうるほど十分であるならば、彼らがアメリカ生まれであろうと外国生まれであろうとほとんど問題でなかろう。何千人もの外国人に選挙権が与えられている今日、彼らを軍艦の戦闘配置につけることは大して重大なことではない。

この項目に関する論述は幾分とりとめもないものであったが、海上に関係のある職業に従事している人口の多いことは、今も以前と同様にシーパワーの大きな要素であること、合衆国はその要素に不足していること、そしてその基礎は合衆国自身の国旗の下に行われる大貿易の中にのみ築き上げることができることは認めることができるであろう。

5 国民性

次にシーパワーの発展に及ぼす国民の性格や素質の影響について考察しよう。

もしシーパワーが真に平和的で広範な通商に基づくものであるならば、商業的な仕事に向いた素質こそ、かつて海上で雄飛した国民の顕著な特徴であるに違いない。歴史はほとんど例外なしにこれが真実であることを実証している。ローマ人を除いては目につくほどの反対の例はない。

すべての人が富を求め、多かれ少かれ金銭を愛する。しかし利得を求める方法いかんがその国に住む国民の商業的繁栄と歴史に著しい影響を与える。

もし歴史が信ずるに足るものであるならば、スペイン人とその同種族たるポルトガル人が富を求めた方法は、単に国民性の上に汚点をもたらしたのみでなく、健全な商業の発展にとっても致命的であった。またそれは商業の基盤である工業にとっても、そして究極的には誤まった方法によって求められた国家の富にとっても致命的であった。富を求める彼らの願望は烈しいどん欲となった。ヨーロッパ諸国の商業的海上発展に大きな衝撃を与えた新世界において彼らが求めたものは、工業の新分野ではなく、探険と冒険の健全な刺激ですらなく、ただ金と銀だけであった。

彼らは多くのすぐれた素質を持っていた。彼らは勇敢で、進取の気性に富み、節制的で、熱情的で、強烈な国民感情に恵まれていた。これらの素質の上に、スペインの地理的位置と良好な位置を占めた港の利点、スペインが最初に新世界の広大で豊かな部分を占領ししかも長い間競争者がいなかった事実、そしてアメリカ発見後百年もの間スペインはヨーロッパの指導的国家であったという事実が加わるならば、スペインは海洋諸国家の間で第一位につくことが期待されていたといってよいであろう。しかし周知のとおりその結果は正反対であった。一五七一年のレパントの海戦以来、数多くの戦争に参加はしたが、スペインの歴史のページの上には、なんらかの意義のある海上の勝利は一つとして輝いていない。そしてスペインの商業の衰退は、その軍艦の甲板上で示された痛ましい、ときにはこっけいなほどの不適性を十分に物語っている。もちろんこのような結果は一つの理由だけのせいにすべきではない。明らかにスペイン政府はいろいろな方法で私企業の自由かつ健全な発達を束縛し妨害した。しかし偉大な国民の性格は政府の性格の中に現われ、ないしはそれを形づくるものである。そしてもし国民の性向が貿易の方に向いていたならば、政府の行動もそれと同じ流れの中に引き入れられたであろうことはほとんど疑問の余地がない。

広大な地域を占める植民地もまた、古いスペインの成長を妨げた暴政の中枢から遠く離れていた。しかし事実は、上流階級の人も労働階級の人も、幾千人ものスペイン人がスペインを離れた。そして彼らが海外で従事した職業では、本国へのほんのわずかの正金又は少量の商品しか送られず、したがって少数の船しか必要でなかった。本国自身もほんのわずかの羊毛、果物及び鉄を生産するだけで、その製造業は皆無で、工業は衰え、人口は着々と減少していった。本国でもまた植民地でも生活必需品の多くをオランダ人に依存していたので、彼らのわずかな工業ではそれに対して十分に支払うことができなかった。「したがってオランダ人は世界の大抵のところへ金銭を持っていって品物を買っていたので、ヨーロッパのこの一国（スペイン）から彼らの品物の代金として受け取った金銭を本国へ持って帰らなければならなかった」と当時の人は書いている。こうしてスペイン人が汲々として求めた富の象徴たる金はすぐさま彼らの手から離れていった。軍事的見地からすれば、スペインがその海運の衰退からいかに弱体であったかはすでに指摘したところである。スペインの富は、多かれ少なかれ決まった航路を通る少数の船舶に積まれた小さな荷物の中にあったので、容易に敵につかまり、そして戦争の資力は麻痺した。しかしイギリスとオランダの富は世界のいたるところにある多数の船舶に分散されていたので、たびたびの消耗戦で多くの手痛い打撃を受けたものの成長は阻害されず、苦難に満ちてはいたが着実に成長していった。

その歴史において最大の危機の間、スペインと結ばれていたポルトガルの運命も、スペインと同じ下降の途をたどった。ポルトガルは海洋による発展競争の初期においては首位にあったが、すっかり遅れてしまった。「ブラジルの鉱山がポルトガルを没落させたのは、さきにメキシコやペルーの鉱山がスペインを没落させたのと同じである。すべての製造業は気違いじみた軽蔑を受けた。やがてイギリス人がポルトガル人に衣類のみならず、すべての雑貨、すべての日用品、塩漬けの魚や穀物までも供給するようになった。ポルトガル人は、彼らの金のあとは彼らの土地すら放棄した。オポルト（Oporto）のぶどう園はついにブラジル産の金をもってイギリス人に買われたが、その金はポルトガルを素通りしてイギリス中にばらまかれたものであった」。われわれが確かめたところでは、五十年間に五億ドルが「ブラジルの鉱山から採掘され、その時代の終りにはポルトガルは正金でわずか二千五百万ドルしか持っていなかった」のである。これは真実の富と虚構の富の違いを示す顕著な例である。

イギリス人とオランダ人も利得を追求することにおいては南方の諸国民〔スペイン人とポルトガル人〕に劣らなかった。イギリス人とオランダ人は「小売商人的国民」と呼ばれてきた。しかしそのあざけりは、それが当を得ている限りにおいては、かれらの賢明さと正直さの証左である。彼らはスペイン人やポルトガル人に劣らず大胆であり、企業心に富み、忍耐強かった。実に彼らは富を求めるのに剣をもってせずに労力をもってした——これが「小売商人的国民」というあだ名の意味する非難であったのだが——という点においてはより忍耐深かった。というのは、彼らは富を求めるのに、最も近道と思われる途をとらずに最も遠い道をとったからである。しかし両国民は、全く同一の人種であるが、上述の性質に劣らず重要な別の性質を備えており、その性質は彼らの置かれている環境と相まって海洋による彼らの発展を有利にした。彼らは生まれながらにして実業家であり、商人であり、生産者であり、協商者であった。したがって彼らは本国と海外のいずれにおいても、文明国の港に定住していようと、野蛮な東方の支配者の港に居住していようと、あるいは彼ら自身の建設による植民地に居住していようとも、いずこにおいてもその土地の資源を引き出し、それを開発し増大することに努めた。生れながらの商人、いうならば小売商人のすばやい直覚力によって絶えず新しい交易用の商品を探し求めた。そしてこの探求が幾世代にもわたる労働によってつちかわれた勤勉な性格と相まって彼らを必然的に生産者にした。彼らは本国においては製造業者として偉大になり、彼らの支配する海外においては土地は引き続いてますます豊かになり、生産物は増え、そして本国と植民地との間の必然的な交易はより多くの船を必要とするようになった。したがってイギリスやオランダの船舶は貿易の要求の増大とともに増大し、海洋企業向けの素質の少ない諸国民——フランスは大国ではあったがそのフランス自身すら——はイギリス人やオランダ人の生産物と船舶を求めるようになった。こうしてイギリスとオランダは多くの方法により海洋国へと発展していった。この自然な傾向と成長は、彼らの繁栄をうらやむ他国政府の干渉によって時々修正され、また甚だしく阻止された。それらの国の国民は人為的支援の助けによってのみこの繁栄を侵すことができた。その支援については、シーパワーに影響を及ぼす政府の行動という項目で考察することにする。

交易品の生産を必然的に含む貿易への傾向は、シーパワーの発展にとって最も重要な国民的特徴である。それと良好な海岸があるならば、海が危険でありあるいは嫌いであっても、それによって人々が海洋の通商路によって富を求めるのをやめるとは思われない。ほかの方法によって富を求めようとすれば、その方法はあろう。しかしそれは必ずしもシーパワーへ導くとは限らない。フランスを例にとろう。フランスはりっぱな国であり、勤勉な国民を持ち、結構な位置を占めている。フランス海軍には栄光の時代があり、最も衰微したときにおいても国民にとって非常に大切な軍事的名声を汚したことはなかった。しかし海上通商の広い基盤の上にしっかりと基礎を置く海洋国としては、フランスはほかの歴史的海洋諸国民に比較して相当の地位を占めてはいたがそれ以上の何ものでもなかった。国民性に関する限り、そのおもな理由は富を求める方法にある。スペイン人とポルトガル人は地中から金を採掘することによって富を求めた。しかしフランス人は国民性として倹約、経済、貯蓄によって富を求めるようになった。財産をつくるよりはそれを維持する方がむつかしいといわれる。そうかも知れない。しかし現に持っているものを賭けてもっともうけようとする冒険的気質は、通商のために世界を征服しようとする冒険的精神に大いに通じている。節約して貯蓄し、危険を冒すにしても小心翼々としてかつ小規模にやる傾向は、同様な小規模の富を一般に普及させるかも知れない。外国貿易と海運業のリスクを冒したりその発展をもたらすということにはならない。それを例証するために、ちょうどそれにふさわしいので次の挿話を挙げよう。あるフランスの士官はパナマ運河について著者にこう語った――「私はそれに二株持っている。アメリカでは少数の人が非常に多数の株を持っているが、フランスではわれわれはあなた方のようにはやらない。多数の人が一つないし若干の株を持つのである。パナマ運河の株が市場に出ていたとき、家内は私にこういった。〝あなた、二株買ってください、一株はあなたの分に、そして一株は私の分として〟」――。一人の人の個人的財産の安定に関してはこの種の用心は疑いもなく賢明である。しかし過度の用心ないしは金融上の臆病さが国民性となれば、それは通商及び国の海運の拡張を妨げるようになるに違いない。金銭上におけるのと同じ注意がほかの人生関係にも現われて、フランスでは産児を制限し、その人口はほぼ安定している。

ヨーロッパの貴族階級は、平和的通商に対する高慢な軽蔑心を中世から引き継いだ。この軽蔑心が、それぞれの国の国民性に応じて通商の発展を制限するようにはたらいた。スペイン人の誇りはこの軽蔑心と容易に一致し、働こうとせず、ただ富がやってくるのを待つというあの災厄的な精神といっしょになって、彼らを通商から顔をそむけさせた。フランスにおいてはフランス人自身すら国民性だと自認している虚栄心のためにスペインと同じ方向をたどった。貴族の数の多いことと華やかさ、また彼らの持っていた考え方によって、彼らが軽蔑する職には「劣等」という刻印が押された。金持の商人や製造業者は貴族の栄誉にあこがれ、その栄誉を得るやもうけの多い自分たちの職業を捨てた。人々が勤勉で地味が豊かであったために通商は全面的衰退を免れることができたが、通商は屈辱感の下に続けられ、そのためその最良の代表者たちはできるだけ早くそれから身を引いたのであった。

ルイ十四世はコルベール（Colbert）の影響を受けて「すべての貴族は、もし小売を行わないならば貴族の品位を傷つけたと見なされることなく、商船、貨物及び商品から利益を得ることが認められる」という布告を発した。そしてこの措置をとった理由として「海上貿易は貴族の身分と両立しないという広くいきわたっている通念の名残りを払拭するために、それは臣民の幸福とわれわれ自身の幸福を輸入するものである」ということが挙げられた。しかし意識的かつ公然たる優越感を伴う先入観は布告によって簡単に拭い去られるものではない。特に虚栄心が国民性の顕著な特徴であるときはそうである。そしてずうっとあとになってモンテスキュー（Montesquieu）は、いやしくも貴族が通商に従事することは君主制の精神に反することだと教えた。

オランダにも貴族階級はあった。しかし国家は名目上共和制であって、大幅に個人の自由と企業を許し、権力の中心は大都市にあった。国家の偉大さの基盤は金、いやむしろ富にあった。市民の栄誉の根源である富は、国家に富とともに権力をもたらした。そして富とともに社会的地位と敬意が得られた。

イギリスにおいてもオランダと同じ結果が得られた。貴族は尊大であった。しかし代議制の政府においては、富の力を押えつけることもそれを覆いかくすこともできなかった。富はすべての人に明らかであり、すべての人によって尊敬された。イギリスにおいてはオランダと同様、富の源泉であるところの職業には富そのものに与えられる栄誉と同じ栄誉が与えられた。こうして上記のすべての国において、社会的心情すなわち国民的特徴の結果が通商に対する国民の態度に著しい影響を及ぼした。

さらにもう一つのやり方で国民的素質は、最も広い意味におけるシーパワーの成長に影響を及ぼす。そしてそれが健全な植民地をつくる能力を持っている限りにおいてはそうである。あらゆるほかの発展と同様、植民はそれが最も自然発生的であるとき最も健全であることは事実である。したがって全国民が感じた欲求や自然の衝動から生れてきた植民地は、その基盤が最も堅固であろう。そしてもし住民が独立独歩の素質を持っているならば、本国からの束縛が最も少いときにその後の発展は最も確実なものとなろう。過去三世紀の間の人々は、母国に対する植民地の価値は、本国の産物のはけ口に、また通商及び海運の温床にあると強く感じていた。しかし植民地開拓に対する努力は同じ一般的基源を持ってはおらず、またいろいろ異った制度がすべて同じ成功を収めたわけではない。しかしいかに先見の明がありまた用意周到であろうと、為政者の努力によって強い自然的な衝動の欠如を補うことはできなかった。また国民性の中に自己発展の萌芽があるときは、本国からいかに詳細な規則を出そうと、適当にかまわずにおくときに得られる以上の良結果を収めることはできない。植民地が成功した場合も、不成功の場合以上に偉大な英知がその管理に発揮されたわけではない。おそらく反対の場合すらあったであろう。もし精巧な制度や監督、目的に対する慎重な手段の適用、精を出した育成、これらが植民地の発展に役立ちうるとすれば、イギリスの素質はこの体系化の手腕においてはフランスのそれより劣っている。しかし世界における大植民国となったのはフランスではなくしてイギリスであった。植民地開拓の成功は、その結果としての通商及びシーパワーに対する影響とともに、本質的に国民性に依存している。そのわけは、植民地は自力で自然に育つときが最もよく成長するからである。植民地発展の本源は植民者の資質にあって本国政府の管理にはないのである。

すべての本国政府の植民地に対する態度は全く自己本位であったので、この真実はいっそう明瞭に目立つのである。植民地がどのように建設されようと、それが重要であることが認められるやいなや、その植民地は本国にとっては乳を絞りとる雌牛となった。もちろん面倒は見るが、それは主としてその生み出す利益だけの価値を有する一個の財産としてであった。植民地の対外貿易を独占するような立法が行われ、植民地政府の重要な配置は母国から任命されたもので占められた。また植民地は、海上は今もなおしばしばそう見なされているが、本国では持てあましもの又は役に立たないものたちにふさわしい場所と見なされた。しかし植民地が植民地として残る限り、植民地の軍事管理は本国政府の固有のかつ必然的な権能であった。

イギリスが大植民地保有国として特有のすばらしい成功を収めた事実は、今さら述べるまでもなく明瞭である。そしてその理由は主として国民性の二つの特徴にあるように思われる。第一に、イギリスの植民者は自然にかつ容易に新しい地方に定着し、自分の利益をその新しい土地と同一と見なした。そして深い望郷の念は持ち続けつつも、帰りたがってそわそわすることはしなかった。第二に、イギリス人たちは直ちにかつ本能的に、最も広い意味における新しい地方の資源を開発することを求める。第一の特徴においてイギリス人は、心地よい母国の楽しさに常に思いこがれていたフランス人とは異る。また後者の特徴においては、新しい地方の可能性を全面的に開発するにはあまりにも狭い関心と野心しか持たなかったスペイン人とも異っている。

オランダ人の性格と窮乏は、彼らを必然的に植民地の開拓に向わせた。そして一六五〇年までに東インドにおいて、アフリカにおいて、またアメリカにおいて、名前を挙げるだけでもあきあきするほど多数の植民地を持っていた。当時彼らは植民地に関してはイギリスを抜いていた。しかし、性格において純粋に経済的であったこれらの植民地の起源は自然であったにせよ、彼らには発展の本源が欠けていたように見える。「植民地を開拓するに当たって、彼らは決して帝国の拡張を求めず、単に貿易及び通商の獲得のみを求めた。彼らは状況やむを得ないときのみ征服を企てた。一般に彼らは本国の主権の保護の下に通商することに満足していた」。政治的野望を持たず、ただ利益を得るだけでよいとするこの穏やかな満足のゆえに、フランスやスペインの専制主義のように、植民地は本国への単なる商業上の従属地の地位のままに置かれた。そうして発展の自然の原則は殺されたのである。

この項の探究を終える前に、アメリカ人の国民性は、もしほかの状況が有利になるならば、大シーパワーを発展させるのにどの程度適しているかを自問してみることは良いことだ。

しかし、もし法令上の障害が除かれ、より有利な企業の分野が満たされるならば、シーパワーは遠からずして出現するであろう。このことを証明するには、あまり遠くない過去のことを訴えるだけで十分なように思われる。通商に対する本能、利得追求における大胆な企業心、利得に通ずる道を探し当てる鋭い勘、これらはすべてアメリカ人に備わっている。そしてもし将来植民地開拓を求めるなんらかの分野があるならば、アメリカ人が自治と自主独立的発展に対する自分たちの天与の素質のすべてをその分野に注ぐであろうことは疑問の余地がない。

6 政府の性格

一国の政府及び制度がその国のシーパワーの発展に及ぼす影響を考察するに当たっては、遠くかつ究極的な影響を求めてあまり深くせんさくすることなく、過度に哲学的に走ることを避けて、明白でかつ直接的な原因とその明らかな結果に注意を局限する必要がある。

それでもやはり、特殊な政体とそれに伴う制度並びにある時代の支配者の性格が、シーパワーの発展に非常に顕著な影響を与えたことに注目しなければならない。国家とその国民のいろいろな特質について今まで考察してきたが、それらがその国の特徴を形づくる。そしてその国はその特徴をもって個人の場合と同様その国の行路に乗り出すのである。次に、政府の行為は個人の聡明な意志力の行使に相当する。その意志力が賢明で、活動的で、根気強いか、又はその反対であるかによって、個人の生涯又は一国の歴史の成功又は失敗が決められるのである。

もし政府がその国民の自然の傾向と十分に調和がとれておれば、政府はおそらくあらゆる点においても最も成功的にその成長を推進するものと思われる。シーパワーの問題においても、国民の精神が十分に吹きこまれ国民の真の一般的性向を意識している政府が聡明な指導を行った場合に、最も輝かしい成功を収めている。このような政府は、国民の意志又は国民の最善の代表者の意志が政府の構成に大いに参与しているとき最も確実に安泰である。しかしこのような自由な政府はときには物足りないこともあった。一方正しい判断と一貫した政策で支配される専政的権力は、ときには自由な国民がよりゆっくりした過程を経て到達しうるよりもより直接的に大きな海上貿易と輝かしい海軍を作り上げた。ただし後者の場合は、特定の専制君主の死後その遺業を堅持することが困難である。

(1)イギリス　イギリスは疑いもなく近代諸国家のうち最高のシーパワーを築き上げた国であり、その政府の行動はまず注目に値する。その行動はしばしば賞讃には程遠いこともあったが、一般的傾向としては一貫していた。それは着実に海上の管制をねらっていた。その傲慢さが最もよく現われたのはジェームズ（James）一世の時代にさかのぼる。当時イギリスは固有の諸島のほかにはほとんど領土を持っておらず、バージニアにもマサチューセッツにもまだ定住していなかった。ここにそれに関するリシュリューの記事がある。

「アンリ四世（歴代のうち最も勇敢な王の一人）の公使サリー公爵がカレー（Calais）で大檣頭にフランスの国旗を掲げたフランスの船に乗船し、イギリス海峡にさしかかるや、出迎えのイギリスの派遣船に出会った。その艦長はフランス船に対し国旗をおろすよう命じた。公爵は、自分の地位にかんがみこのような無礼は許されないと考え、はっきりと拒否した。しかし拒否するや三発の砲弾が発射されてフランス船を貫通し、すべての善良なフランス人たちの心胆を寒からしめた。それは正義上許されないことであったが、公爵は力の前に譲歩を余儀なくされた。公爵の異議にもかかわらず、イギリス艦長からは次の回答以上のものは得られなかった。それは〃大使の地位に対して敬意を払うことはまさに私の任務でありますが、同時に海上の主権者たる私の主君の旗に対して敬意を払わせるのもまた私の任務であります〃という回答であった。ジェームズ王自身の言葉はもっとていねいであったとしても、結局公爵は満足したようなふりをして慎重に行動せざるを得なかったであろうし、公爵の心の傷はずうっとうずき、治ることはなかったであろう。アンリ大王はこの場合はおだやかな態度をとらなければならなかった。しかしそのとき大王は、いつか時の助けを借りて海上に打ち立てることができるべき力によって、自分の王冠を維持しようと決意した」

近代の考え方によれば許し難いこの無礼な行動は、当時の諸国の考え方からあまりかけ離れたものではなかった。それは、あらゆる危険を冒して海上において自国の権利を主張しようとするイギリスの最も初期の目的の一つであるとともにその最も顕著なものとして、何よりも注目すべきことである。そしてこの侮辱はイギリスの最も小心な王の一人であるジェームズ一世の下で、フランス王中最も勇敢で有能なアンリ四世を直接代表する大使に対して加えられたのである。政府の目的を対外的に表明する以外には無意義な要求であるこの国旗に対する虚礼は、諸王の統治下におけると同様クロムウェル（Cromwell）の統治下においても厳格に強要された。それは一六五四年の悲惨な戦争のあとオランダ人が譲歩した講和条件の一つであった。王の名こそないがそれ以外のあらゆる点において専制的権力者であったクロムウエルは、イギリスの名誉と力に関係があるすべてのことに対して鋭く敏感で、それを推進するためにはこの虚礼程度で満足はしなかった。

イギリス海軍は当時まだほとんど力を持っていなかったが、クロムウエルの厳格な統治の下に急速に新たな生命と活力を備えていった。イギリスの権利又はその損害の補償に対する要求は世界中で——バルト海で、地中海で、バーバリ（Barbary）諸国〔アフリカ北岸中西部〕に対して、西インド諸島において——その艦隊によって行われた。そして彼の治政下で実施されたジャマイカの征服は武力によるイギリス帝国拡張の始まりであり、それは今日の時代にまで及んでいる。彼はまた同様に強力な平和的手段によるイギリスの貿易及び海運の発展を忘れなかった。有名なクロムウエルの航海条令（Navigation Act）は、イギリス又はその植民地へのすべての輸入品は専らイギリス自身に所属する船舶又は運搬される生産物が生産されないしは製造された国に所属する船によって運ばれなければならないと宣言していた。この布告は、ヨーロッパの運輸業者であるオランダ人を特にねらったものであるが、商業社会全般を通じて憤激をかった。しかし国家間の闘争、憎悪が通常の状態であった当時、それがイギリスに大きな利益をもたらしていたのは明白であったので、君主制の下においても航海条例は長く続けられた。

それから百二十五年の後、当時まだ有名になっていなかったネルソンは、イギリスの海運業の利益のために、西インド諸島においてアメリカの商船に対しこの条例を強制することに熱意を示していた。クロムウエルが死んでチャールズ（Charles）二世が父の王位を継いだ。チャールズ二世は、イギリス国民に対しては不誠実であったが、イギリスの偉大さと海上におけるイギリス政府の伝統的な政策に対しては忠実であった。チャールズ二世は、議会と国民の制約から逃れようとしてルイ十四世と裏切り的な陰謀を企て、ルイに次のような手紙を出した——「完全な同盟にとって二つの障害があります。第一は、フランスが目下商業を興し、堂々とした海洋国になろうとして大いに努めていることであります。これは通商と海軍力のみによって重要性を保持しうるわれわれに疑惑を抱かせる大きな原因でありますから、フランスがこの方向に沿ってとるあらゆる措置は、両国間の猜疑心を恒久化させるでしょう」。

オランダ共和国に対する英仏両王の嫌悪すべき攻撃に先立って行われた協議の最中に、フランスとイギリスの連合艦隊を誰が指揮すべきかについて激しい論争が起こった。この点についてチャールズは頑強であった。「海上で指揮するのはイギリス人の習慣である」と彼はいい、フランスの全権大使に対してはっきりと、自分は譲歩しても臣民は自分のいうことをきかないだろうと語った。オランダ連邦の分割案においても彼は、シェルト河とミューズ(Meuse)河の河口を管制する位置にある沿海地域をイギリスのために保留した。チャールズ治下のイギリス海軍はしばらくの間は、クロムウエルの鉄の統治によって植えつけられた精神と規律を保っていた。しかしその後は、この邪悪な治世を特徴づけた一般的な道徳の怠廃に染まっていった。

モンク(Monk)は大きな戦略上の失敗から麾下の艦隊の四分の一を他へ派遣した。このため一六六六年には自ら非常に優勢なオランダ部隊に遭遇した。彼は兵力差を無視して躊躇することなく攻撃をしかけ、三日間りっぱに戦い続けたが敗れた。このような行動は戦争ではない。しかしイギリスの威信のことを考え彼にそのような行動をとらせた一意専心さ、それはイギリスの政府にも国民にも共通していたことであるが、その一意専心さの中にイギリスが幾世紀を通じ多くの失敗を重ねながらも最後には成功を収めた秘訣がある。

チャールズ二世の後継者であるジェームズ二世は、彼自身船乗りであり、二つの大きな海戦において指揮をとったことがあった。ウイリアム（William）三世が王位についたとき、イギリスとオランダの両政府は一人の支配下にあって、一七一三年のユトレヒト（Utrecht）平和条約まで、すなわち四分の一世紀の間、ルイ十四世に対抗して一つの目的の下に団結を維持した。イギリス政府はますます着実に、かつ意識的目的をもって、その海上支配の拡大を押し進め、そのシーパワーを育成した。イギリスは、公然の敵としてフランスを海上で叩き、狡猾な友として（多くの人は少くともそう信じている）オランダの海上における力の減殺を図った。イギリスとオランダの間の条約は、海上兵力のうちオランダが八分の三、イギリスが八分の五すなわち二倍近くを提供すべきことを規定していた。このような規定はさらに、陸上兵力についてはイギリスの四万名に対してオランダは十万二千名を保持するとの規定と相まって、事実上陸上戦はオランダに、海上戦はイギリスに担当させることになった。この傾向は、計画されたにせよされなかったにせよ、明らかである。そして平和回復のとき、オランダは陸上で報酬を得たのに対し、イギリスは、フランス、スペイン及びスペイン領西インド諸島における通商上の特権のほかに、地中海ではジブラルタルとポート・マホン、北アメリカではニューファウンドランド、ノバスコシア及びハドソン湾の重要な海上基地を獲得した。フランスとスペインの海軍力は消滅し、オランダの海軍力はその後着実に衰退していった。こうしてアメリカ、西インド諸島及び地中海に拠点を得て、イギリスはその後イギリス王国をイギリス帝国にする途を着実に進んでいった。

ユトレヒト平和条約に続く二十五年間、海に臨む二つの大国、フランスとイギリスの政策を指導した大臣たちのおもなねらいは平和であった。しかし小規模の戦争が行われ、権謀術数の条約が結ばれる不安定な時代における大陸の流動的政治の中で、イギリスの眼は着実にそのシーパワーの維持に注がれていた。イギリス艦隊はバルト海においてはスウェーデンに対するピョートル（Peter）大帝の企図を阻止し、同海域における勢力均衡を維持した。イギリスはバルト海から大きな貿易のみならず海軍需品の主要部分を引き出したが、バルト海はまたロシアの皇帝がロシアの湖水にしようとねらっていたところでもあった。デンマークは外国資本の援助を受けて東インド会社を設立しようと努力したが、イギリスとオランダは自国民の同会社への参加を禁止したのみならず、デンマークを脅迫した。こうして両国の海上権益に反すると考えた企業を止めさせたのである。

ユトレヒト条約によってオーストリアに移譲されたネーデルランドでは、皇帝の裁可を得て同様な東インド会社がオステンド（Ostend）をその港として建設された。この措置は低地帯諸州に、その失った貿易をシェルツ河の自然の河口を足がかりとして回復することを意味していたが、海洋国イギリス及びオランダの反対を受けた。どん欲にも貿易を独占しようとする両国は、この際はフランスの協力を得て、数年にわたって闘争した揚句、この会社の息の根を止めてしまった。

地中海においてはユトレヒト条約の決定事項は、当時のヨーロッパの政治情勢の中でイギリスの当然の同盟国であったオーストリアの皇帝によって妨害された。同皇帝はすでにナポリ（Naples）を保有していたが、イギリスの支持を得て、サルジニアと交換にシシリー島の領有を要求した。スペインは抵抗した。当時スペイン海軍は、活動的な大臣アルベロニ（Alberoni）の下で復興の緒についたばかりであったが、一七一八年にペッサロ（Pessaro）岬沖においてイギリス艦隊に粉砕されて全滅した。一方その翌年にはフランス陸軍は、イギリスのいうままにピレネー山脈を越えてスペインの造船所を破壊して作戦を完了した。こうしてイギリスは、すでに保有するジブラルタルとマホンに加えて、ナポリとシシリーが友邦の領有に帰するのを見た。他方敵は叩きのめされてしまった。

スペイン領アメリカにおいては、スペインの困窮につけこんで得た貿易上の限られた特権を、広範かつほとんど公然たる密貿易組織を用いて悪用した。激怒したスペイン政府がそれを抑圧し過ぎたときは、平和を主張する大臣は戦争が、また戦争を主張する大臣は平和がイギリスのシーパワーと栄誉に及ぼす影響を主張していずれも自分の意見を弁護した。イギリスの政策はこうして着実に海洋支配の基盤の拡大強化をねらった。他方ヨーロッパの他の諸政府は、イギリスの海上発展の結果懸念される危険に対しては盲目であったように見える。往時のスペインの思い上った権力から生じたいろいろな不幸は忘れられたように見えた。またルイ十四世の野心と誇張された権力によって引き起こされた血なまぐさく多くの費用を費した諸戦争の教訓もまた忘れられたようであった。ヨーロッパの政治家たちの目の前で、それ以前にあったいかなる力に比較しても、同様に自己中心的に、それほど残酷ではないが同様に侵略的に、そしてはるかにより成功的に使用されるよう運命づけられた第三の圧倒的な力が着実にかつ明らかに築き上げられつつあった。それが海洋の力であった。その作用は、武器をがちゃがちゃやる陸上の戦争よりは静かなために、明らかに表面上に十分姿を現わしていたにもかかわらず、あまり注目を引かなかった。われわれの主題のために選んだ期間のほとんど全期間を通じて、イギリスの自由な海洋支配が、最終的な勝敗を決定する軍事的要因の中でも群を抜いた主要要因であったということは、ほとんど否定することができない（注2）。

（注2）ある偉大な軍事権威者がイギリスのシーパワーに帰した重要性についての興味ある証拠が、ジョミニ（Jomini）の『フランス革命戦争史』の最初の章に出ている。彼は、ヨーロッパ政策の基本的原則として、海軍力の無制限な拡張は、陸路近接することのできないいかなる国に対してもこれを許すべきでないと述べている。この記述はイギリスにのみあてはまるものである。

しかしこのシーパワーの影響は、ユトレヒト平和条約のあとでは全く予見できなかったのでフランスは十二年の間、その統治者の個人的な差し迫った事情に動かされイギリスに組してスペインに対抗した。一七二六年にフリューリ（Fleuri）が政権を握ったとき、これと反対の政策がとられたが、フランスの海軍にはなんらの注意が払われなかった。イギリスに対する唯一の打撃は、イギリスにとって当然の敵であるブルボン王家の王子が、一七三六年にシシリー島の王位についたことであった。一七三九年にスペインと戦争が勃発したとき、イギリス海軍は数的にはスペインとフランスの連合海軍よりも多かった。そしてその後四分の一世紀にわたるほとんど絶え間のない戦争の期間中、この数的不均衡は増大していった。これらの戦争において、イギリスは最初は本能的に、あとでは偉大なシーパワーを築き上げる好機でありまたその可能性のあることを認識した政府の下に意識的な目的をもって、急速に強大な植民地帝国を建設していった。しかしその基盤は、イギリスの植民者たちの特性とイギリス海軍の中にすでにしっかりと築かれていた。厳密にヨーロッパの問題においてイギリスは、そのシーパワーの結果である富の力により、同じ期間中顕著な役割を演じた。半世紀前にマールバラ(Malborough)の戦争において始められ、半世紀後のナポレオン戦争中に最も発達した補助金制度により、イギリスの同盟国は戦争努力を続けることができた。もしその補助金制度がなければ、同盟国の活動は麻痺しないまでも制限されたであろう。一方では補助金という活力の素で大陸の弱々しい同盟国を力づけるとともに、他方では自国の敵を海上から追い払い、また敵のおもな領土であったカナダ、マルチニック、ガダループ、ハバナ、マニラから敵を駆逐した政府こそがイギリスをヨーロッパ政局の主役にした、ということを誰が否定することができようか。また広さにおいて狭く、資源において乏しい国土を持つイギリス政府の中に宿る力が、直接海洋から発生したことを誰が見落すことができようか。イギリス政府の戦争遂行方針は、時の傑物ピットが行った演説の中に示されている(彼はそれを遂行し終る前に辞職したが)。彼の政敵によって作られた一七六三年の平和条約を非難して彼はいった――「フランスは、海上の勢力また通商上の勢力としてわれわれにとり、唯一ではないにしても主としておそるべき相手である。これに関しわれわれが得るところのものは、なかんづく、その結果としてフランスに与える損害のゆえにわれわれにとって重要なのである。諸君はフランスに同国海軍再興の可能性を残してやったのである」。

しかしイギリスの得たものは莫大であった。そのインドにおける支配は確立され、ミシシッピー河以東の北アメリカの全土はイギリスの手中に帰した。このときまでにイギリス政府の進路は明白に示され、伝統としての力を得て、終始一貫踏襲された。シーパワーの見地から見れば、アメリカの独立戦争が大きい誤まりであったことは真実である。しかしイギリスは一連の当然の失策により、知らない間に戦争にはまりこんでいたのである。政治上の、また憲法上の考慮はさておき、純粋に陸軍又は海軍の問題としてこれを見れば次のとおりである。

アメリカの植民地はイギリスから遠く離れたところにある、大きな成長しつつある社会であった。アメリカが当時のような熱狂さをもって、そのまま母国に所属している限りにおいて、アメリカは世界のあの部分におけるイギリスの強固な基地になっていた。しかしその広さや人口はあまりにも大きかったので、イギリスからの距離が遠いのと相まって、もしいずれかの強国が進んでアメリカを援助しようとするならば、イギリスが兵力をもってアメリカを保有することは期待しうべくもなかった。しかしこの「もしも」も起こりうる公算が高かった。というのはフランスとスペインがイギリスから受けた屈辱は非常に痛烈でかつごく最近のことであったため、彼らが復讐の機会をうかがっていたことは確かであった。また特にフランスが周到かつ急速にその海軍を再建しつつあったことも周知のことであった。もし植民地が十三の島々であったならば、イギリスのシーパワーはすみやかに問題を解決していたであろう。しかし植民地はこのような天然の障害によって分けられていたのではなく、地方的なうらやみの念で分けられていたに過ぎなかった。このような局地的なうらやみの念は、共通の危険に直面して十分に克服された。敵意のある膨大な人口を有し、本国からかくも遠く離れている広大な領土を兵力によって保有しようとして、わざわざこのような争いに入っていくことは、フランス及びスペインと七年戦争を再開するようなものであった。ただしこの際アメリカはイギリスの味方ではなくして敵である。七年戦争は非常に大きい負担であったので、賢明な政府ならばさらに負担がかかることは耐え得られないことを知っていたであろうし、植民者たちを懐柔する必要があることも認めたであろう。しかし当時のイギリス政府は賢明でなく、イギリスのシーパワーの大きな要素が犠牲になった。しかもそれは故意によってではなく過誤により、また弱さのためにではなくして傲漫さのためであった。

イギリスの歴代政府はこのように政策の一般路線を着実にとってきたが、それはイギリスの状態が明らかに示すところにより特に容易であったことは疑いない。目標を単一化することはある程度当然やらなければならないことであった。確固としてシーパワーを維持すること、そのシーパワーを他国に感じさせようとする傲漫な決意、軍事力を維持する賢明な軍備態勢、これらはあの特徴的な政治制度になお多く帰せられるべきであった。この政治制度により問題の期間中イギリスの政府はある階級、すなわち土地所有貴族の手に委ねられた。このような階級は、ほかの点ではどんな欠点があるにせよ、健全な政治的伝統を容易に取り上げてそれを実行し、当然のことながら自国の栄光を誇りとする。しかしその栄光を維持している社会の苦痛に対しては、比較的無神経である。そのような階級は、戦争の準備と継続に必要な金銭上の負担は容易にこれを課する。しかし貴族階級としては金持であるので、自らはそれらの負担をそれほど重くは感じない。貴族階級自身の富の根源は、商業的ではないのでそんなにすぐには危険にさらされない。したがって貴族階級は政治的臆病さを持たない。これに対し、戦争によって自分の富が危険にさらされ、その事業が脅かされるものは、その特徴として政治的臆病、いうなれば資本家の臆病にとりつかれるものである。しかしイギリスにおいては、この階級は、良かれ悪しかれイギリスの貿易に関係のあるものに対しては無神経ではなかった。議会の両院は、競って貿易の拡張と保護に深い注意を払った。ある海軍史家は、イギリス海軍の管理面における実行力の効率の向上は両院における頻繁な質疑に負うところが多いといっている。このような貴族階級はまた当然のこととして軍事的名誉心を受け入れ保持する。この軍事的名誉心は、軍事制度がまだ整っておらず、後のいわゆる軍隊精神に代わるものがまだ軍事機構の中に十分備わっていなかった時代においては最も重要なものであった。貴族階級は他の分野におけると同様海軍においても、彼らの存在を感じさせていたあの階級的感情や階級的偏見に満たされてはいた。しかし彼らは実際的な感覚によって、卑賤の出身のものに対しても最高の栄誉への道を開いていた。そしていずれの時代においても、国民の最下層出身の提督が見られた。この点、イギリスの上流階級の気質はフランスの上流階級とは著しく異っていた。一七八九年の革命勃発時にも、フランス海軍名簿の中には、海軍学校入校希望者について、貴族の出身であることを示す証明書を確認することを任務とする一人の官吏の名前が記載されていた。

一八一五年以降、特に今日においては、イギリスの政府は一層多く一般国民の手に移っていった。それによってイギリスのシーパワーが煩わされるかどうかは今後の問題である。その広範な基盤は今も大きな貿易、大きな機械工業、及び広範な植民地体制の中にあった。民主的な政府が先見の明を有するかどうか、国家の地位や威信に対する鋭い感受性を有するかどうか、平時においても進んで十分な金を注いで国家の繁栄を確保しようとするかどうか、これらはすべて軍備に必要なものであるが、それはなお未決の問題である。大衆向きの政府は、いかに軍事支出が必要であっても、それには好意的ではなく、現にイギリスが後退の方に向う兆しがある。

(2) オランダ　オランダ共和国が、むしろイギリス以上に、その繁栄とその生存そのものを海上から得ていたことはすでに述べた。しかし同政府の性格や政策は、シーパワーを一貫して支持するには適当でなかった。この国は七州から成り、政治的にはオランダ連邦と呼ばれている。しかし権力の実際の分布は大雑把にいえばアメリカの州の権限を誇張したようなものということができよう。沿海の各州は独自の艦隊と独自の海軍本部を有し、従って互いにねたみあっていた。この組織を破壊するような傾向は、ホーランド州が非常に優越した立場にあったのである程度押えられていた。というのは、ホーランド州だけで艦隊の六分の五と税金の五八%を受け持ち、したがって国家政策についてそれに相応した指導力を持っていたからである。非常に愛国的で、自由のためには最後の犠牲を辞せぬ能力を持っていたが、国民の商業精神は政府に浸透していて、政府はまさに商業貴族と呼ぶのにふさわしく、戦争には反対で、戦争準備に必要な経費を支出することを惜んだ。前に述べたように、市長たちは危険に直面するまで防衛に金を出そうとはしなかった。

しかし共和政体が存続していた間は、この防衛支出の節減は艦隊については最も少なかった。そして一六七二年のジョン・デ・ウイットの死去及び一六七四年のイギリスとの講和までは、オランダ海軍はイギリスとフランスの連合海軍に対し、数と装備においてりっぱな外観を保つことができた。当時のオランダ海軍の能率が、疑いもなく英仏両国王が計画した破滅からこの国を救ったのであった。

デ・ウイットの死とともに共和制は消滅し、オレンジ公ウイリアム（William of Orange）による事実上の君主制がこれに代わった。当時十八歳であったこの王の終生の政策は、ルイ十四世並びにフランスの勢力拡大に対する抵抗にあった。この抵抗は海上よりもむしろ陸上において現に行われ、その傾向はイギリスが戦争から手を引いたことにより促進された。一六七六年にデ・ロイテル（De Ruyter）提督は、与えられた兵力がフランス艦隊だけにも対抗し得ないほど劣勢であることを発見した。オランダ政府の目は陸上の国境にのみ注がれていたので、海軍は急速に衰えていった。一六八八年にオレンジ公ウイリアムがイギリスに行く自分を護衛する艦隊を必要としたとき、アムステルダムの市長たちは、海軍の戦力が甚だしく低下しており、有能な指揮官たちもいなくなっているといって反対した。ウイリアムはイギリスの国王であるときもオランダの総督としての地位を保ち、それとともに自分の全般的ヨーロッパ政策を持っていた。彼はイギリスには彼が必要としているシーパワーがあることを発見し、陸上の戦争にはオランダの資源を使用した。このオランダ人の王は、イギリスとオランダの連合艦隊内においてもまた軍事会議においても、オランダの提督たちが後任のイギリスの大佐の下位に立つことに同意した。そして海上におけるオランダの権益は、オランダの誇りと同様容易にイギリスの要求の前に犠牲に供せられた。ウイリアムの死後も彼の政策は、彼のあとを継いだ政府によって引き継がれた。そのねらいは全面的に陸上に集中された。四十年以上にわたる一連の戦争の幕を閉じたユトレヒト平和条約において、オランダは海上におけるなんらの要求も確定しておらず、海洋資源、植民地の拡張あるいは通商の点において何も得るところがなかった。

これらの戦争のうちの最後の戦争についてあるイギリスの歴史家はこういっている。「オランダ人の節倹が彼らの名声と貿易を大いに傷つけた。地中海にあったオランダの軍艦は常に食糧が欠乏し、その船団は非常に弱体で装備も悪かったため、イギリスが一隻を失ったのに対しオランダは五隻を失った。その結果われわれは彼らより安全な運送者だという一般観念を生じ、それは確かによい結果をもたらした。このためわが国の貿易はこの戦争によって減少するよりもむしろ増大したのであった」。

そのときからオランダは大きなシーパワーを持たなくなり、シーパワーによってそれまでに築き上げていた諸国間における指導的地位を急速に失っていった。ルイ十四世のしつこい敵意の前に、決意は固いが小さいこの国を救うことはいかなる政策をとろうともできなかったというほかはない。もしフランスと友好関係を保って陸正面の国境の平和を確保し得たならば、オランダは少くとももう少し長い間イギリスと海上の支配をめぐって争うことができたであろう。そしてオランダとフランスの二つの大陸国は同盟国として両国の海軍をもって今まで考察してきたばかりのイギリスの巨大なシーパワーの発展を押えることができたかも知れない。イギリスとオランダは同一の目的を追求していたので、海上における両国間の平和は、いずれか一方が他方に対して事実上屈従する場合にのみあり得たのである。しかしフランスとオランダの間では状況は別であった。オランダの衰乏は必ずしもオランダの方が領土が狭く人口が少かったためではなく、フランスとオランダの両国政府の誤まった政策のためであった。ただしフランスとオランダのいずれが一層責められるべきであるかは、われわれに関係のないことである。

(3) **フランス**　フランスはシーパワーを保有するにはすばらしくよい位置を占めている。その政府の指標となる明確な政策は、二人の偉大な統治者たるアンリ四世とリシュリューから受け継いだものであった。当時オーストリアとスペインの両国を統治していたオーストリア王家に対する確固たる抵抗及び海上におけるイギリスに対する抵抗という同じ目的が、明確に定められた東方への領土拡張計画と組み合わされた。海上におけるイギリスに対する抵抗という目的を推進するため並びにその他の理由により、フランスは進んでオランダを同盟国とすべきであった。通商と漁業は、シーパワーの基盤としてこれを奨励すべきであったし、海軍も建設すべきであった。リシュリューは彼が政治的意思と称するものをあとに残したが、その中で彼はフランスがその位置と資源に基づくシーパワーを達成するための好機を指摘している。フランスの著述家たちは、リシュリューをフランス海軍の実質的な創設者と考えている。それは単に彼が軍艦を整備したからではなく、彼の見解の広さ並びに健全な諸制度や着実な発展を確実にするために彼がとった措置のためである。

リシュリューの死後マザラン（Mazarin）が彼の意見や一般的政策を引き継いだが、彼の高尚な勇武の精神は引き継がなかった。そして彼の統治中に新たに作られた海軍はその姿を消した。ルイ十四世が一六六一年に政権を彼の手中に収めたとき、軍艦はわずかに三十隻で、そのうち三隻だけが六十門の砲を装備していた。ここにおいて、巧妙かつ体系的にその権力をふるう絶対専制政治のみが遂行しうる非常に驚くべき事業が開始された。通商、製造業、海運業及び植民地関係を取り扱う政府の部門が、偉大な実際的天才コルベール（Colbert）の手に委ねられた。彼はさきにリシュリューの下に仕え、その考え方や政策を十分吸収していた。彼は全くフランス的な精神をもって自らの目的を追求した。すべては組織化されるべく、すべてのものの源泉は彼の用箪笥の中にあった。「生産者と商人を強力な軍勢に組織し、これを積極的かつ聡明な指導に従わせ、秩序ありかつ統一された努力によってフランス産業の勝利を確実なものとし、有能な人々によって最善と認められた方法をすべての労働者に課することによって最善の生産物を取得すること。……船乗りや遠隔地の通商を製造業や国内通商のような大きな機構に組織し、フランスの通商力を支えるものとして、堅固な基盤の上に建設されかつ前代未聞の規模の海軍を与えること」――これらがシーパワーの三つの連鎖の中の二つに関するコルベールの目標であった、とわれわれは聞いている。同じ政府の方針や組織は明らかに、シーパワーの第三の連鎖たる通商路のはるか遠い端末にある植民地を目指していた。というのは、政府はカナダ、ニューファウンドランド、ノバスコシア及びフランス領西インド諸島を当時の領有者から買い戻し始めていたからである。ここにおいて、国家の進路を指導するためのあらゆる手綱をその手中に収め、国家を、なかんずく大海洋国とするよう導いていこうとしている純粋で絶対的かつ何ものにも拘束されない権力をここに見るのである。

コルベールの行動の細部に入ることは本書の目的の範囲外である。ここではフランスのシーパワーを築き上げるに当たって政府が演じた役割を指摘すれば十分である。すなわちこの偉大な人物は、シーパワーを支える基盤のうちのいずれか一つのみに目をつけて他を省みないということはしなかった。彼の賢明で先見性のある施政の中にはすべての基盤が包含されていた。大地からの産物を増加する農業。人が生産する製品を増大する製造業。生産物の国内から国外への交易を容易にする国内通商の通商路や関係法令。輸送業をフランス人にやらせ、そうして本国及び植民地の生産物を運搬するフランスの海運業を奨励するような海運及び関税に関する法令。遠隔地の市場を本国の貿易によって独占できるように絶えず発展させるような植民地の行政と開発。フランスの貿易に有利な外国との通商条約及び競争相手国の貿易をつぶすような外国の船舶や生産物に対する課税。数え切れないほど多数の細目事項を含むこれらの手段のすべてが、フランスのために、(1)生産、(2)海運、(3)植民地及び市場――

一言でいえばシーパワーを築き上げるために用いられた。

このような仕事の研究は、より複雑な政府内で互いに競合する関係者によってゆっくりと処理されるときよりも、一人のものが一種の論理的な手順によって計画し実施するときの方がより簡単でかつ容易である。コルベールの施政下の数年間で、シーパワーの全理論が体系的かつ中央集権的なフランス流のやり方で実行に移された。他方イギリスやオランダの歴史においては、同じ理論の例証が数世代にわたっている。しかしこのような発展は強要されたものであり、それを監視する絶対権力者が権力を保持する期間にかかっていた。そしてコルベールは王ではなかったので、彼の統制は彼が王の愛顧を失うとともに終った。しかし政府活動の適当な分野——海軍における彼の努力の結果に注目することは最も興味深い。一六六一年に彼が政権をとったときにはわずか三十隻の軍艦しかなく、しかもそのうち三隻のみが六十門以上の砲を搭載していたことはさきに述べた。ところが一六六六年には七十隻になり、そのうち五十隻が戦列艦で二十隻が火船であった。一六七一年には数は七十隻から百九十六隻に増えた。一六八三年には、二十四門から百二十門の砲を装備した艦が百七隻に達し、そのうち十二隻は七十六門以上の砲を搭載していた。なおそのほかに多数の小型艦艇がいた。造船所に秩序とシステムを導入することにより、造船所の能率はイギリスよりもはるかに良くなった。コルベールの仕事の成果が彼の息子の手によってまだ存続していたときに、フランスの捕虜になったイギリスのある艦長が次のように書いている。

「私が最初捕虜としてフランスに送られたとき、私は負傷の治療のためブレストの病院に四ヵ月入院していた。そこにいる間に私は、彼らがてきぱきと艦船に乗員を配し装備を整えるのを見て驚いた。それまで私は、イギリスほど早くできるところはほかのどこにもないと思っていたからである。イギリスはフランスよりも十倍の艦船を持ち、したがって十倍の水兵を持っていた。ところがブレストで私は、それぞれ約六十門の砲を搭載した二十隻の軍艦が二十日で準備を整えるのを見た。それらの艦が入港すると乗員は解散された。パリから命令が来るや、艦は傾けられて艦底を出し、修理をし、糧食が搭載され、乗員が配員されて、考えうる限りの最大の容易さで、前述の日数で再び出港していった。私は同様に、百門の砲を搭載した一隻の軍艦が、四、五時間でその砲の全部が撤去されるのを見た。私はイギリスでこのようなことが二十四時間で行われたのを見たことがなかった。しかもそれが最もやすやすとかつイギリスにおけるよりも安全に行われた。私は病院の窓の下でそれを見たのである」。

あるフランスの歴史家は、あるガレー船のキールが四時に据えられ、九時には完全に武装されて出港したというような、容易には信じられないある実績を引用している。これらの伝統は、イギリスの士官の上記の一層真剣な記述とともに、驚嘆するほど高度のシステムと秩序並びに豊富な工場施設を示すものとして認めることができるであろう。

しかし政府の措置によって強行されたこの驚くべき発展は、政府の支持がなくなるとヨナ（Janah）のひょうたんのようにしぼんでいった。その根を国の生命の中に深くおろすまでの時間の余裕はなかった。コルベールの仕事はリシュリューの政策路線をそのまま引き継いだものであった。その行動方針が続けられて、フランスは陸上において支配的であるのみならず海上においても偉大になるであろうと一時は思われた。ここではまだ述べる必要のないいろいろな理由によって、ルイはオランダに対して激しい敵意を抱くようになった。チャールズ二世もまた同様な感情を抱いていたので、仏英両王はオランダ連邦の撃破を決意した。

一六七二年に勃発したこの戦争は、イギリスにとって、感情的にはフランス以上に不自然なものがあったが、政治的には誤りはあったにせよフランスほどではなかった。特にシーパワーについてはそうであった。フランスは、おそらく同盟国になり得たであろうし、確かに不可欠的に必要な同盟国オランダの撃破を手助けしていた。一方イギリスは当時海上における最大の競争相手であり、貿易においては依然優位にあったオランダを破滅させることに手を貸していたからである。

ルイ十四世が王位についたとき、フランスは財政上の負債と極度の混乱の下によろめいていた。しかしコルベールの改革とそのあざやかな成果の下に、一六七二年には国の将来は明るいように見えた。しかし六年間続いたこの戦争のため彼の業績の大部分が台なしになった。農業階級、製造業、通商及び植民地、これらはすべて戦争によって打ちのめされた。コルベールの諸制度はだらけ、彼が確立した財政秩序はくつがえされた。こうしてルイ十四世の行為は——しかも彼のみがフランスの政府を支配していた——フランスのシーパワーの根元を打ち砕き、海上における最善の同盟国オランダを遠ざけてしまった。フランスの領土は増え陸軍は大きくなったが、通商と平和的海軍の源泉はこの間に消耗された。それでも海軍は数年間は光彩を放ち能率を維持していたが、やがて衰え始め、彼の治世の末までには事実上消滅してしまった。

海上に関する同様な誤まった政策が五十四年にわたる彼の治世の残余の間を特徴づけている。彼は軍艦以外のフランスの海上権益には頑固に背を向けた。もし軍艦を支えている平和的な海運や産業が滅びるならば、軍艦もほとんど役に立たずその存在は不確実になるということを彼は理解することができず、しようともしなかった。彼は陸軍力と領土拡張によってヨーロッパの大国となろうとする政策をとり、イギリスとオランダに同盟を結ばせ、その結果前に述べたように、直接的にはフランスが海上から駆逐され、間接的にはオランダのシーパワーが窮地に追いこまれることになった。コルベールの海軍は滅び、ルイ十四世治世の最後の十年間には、絶えず戦争が行われていたにもかかわらず、強大なフランス艦隊が出撃することはなかった。絶対君主制における政体の単純性は、シーパワーの盛衰に政府がいかに大きな影響を及ぼしうるかをこのように強烈に示したのである。

ルイ十四世の生涯の後半はこうして、シーパワーの基礎すなわち通商及び通商がもたらした富の弱体化により、シーパワーは衰退することを立証した。そのあとの政府も同様に専制政府であったが、ことさらに、またイギリスの要求に応じて、能率的な海軍を維持しようとする主張を一切断念した。その理由は、新しい王が未成年であったからである。摂政はスペイン王と非常に不和であったため、スペイン王を傷つけ自分の権力を維持しようとしてイギリスと同盟を結んだ。イギリスはフランスの宿敵オーストリアにナポリとシシリーに地歩を確立させたが、彼はイギリスの計画を援助してスペインに損害を与え、またイギリスと共同してスペインの海軍と造船所を破壊した。ここに再び一個人の支配者がフランスの海上権益を無視し、フランスにとって当然の同盟国たるべきオランダを滅ぼし、また海上の女王イギリスを直接援助した（ルイ十四世は間接的かつ無意識的に援助した）のを見るのである。
この政策は一時的なもので、一七二六年の摂政の死とともに終りを告げた。しかしそのときから一七六〇年までフランス政府は自国の海上権益を無視し続けた。なるほど主として自由貿易の方向にフランスの財政上の規則を賢明に若干修正したことにより(そしてスコットランド生れの大臣ロー Law のお陰で)、西インド及び東インド諸島との貿易は驚くほど増大し、グァデループやマルチニックの諸島は非常に富み栄えたといわれる。しかしフランスの海軍は衰えていたので、戦争になればフランスの通商も植民地もともにイギリスのなすがままになった。最悪の状態をすでに脱していた一七五六年においても、フランスはわずかに四十五隻の戦列艦しか持っていなかった。当時イギリスは百三十隻近くを持っていたのであるが。しかもその四十五隻を武装し艤装しようとしたとき、材料も艤装品も補給品もないことがわかった。十分な大砲すらなかった。いや、それだけではなかった。フランスのある著述家は次のように書いている。

「政府内の組織の欠如が無関心をもたらし、無秩序と規律の欠如を招来した。不公正な進級がそれほどたびたび行われたことはなく、不満がそれ以上に広く見られたこともなかった。金銭と術策が他のすべてのものにとって代わり、それに続いて指揮権と権力が与えられた。貴族と成り上り者が、首都においては影響力を振るい海港においてはうぬぼれていて、自らは功績を挙げなくてもすむと考えていた。国家と造船所の歳入の浪費は際限がなかった。名誉と謙譲はあざ笑われた。あたかもそれでもなお害悪は十分でないかのように、政府は過去の英雄的伝統を消し去るのに骨を折った。その伝統のために全般的な破局から免れていたのであるが、宮廷の命令により、前代の偉大な治世における数々の精力的な戦いに代わって〝慎重な事務〟が登場した。資材の消耗のために数少い軍艦を温存しようとして敵により多くの好機を与えた。この不幸な原則のためにわれわれは、わが国民の天性には異質であり、それだけ敵にとっては有利な守勢に甘んじなければならなかった。この敵前における慎重さは命令によって定められたものであるが、結局は国民の気質を裏切ることになった。この制度の悪用により、前世紀にはただ一つの例も見い出せないような、砲火の下での不規律な行動や義務不履行がもたらされた」。

大陸への拡張という誤まった政策によりフランスはその資源を使い尽した。さらにフランスの植民地や貿易を無防衛のままにしておいて、（実際に起こったように）富の最大の源泉が切断されるのに任せたという点において、この政策は二重に有害であった。海上に出撃した小部隊は圧倒的に優勢な敵部隊によって撃破され、商船隊は一掃され、カナダ、マルチニック、グァデループ、インドの諸植民地はイギリスの手中に落ちた。もしあまり多くの紙幅をとらないのであれば、興味あるいくつかの例を挙げて、海上を放棄した国フランスが哀れかつみじめな運命をたどったこと、またイギリスがあらゆる犠牲と努力の中に富を増大していったことを示すことができるであろう。この時代のフランスの政策について、当時のある著述家はその見解を次のように述べている。

「フランスは実際にやったようにドイツと本気で戦うことにより、あまりにも海軍に関心を払わず、また海軍の予算を削った。このためイギリスはフランスの海軍力におそらく再起不可能なほどの打撃を与えることができた。フランスはドイツとの戦争のために、同様にその植民地の防衛に手が回らず、そのためわれわれはフランスが領有していた最も重要な植民地のうちのいくつかを征服した。その戦争のためフランスは貿易の保護に手が回らず、フランスの貿易は完全に破壊された。一方イギリスの貿易は、最も徹底的な平和の下に、かつてないほどの繁盛をとげた。したがってフランスは、このドイツとの戦争を始めることによって、イギリスとの特殊なかつ当面の争いに関する限り、してやられるがままになっていたのである」。

七年戦争においてフランスは三十七隻の戦列艦と五十六隻のフリゲート艦を失った。それは合衆国が帆船時代に保有したことのある最多数の全海軍兵力の三倍の隻数の兵力であった。フランスのある歴史家はこの戦争について「フランスは強力な補助者を持っていたが、イギリスは中世以来はじめてほとんど同盟国もなく単独でフランスを征服した。イギリスは専らその政府の優越性によって征服したのである」と述べている。しかり。しかしそれはシーパワーという巨大な武器を使った政府の優越性によってである。それは一つの目的に根気よく指向された一貫した政策の報酬である。

フランスの深刻な屈辱は一七六〇年から一七六三年の間に頂点に達したのであるが（一七六三年に講和した）、それは貿易と海軍が衰微している今日のわれわれの時代の合衆国にとって有益な教訓を含んでいる。われわれはフランスのような屈辱は受けたことがない。フランスのその後の実例によって学びたいものである。同じ期間（一七六〇年から一七六三年）にフランス国民は（後年の一七九三年における同様に）立ち上ってフランスが海軍を持つことを宣言した。「政府によって巧みに指導された国民感情は、フランスの隅から隅に至る国内各地での〝海軍を復興しなければならない〟という叫びを取り上げた。都市により、法人により、また個人の寄付により艦艇の献納が行われた。最近まで静かだった港に大変な活気が沸き上った。いたるところで艦艇が建造、修理されつつあった」。この活気が持続した。兵器廠には兵器が補充され、あらゆる種類の資材は申し分ない体制に置かれ、砲術科は再編され、一万人の熟練砲員が訓練され維持された。

当時の海軍士官の風潮や行動は大衆の衝動を直ちに感じとった。彼らのうちの幾人かの卓見者はその衝動を待ち望んでいたのみならず、それを起こそうとして動いていた。政府の無為無策により艦艇が朽ちるに任せられていた当時ほどフランス海軍士官の間に大きな知的活動や専門的活動が見られたときはない。こうして今日のフランスのあるすぐれた士官は次のように書いている。

「ルイ十四世の治世における海軍の悲しむべき状態の下で、士官たちは勇敢な企画と成功的な戦闘の輝かしい経歴の道が閉ざされて、やむなく自分自身に頼らざるを得なくなった。彼らは何年かの後には試してみることになるべき知識を勉強によって学び、こうしてモンテスキューがいみじくもいったところの〝逆境は母であり、繁栄はまま母である〟という言葉を実行したのであった。……一七六九年までには、りっぱなきら星のような将校たちがあらゆる光輝に包まれているのが見られた。彼らの活動は地球の果てに及び、彼らの作業や調査の中にはあらゆる分野の人間の知識が含まれていた。一七五二年に創設された海軍兵学校が再編された」。

海軍兵学校の初代校長ビゴ・デ・モローグ（Bigot de Morogues）大佐が海軍戦術に関する苦心の論文を書いた。それはポール・オステ（Paul Hoste）の論文以降この題目に関するはじめての独創的な論文で、ポール・オステの論文にとって代わるものとして書かれたものであった。モローグは、フランスが艦隊を持たず敵の打撃の下で頭を持ち上げることすらできなかった時代に、戦術に関する問題を研究し体系的にまとめていたに違いない。その当時イギリスにはそれに類似の本がなかった。そして一七六二年にイギリスの一海軍大尉が、オステの偉大な論文の大部を省略して一部をちょうど翻訳していた。それから二十年近く後になってようやくスコットランドの民間の紳士クラーク（Clerk）が海軍戦術についての独創的な研究を発表した。その中で彼はイギリスの提督たちに対して、フランス艦隊が提督たちの無思慮でかつ協同連係を欠いた攻撃を失敗に終らせたやり方を指摘している（注3）。

（注3）海軍戦術をはじめて体系化したのは自分だというクラークの主張がどのように考えられようとも、またそれは甚だしく非難されてきたのであるが、過去に関するクラークの批判が健全であったことには疑問の余地はない。著者の知る限りにおいて、この点に関して彼は、船乗りの訓練も軍人の訓練も受けていない人としては、顕著な独創性を持っていたということができる。

「海軍兵学校の研究と同校が海軍士官に活発な刺激を与えて戦術研究を促したことは（あとで述べ

たいと思っているが）フランス海軍がアメリカ独立戦争の当初比較的順調な状況にあったことに影響がなくはなかった」。

アメリカ独立戦争においてイギリスが、強力な敵が海上においてイギリスを攻撃しようと好機をうかがっているにもかかわらず、本国から遠く離れたアメリカ大陸で戦争を行うことにより、その伝統的な正しい政策から逸脱していったことはすでに述べた。最近のドイツ戦争におけるフランスのように、またその後のスペイン戦争におけるナポレオンのように、イギリスは過度の自信により、まさに友邦を敵国に変えようとし、自国の力の真の基盤を無謀にも試してみようとした。

一方フランス政府は、それまでしばしば陥っていたわなに陥らずにすんだ。フランスはヨーロッパ大陸においては中立を保てそうであったし、またフランス側にあったスペインとの同盟は確実であった。このためフランスはヨーロッパ大陸に背を向けて、りっぱな海軍と、おそらく比較的経験は積んでいないだろうがすぐれた将校団をもって戦争に突入した。

大西洋を隔てた対岸のアメリカにおいては、西インド諸島においてもまたアメリカ大陸においても、フランスには友好的な住民の支持があり、またフランス自身及び同盟国の港の支援があった。この政策が賢明であったこと、政府のこの措置がフランスのシーパワーによい影響を及ぼしたことは明らかである。しかし戦争の詳細は、ここで述べるべきことではない。アメリカ人にとってはその戦争のおもな関心事は陸上にある。しかし海軍士官にとってはそれは海上にある。というのもこの戦争は本質的に海洋戦争であったからである。

二十年間の賢明で体系的な努力は当然の成果をもたらした。海上での戦いは大きな損害を受けて終ったけれども、フランス艦隊とスペイン艦隊の連合努力は疑いもなくイギリスの力を圧伏してイギリスからその植民地を奪い取ったからである。いろいろな海軍の計画や戦闘においてフランスの名誉は概して維持された。しかし全般的に考えて次の結論を下さざるを得ない。それは、フランスの水兵がイギリスの水兵に比較して経験が足りなかったこと、貴族の将校団がいろいろな経歴の将校たちに示した偏狭な警戒心、なかんづくすでに言及した四分の三世紀にわたるみじめな伝統、将校たちにまずその艦を温存し資材を節約するよう指導した政府のなさけない政策、これらがフランスの提督たちが単に栄光をかちとるだけでなく再三その手にしていた明白な好機に乗ずるのを妨げたということである。

モンクは海を制しようとする国民は常に攻撃をとらなければならないといったが、それはイギリスの基本的な海軍政策を示したものである。もしフランス政府の訓令が一貫して同じような積極的精神を吹きこんでいたならば、一七七八年の戦争は実際よりもっと早くかつもっとよい結果を収めて終了していたかも知れない。わが国はその建国をフランス海軍に負っているので、同海軍の行為を批判するのは非礼なようであるが、フランスの著述家たちにもこれと同じような考え方を持っているものが多い。この戦争中海上で勤務したフランスのある士官は、平静で公正な論調の著述の中で次のように述べている。

「ダスタン (D'Estaing) とともにサンデー・フック (Sandy Hook) にあり、デ・グラッセ (De Grasse) とともにセント・クリストファー (St. Christopher) にあった若い士官たち、またデ・

テルネー（De Terney）とともにロード・アイランドに到着したものすら、これらの提督たちが帰国した後裁判にかけられないのを見て、彼らが考えたに違いないことは何であったろうか」。

さらにずうっと後世のもう一人のフランス士官は、アメリカ独立戦争について次のように述べ、前記の意見を正当化している。

「摂政時代及びルイ十四世の時代の不幸な偏見は取り除く必要があった。しかし偏見に満ちていた時代の災厄はごく最近のことであったため、閣僚たちはその災厄を忘れることができなかった。みじめな遅疑逡巡のお陰で、まさしくイギリスに脅威を与えていた艦隊は通常の大きさに縮少された。海軍省は誤まった経済観念に捉われて、艦隊を維持するには過大な経費がかかるとの理由のもとに、提督たちに〝最大限の慎重さ〟を維持するよう命令しなければならないと主張した。それはあたかも戦時に急場のまにあわせ的な措置をとっても、必ずしも災厄をもたらすとは限らないといわんばかりであった。そしてまたわれわれの戦隊司令官たちに与えられた命令は、補充の困難な艦艇の喪失することになりかねない戦闘は避けてなるべく長く海上にとどまれというものであった。このため、われわれの提督たちの技量と艦長たちの勇気を飾るような完全な勝利が得られたような場合にも、それがあまり重要でない成功に終ったことが再三あった。提督は麾下の部隊を使用してはならないということを方針として定めた方式。敵に攻撃をしかけるよりもむしろ敵の攻撃を受けて立つというあらかじめ定められた目的をもって提督たちを敵に差し向けた方式。また物的資源を節約するために精神力を弱らせた方式。これらの方式は不幸な結果をもたらすに違いない……この嘆かわしい方式がルイ十四世、第一共和制及び第一帝政の時代を特徴づける規律の欠如と驚くべき職務怠慢の原因の一つであったことは確かである」。

一七八三年の平和条約締結後十年以内にフランス革命が起こった。しかし国家の基礎を揺り動かしたこの大動乱は、社会秩序の紐帯を緩め、旧制度に愛着を持つ王政下のほとんどすべての練達の士官を海軍から追い出した。しかしフランス海軍を誤まった方式から解放することはしなかった。政体を転覆することはできても、深く根をおろした伝統を根絶することは容易ではなかったのである。再び、最高階級にあり文学的教養もある第三のフランス士官がビルヌーブ(Villeneuve)の無為無策について語るところを聞こう。ビルヌーブはナイルの海戦においてフランス艦隊の後部部隊を指揮し、その縦列の先頭が撃破されながらも抜錨しなかった提督であった。彼はいう――

「今度はビルヌーブが、彼より前のデ・グラッセのように、またドゥシャイラ(Duchayla)のように、麾下の艦隊の一部によって見捨てられる日(トラファルガル)が訪れることになった。われわれはこの宿命的な一致に何かかくされた理由があるのではないかと疑うに至った。多くの尊敬すべき人々の間に、このような非難を受ける提督や艦長たちがかくもしばしばいることは不自然である。たとえ彼らのうちのあるものの名前がわれわれの災厄に関連して今日に至るまで痛ましくも思い出されたとしても、その誤まりのすべてが彼らの誤まりでないことは確かである。

われわれはむしろ彼らが従事した戦争の性格及びフランス政府が定めた前述の守勢的戦争方式をこそ非難すべきである。その戦争方式をピットはイギリス議会で、確実な破滅の前兆であると明言した。その方式は、われわれがそれを放棄したいと思ったときにはすでにわれわれの習性になり切っていた。それはいわばわれわれの腕を弱め、自立心を麻痺させてしまっていた。フランスの艦隊は特殊な任務を遂行するため、しかも敵を回避する意図をもってしばしば出撃した。したがって敵と遭遇することはそのまま一つの不運であった。フランス艦艇はこうして戦闘に入った。彼らは戦闘を敵に強いたのではなく、敵からしかけられてそれを受けたのである。……もしブルーイ（Brueys）が途中でネルソンに遭遇し、進んで彼と戦うことができたならば、運命の神は英仏両艦隊のいずれの側につこうかともっと長い間ためらったであろうし、また最後にフランス艦隊にあれほどひどい敗北をもたらさなかったであろう。ビラレー（Villaret）とマーチン（Martin）が実施したこの束縛されかつおずおずした戦争は、あるイギリスの提督たちの慎重さと伝統的な古い戦術のお陰でそれまで長い間続けられていた。このような伝統を持ったままナイルの海戦が起こったのである。決定的行動の時がきていた」。

数年後にトラファルガルの海戦が生起した。そしてフランス政府は海軍について再び新しい政策を採用した。最後に引用した著述家は再びいう――

「皇帝はその陸軍の会戦計画と同様、艦隊の会戦計画の経過をそのするどい観察眼をもって見守っていたが、これらの予期せぬ敗北を見てうんざりした。彼は、運命が彼に味方しなかった戦場から眼を他に転じて、海上以外のどこかでイギリスを追いつめることに決した。彼は海軍の再建に着手した。戦いは一層激しくなっていったが、彼は海軍にはなんらの役割をも与えなかった。……それにもかかわらず、造船所の仕事はひまになるどころか倍加された。毎年戦列艦が起工されるか又は艦隊に加えられた。ベニスとゼノアは皇帝の統制の下に昔の繁栄を再び取り戻し、エルベからアドリヤ海の奥に至るまでの大陸のすべての港は競って皇帝の独創的な考えを支持した。多くの戦隊がシェルド河口に、ブレスト泊地に、そしてツーロンに集められた。……しかし最後まで皇帝は、熱意と自立心にあふれるこの海軍に、敵とその力を競う機会を与えなかった。……いつもながらの敗北にがっかりした皇帝はいたずらに艦艇を温存するだけで、その結果敵はわれわれの艦艇の封鎖を余儀なくされた。もっとも敵は封鎖のために巨額の出費を強いられ、それはその財政を消耗するに違いなかったが」。

帝国が崩壊したとき、フランスには百三隻の戦列艦と五十五隻のフリゲート艦があった。

シーパワーに及ぼす植民地の影響

今まで過去の歴史から導き出した特殊な教訓について述べてきたが、ここで眼を転じて、国民の海上経歴に対してその国の政府が及ぼす影響という一般的問題について考えてみよう。その影響力は二つの別個ではあるが互いに密接に関連しあった仕方で作用しうることがわかる。

第一に平時において。政府はその政策によって、国民の産業の自然的な発展及び海により冒険と利益を求めようとする国民の傾向を助長することができる。もしこのような産業や海洋進出の気風が本来ないときは、政府はそれらの開発に努めることができる。一方これに反して政府は誤まった措置をとることにより、国民に自由にやらせておけば達成するであろうような進歩を阻止妨害することもあろう。これらの方法のうちのいずれをとるかによって政府は、平和的通商問題に影響を与えてその国のシーパワーを興こし又はそこなうのである。しかも通商こそ真に強力な海軍の基礎であることは、何度強調してもし過ぎることはない。

第二に戦争のために。海軍の発達の程度及び海軍に関連した権益の重要性に相応した規模の海軍を維持するに当たって、政府は最も合法的な方法でそれに影響を及ぼすであろう。海軍の規模より以上に重要なことは海軍の制度の問題である。すなわち、健全な精神や活動を助長する制度。適当な予備員と予備艦艇により、またさきに国民の性格や職業について考察した際指摘しておいた一般的な予備戦力を召集することにより、戦時に海軍力を急速に増強することができるような制度。そのような制度こそより重要である。

この戦争準備の第二の問題の中には当然、平和的な通商に従事する商船を守るために軍艦がついていかなければならない世界の遠隔の地に、適当な海軍基地を維持することも含まれなければならない。これらの基地の防護は、ジブラルタルやマルタのように直接軍事力に依存するか、又はその基地の周辺の友好的な住民に依存しなければならない。後者の例は、イギリスにとってかつてのアメリカの植民地がそうであったし、現在はオーストラリアの植民地がそうであるかも知れない。このような友好的な環境や支援は、合理的な軍事的準備と相まって最善の防衛となる。またそれが海上における決定的優位と組み合わされたときは、イギリス帝国のように分散された広大な帝国も安泰となる。そのわけは、なるほどその中のある一部に予期せぬ攻撃を受けて災害を被むることはあるかも知れないが、現に優越した海軍力があればそのような災害は局部的かつ回復可能なものにとどめることができるからである。このことは歴史が十分に証明している。イギリスの海軍基地はすでに世界のあらゆる部分にある。そしてイギリスの艦隊は同時にそれらの基地を保護し、基地間の交通線を確保し、また避難所としてそれらの基地に依存して今日に至っている。

したがって母国に所属する植民地は、国家のシーパワーを海外において支援する最も確実な手段を提供する。平時には政府は、あらゆる手段を講じて温かい結びつきと利害の一致を促進するよう影響力を行使すべきである。それがあってこそ一部の福祉は全部の福祉であり、一部の紛争は全部の紛争であると感じさせることができる。また戦時においては、いやむしろ戦争に備えて、すべてが公平に負担を分担し、その負担からそれぞれが利益を得るのだと感じさせるような組織と防衛の措置を講じることにより政府の影響力を及ぼすべきである。

合衆国

(1) シーパワーにおける合衆国の弱点

合衆国はこのような植民地を持っていないし持ちそうにも

ない。純然たる海軍基地に関しては、百年前のイギリス海軍のある歴史家が当時ジブラルタルとポート・マホンについて語った次の言葉の中に、米国民の感情がおそらく正確に現わされているであろう。「軍事政府は通商業者とはあまり意見が合わず、また軍事政府は本来イギリス国民の天性に大いに反している。したがって良識ある人々やすべての政党の人たちが、かつてタンジールが放棄されたように、ジブラルタルやポート・マホンの放棄に傾いたことを私は不思議に思わない」と彼はいったのである。

合衆国は海外に植民地も軍事基地も持っていないので、合衆国の艦艇は戦時には陸上の鳥のように自国の海岸から遠くへ飛んでいくことはできないであろう。もし政府が海上に国力を発展させようと思うならば、まずなすべきことの一つは、海軍の艦艇に石炭を補給し修理をすることのできる休養地を準備することであろう。

この研究の実際的な目的は歴史の教訓から自らの国家及び海軍に適用しうる推論を導き出すことにある。したがってここで合衆国の現状がいかに深刻な危険を包含しているかを尋ね、合衆国のシーパワーを再建するため政府がしかるべき措置をとることを要求するのは当を得たことである。南北戦争以後今日に至るまで政府の措置は、シーパワーを構成する連鎖の中の最初のリンクと称せられてきたものに効果的に指向されてきた、といっても過言ではないであろう。国内開発、大きな生産、及びそれに伴う自給自足のねらいと誇り、これらは目的であったし、ある程度結果でもあった。この点において、政府は国の支配的分子の傾向を忠実に反映していた。とはいえこのような支配的分子が自由な国においてすら真に代表者であると容易に感じられるとは限らない。そうであるにしても、植民地を持っていないことに加えて、平和的な海運という中間のリンク及びそこに含まれる権益が現在欠如していることは疑いの余地がない。要するに合衆国は三つのリンクのうちの一つしか持っていないのである。

(2) 国内開発における合衆国の主要関心事 過去の百年間に海戦の環境はあまりにも大きく変った。そのためイギリスとフランスの間の諸戦争において見られたような、一方がかくも悲惨な結果を招き他方がかくも輝やかしい繁栄をとげるといったことが今後再び起こりうるかどうかは疑わしいかも知れない。イギリスは海洋を確固かつ傲然と支配して、中立諸国に二度と耐えられないような束縛を課した。そして国旗が貨物をかばうという原則が永久に確立された。したがって交戦国の通商は、戦時禁制品の場合又は封鎖港へいく場合を除き、今では中立国の船舶によって安全に行うことができる。したがって封鎖港については、もはや紙上の封鎖というものはないであろうということもまた確実である。したがって合衆国の港を占領や軍税から守る問題（これについては理論としては事実上意見の一致があるが、実際には全く関心がない）はさておき、合衆国はシーパワーについて何を必要とするのか。合衆国の通商は今日においても他国船によって行われている。もし自国船を持っておれば大きな費用をかけてそれを守らなければならないのであるが、なぜ合衆国国民はそれを持ちたいと思うであろうか。この問題は、それが経済問題である限り本書の範囲外である。しかし戦争によって国家に災害や損失をもたらすかも知れないような事態は直接本書に関係がある。

(3) 封鎖からの危険 もし合衆国の対外貿易が、封鎖港に向う場合を除き敵が触れることのできない中立国の船舶によって行われるとすれば、効果的な封鎖は何によって成立するのか。現在の定義によれば、その港に出入しようとする船舶にとって明らかに危険となるような状況がそれである。これは明らかに非常に融通性のあるものである。多くの人は次の事実を思い出すことができるであろう。それは南北戦争中のこと。南部側はチャールストン沖の合衆国艦隊に夜間攻撃をかけた翌朝、幾人かの外国の領事を乗せて一隻の汽船を出した。領事たちは視界内に封鎖船がいないことに満足して、その事実を述べた宣言を発した。この宣言の効力に基づいて南部当局は、封鎖は技術的に解除され、新たに通告しない限り封鎖の再建は技術的にできないと宣言したのであった。

しかし封鎖破りの船舶にとって真の危険となるためには、封鎖艦隊は視界内にいなければならないのであろうか。ニュージャージーとロング・アイランドの間の海岸の二十海里沖合いを巡航する半ダースの高速汽船は、主要出入路を通ってニューヨークに出入しようとする船舶にとっては真の危険となるであろう。同様な位置を占めることによってボストン、デラウエア湾及びチェサピーク湾を効果的に封鎖できよう。商船を捕獲するにとどまらず封鎖を破ろうとする軍事的企図に抵抗するために準備された封鎖艦隊の主力は、視界内にいることも海岸からわかる位置にいる必要もない。

トラファルガル海戦の二日前にネルソン艦隊の大部分はカディスから五十海里の海上にあり、カディス港の近くには監視のため小部隊を残していた。仏西連合艦隊は午前七時に出港を開始したが、当時の状況下においてすらネルソンは午前九時三十分までにそれを知った。その距離においてもイギリス艦隊は敵にとってはまさに真の危険であったのである。海底電線のある今日においては、封鎖艦隊は沿海にいようと沖合いにいようとも、また一つの港から他の港へと、合衆国の全海岸線に沿って互いに電信で通信ができ、容易に相互支援ができるであろう。そしてたとえ一つの支隊が実力をもって攻撃されようとも、ある幸運な協同連係によって、その支隊は他隊に警報してその方へ避退することもできよう。かりにある日ある港を封鎖している艦艇を相当駆逐することによりその港の封鎖が破られることがあっても、翌日には封鎖再建の通告を電信により世界中に伝えることができるであろう。このような封鎖を避けるためには、封鎖艦隊を常時危険に陥れてどうしてもその持場を維持することができないようにさせるような洋上の海軍兵力がなければならない。そうすれば中立国の船舶は、戦時禁制品を搭載していない限り自由に出入することができ、自国と外部世界との通商関係を維持することができる。

合衆国は長大な海岸線を持っているので、全海岸線の封鎖を有効に維持することはできないというかも知れない。南部の海岸だけの封鎖でさえ、いかにしてそれが維持されたかを記憶している士官は、誰よりも容易にこのことを認めるであろう。しかし合衆国海軍の現状においては、また今まで政府が提案してきた以上を出ない程度の増強が行われるとしても、大海洋国のうちの一国がボストン、ニューヨーク、デラウエア湾、チェサピーク湾及びミシシッピー河口、換言すれば輸出入の大中枢地域を封鎖するには、従来行われてきた以上のことをする必要はないであろう。イギリスは、強力な艦隊が港内に停泊しているブレスト、ビスケー湾沿岸、ツーロン及びカディスを同時に封鎖したのである。

その場合も中立国の船舶による貿易物資が上記以外の合衆国の港に入港することができるのは事実である。しかしこのように無理に入港地を変更するときは、国内輸送の混乱、時折の補給の不能、鉄道若しくは水路による輸送手段の不足、ドックやはしけや倉庫の不足等がそれに伴うであろう。その当然の結果として損害や金銭上の損失はないであろうか。そして多くの苦労と経費を使ってこれらの災難を部分的に取り除いたとしても、敵は前の入口に対して行ったと同様に新しい入口を封鎖するに至るかも知れない。合衆国の国民は確かに餓えることはないであろうが、大変苦労するかも知れない。戦時禁制品については、もし非常事態が起これば、合衆国は今や単独ではやっていけないということを心配しなくてもよいであろうか。

(4)　**海軍の海運に対する依存**　問題は、遠方の国々まではいけないとしても、少くとも自国への主要近接路を開放しておくことのできるような海軍を国家のために建設するために、政府の影響力を発揮すべきであるということである。国家の眼は四分の一世紀の間、海洋からほかのところへ向けられてきた。そのような政策をとった場合の結果と、それと反対の政策をとった場合の結果とは、それぞれフランスとイギリスの例に見られるとおりであろう。合衆国と英仏のいずれかとの間にあるわずかな類似性を強調するまでもなく、貿易と通商の状況が外国との戦争によってなるべく影響を受けないようにしておくことが、国全体の福祉にとって不可欠であるといっても間違いないであろう。このためには敵をわが港湾に寄せつけないだけでなく、わが国の海岸からはるか遠くへ遠ざけておかなければならない(注4)。

(注4)戦争の場合の「防御」(defence)という言葉には二つの考え方が含まれている。考え方の正確を期するためには頭の中で両者を区別しておかなければならない。自らを強力にして敵の攻撃を待ち受けるという純粋かつ単純なディフェンスという考えがある。これは受動的防衛 (passive defence) と呼んでよいであろう。一方自分自身の安全、すなわち防衛的準備

の目的を達成する最善の方法は敵を攻撃することであるとするディフェンスの見方がある。海岸防衛の場合、前者の方法はたとえば、固定的な要塞施設、水中機雷、そして一般的にいって、もし敵が入ってこようとすればただそれを阻止するだけのためのすべての動かない施設がそれである。第二の方法は敵が攻撃をしかけるのを待つことなく、たとえ数マイルであろうと敵国の海岸までであろうと、出かけていって敵の艦隊と戦うあらゆる手段と武器を包含するものである。このようなディフェンスは本当に攻勢的（offensive）な戦争のように見えるかも知れないが、そうではない。その目標が敵の艦隊から敵の本土に変更された場合にのみ攻勢的なものになるのである。イギリスは、もしフランスの艦隊が出てくればこれと戦うためにその艦隊をフランスの港の沖合いに配備することによって、本国の海岸と植民地を守った。南北戦争の際合衆国は、その艦隊を南部の港湾の沖合いに配備したが、それは自らの港湾が攻撃されるのを心配したためではなく、南部連合をほかの世界から孤立させ、究極的には南部側の港湾を攻撃することによって南部連合を撃破するためであった。両者ともに方法は同じであった。しかし目的は前者の場合は守勢であるが後者の場合は攻勢である。

この二つの考え方が混同されて、海岸防御における陸、海軍の適当な役割分担に関して全く不必要な論争を招く。受動的な防御は陸軍に属するが、海上において動くものはすべて海軍に属する。海軍は攻勢的防御（offensive defense）の特権を有する。もし水兵が要塞の守備兵として使用されるならば、彼らは陸上部隊の一部となる。同様に、陸兵が艦艇乗員の一部として乗艦させられると、彼らは海上部隊の一部となる。

このような海軍は、商船隊の再興なくしてこれを持つことができるだろうか。それは疑わしい。このような純粋に軍事的なシーパワー（海軍）は、ルイ十四世がやったように専制君主はこれを建設することができることを歴史は証明した。しかしルイ十四世の海軍はよさそうに見えたものの、根がなくてやがてしぼんでいく草木のようなものであったことを経験が示した。しかし代議制にあっては、いかなる軍事支出も、その必要性を確信する強力な利益代表がその背後にいなければならない。シーパワーにおけるこのような利益代表は、政府が必要な措置をとらなければ存在しないし、合衆国では存在することはできない。このような商船隊はいかにして建設されるべきか。助成金によるのか自由貿易によるのか。不断の行政上の強壮剤の投与によるのか。それとも自由な場における自由な動きによるのか。そのいずれによるにせよそれは軍事的問題ではなくして経済的問題である。合衆国が大商船隊を持っているとしても、それに続いて十分な海軍が建設されるかどうかは疑問であろう。合衆国を他の諸大国から隔てている距離は、一方においては防護物となるが、他方においては落し穴ともなる。もし合衆国に海軍を持たせる動機があるとすれば、おそらくその動機は現在中央アメリカ地峡において胎動しているであろう。海軍の誕生が遅過ぎないことを希望したいものだ。

シーパワーの要素の討議の終結

ここに、諸国のシーパワーの成長に有利又は不利に影響を及ぼす主要要素についての一般的討議を終える。討議の目的はまずそれらの要素を、シーパワーを助長し又は阻害する自然の傾向について考察し、次に特殊な例をもって、また過去の経験をもってそれを例証することにあった。このような討議は疑いもなくより広い分野にまたがるものであるが、戦術とははっきり区別される戦略の分野に主として属するものである。これらの討議の中に入ってくる諸考察や諸原則は、原因と結果においてまた各時代を通じて同じである事物の理法、すなわち変化し得ないか、ないしは変化しない事物の理法に属するものである。それはいわば、安定していると今日よくいわれる「自然の理法」に属するものである。これに反して戦術は、人が作った武器を道具として使うものであり、世代から世代へと人類が変化し進歩するのに伴って変化し進歩する。戦術という上部機構は時々変えるか又は全面的に打ち壊さなければならないが、戦略というもとからある基礎は、あたかも岩石の上に築かれたかのように今日までそのまま残っている。

歴史的記述の目的

次に、ヨーロッパ及びアメリカの一般史を、広い意味におけるシーパワーがその歴史の上にまた国民の福祉の上に与えた影響に特に関連を持たせて検討することとする。検討の目的は、機会があれば時々、すでに引用した一般的教訓を特別の例証によって想起し強調することにある。したがってこの研究の一般的な趣意は、広義の定義の海軍戦略という意味での戦略的なものである。広義の定義の海軍戦略とは、さきに引用しすでに認められているとおり「海軍戦略は戦時のみならず平時においても国家のシーパワーを建設し、支援し、そして増強することを目的とする」ものである。

特定の戦闘について論じるときは、真の一般的原則を適用するか又は無視するかによって決定的な結果がもたらされた場合を指摘するよう努めたい。ただし、具体的な細部が変れば、過去の教訓の多くが時代遅れのものになるということを認めるのにやぶさかではない。また取り上げる戦闘についてば、もしほかのことが同じであれば、最も著明な士官の名前に関連があるため、特定の時代又は特定の軍において得られた戦術的考えをいかに正しく示しているかとみなが見なすような戦闘の方を選ぶこととする。また古代の武器と近代の武器との類似性が表面に現われている場合は、類似点を過度に強調することなく類似しているがゆえに得られそうな教訓を引き出すこともまた望ましいであろう。

最後に記憶にとどめておくべきことは、あらゆる変化の中にあって人間の天性はほとんど変らないということ、また個人差は常に確実に存在するということ——ただし個人差は特定の場合においては質的にも量的にも不定である——である。

第2章　一六六〇年のヨーロッパ情勢と第二次蘭英戦争

一六六〇年のヨーロッパ情勢

さきにこの歴史的調査を始める時期を漠然と十七世紀中期と述べたが、ここで明確に一六六〇年としよう。この年の五月にイギリスのチャールズ（Charles）二世は国民歓喜のうちに王位に復した。翌年三月にフランスのマザラン（Mazarin）枢機卿が死去するや、ルイ（Louis）十四世は大臣たちを集めて「今後は私が自分自身の宰相になる」と告げた。こうして始められた親政は半世紀以上も続いた。

それから十二ヵ月以内に、英仏両国は近代のヨーロッパとアメリカ（すなわち世界）の海洋史において首位を占めてきた。しかし海洋史は、国家の興亡における一つの要素に過ぎない。もし海洋史に密接な関係のあるその他の要素を見失うならば、海洋史の重要性について誇張されるか又はその逆のゆがめられた見方が作られるであろう。

ヨーロッパ全面戦争の生起　一六六〇年を取り上げたがそれより前の一六四八年には、史上三十年戦争として知られる全面戦争の結果についてウエストファリア（Westphalia）条約が締結され、ヨーロッパ問題に一大解決がつけられた。オランダ連邦は、事実上はずうっと前から独立していたが、この条約によってスペインから正式に独立が認められた。続いて一六五九年にはフランスとスペインの間にピレネー（Perenees）条約が結ばれ、ヨーロッパに全般的な平和がもたらされた。しかし間もなくほとんど全世界的な一連の戦争が起こり、ルイ十四世在世中までそれが続いた。その間に新しいいくつかの国が興こり、また他のいくつかの国がおとろえ、ほとんどすべての国が領土又は政治力のいずれかにおいて変容をとげた。海洋力（maritime power）はそれらに直接、間接に大いに影響を及ぼした。

この話を始める前に、まず当時のヨーロッパ諸国の一般状況を見なければならない。ほぼ一世紀以上にわたって続き、ウエストファリヤ平和条約によって終止符が打たれた戦争の間オーストリア王家は圧倒的な勢力を占め、すべての他の諸国からおそれられていた。皇帝チャールズ（Charles）五世はその長い治世の間、オーストリアとスペインの皇帝を自ら兼ね、今日オランダ及びベルギーとして知られる地方その他の領土を持ち、またイタリアにも絶大な影響力を持っていた。彼の譲位の後、オーストリアとスペインの二大君主国は分離された。両国は別々の君主によって統治されたが、両君主は依然同族であり、目的と感応を同じくする傾向があった。この結合の紐帯に加えるに、宗教を共にする紐帯があった。ウエストファリア平和条約以前の百年間は、王家の勢力の拡大とその奉ずる宗教の普及が政治的行動の二つの最も強力な動機になっていた。新教徒たるオランダ諸州がスペインに対して反乱を起こしたのも宗教的迫害があったためであった。

アンリ四世、リシュリューの政策　フランスにおいても同期間の大部分の間、宗教上の不和により国内は混乱し、対内、対外政策は大きくその影響を受けた。

かかる宗教上の動機が衰えるにつれて各国の政治的必要性とか利害関係が一層正当な重さを持ち始めた。フランスにおいてこの反動が最初にかつ最も顕著に現われたが、それは少数派たる新教徒の数と性格からして当然であった。フランスはスペインとドイツ諸国の間に位置し、ドイツ諸国の中ではオーストリアが群を抜いて主位にあったので、政治的に存在するためには国内の統一とオーストリア家の力に対する抑制が必要であった。

幸いにして神はフランスに引き続いて二人の偉大な統治者を与えた。アンリ（Henri）四世とリシュリュー（Richelieu）である。両名の下でフランスの政治に指針が示され、リシュリューはその指針を伝統として明確にした。その指針は次の一般路線に沿ったものであった。(1)宗教上の争いを和らげ又はしずめ、正に権威を集中することによる王国の国内統一。(2)オーストリア家に対する抵抗。それは実際的にかつ必然的に新教派のドイツ諸国及びオランダとの同盟を伴う。(3)主としてスペインの犠牲の下にフランスの国境の東方への拡大。スペインは今日のベルギーのみならず長い間フランスに併合されていた諸州を領有していた。並びに、(4)王国の富を増やし、特にフランスの宿敵イギリスに対抗するため大シーパワーの建設及び発展。このため再度のオランダとの同盟を考慮にとどめておく。

以上が、第一級の天才的政治家によってフランスのために定められた政策の大綱であった。この伝統はマザランによって進められ、彼からルイ十四世に受け継がれた。

ところでフランスが偉大になるために必要な上記の要素の一つがシーパワーであったことは留意すべきことであろう。しかも第二と第三は使用する手段において実際上一つであるから、シーパワーはフランスの対外的偉大さを維持する上に必要な二つの重要な手段のうちの一つであったということができよう。フランスの努力が指向されるべき方向は、海上においてはイギリス、陸上においてはオーストリアであったことがわかる。

一六六〇年当時のフランスの状況としては、国内の平和は確保されていた。すべての権力は絶対的に君主に集中されていた。しかしその他の点においては満足すべき状況にはなかった。事実上海軍はなく、国内及び外国との通商は不振で、財政は乱れ、陸軍は小さかった。

スペインの事情　スペインは百年たらず前は他のすべての国から恐れられていた。しかし今や久しく衰ろえほとんど恐るべき存在ではなくなっていた。中央の弱さが行政のすべての部分に広がっていた。しかし領土の広さにおいては依然大国であった。スペイン領ネーデルランド(Netherland)はなおもスペインに属し、ナポリ(Naples)、シシリー(Sicily)及びサルジニア(Sardinia)を領有し、ジブラルタルはまだイギリスの手に落ちていなかった。アメリカ大陸における広大な領土は依然手つかずであった。ただジャマイカ(Jamaica)だけが例外で、数年前にイギリスに占領されていた。

平時及び戦時のスペインのシーパワーについてはすでに言及した。ずうっと前にリシュリューはスペインと一時的に同盟を結んだ。その同盟によってリシュリューはスペインの四十隻の軍艦を自由に使用することができた。しかしその大部分は、武装が悪く、指揮も悪く、これらの悪条件のためにそれらの軍艦は引き上げざるを得なかった。当時スペイン海軍は全く衰微しており、リシュリューの慧眼はその弱点を見逃がさなかった。一六三九年にスペインとオランダの艦隊間で起こった遭遇戦はスペイン海軍の衰微状況を最も明白に示している。

「スペイン海軍はこのとき一つの衝撃を受けた。スペインは、この戦争中の一連の衝撃により、両半球にまたがる海の女王としての高い地位から海洋国間で軽蔑されるような地位にまで転落した。当時スペイン王はスウェーデン海岸まで戦いを進めるべく有力な艦隊を準備中で、その装備のために人員及び糧食をダンケルク（Dunkirk）から増援することをすでに命じていた。したがって艦隊は出撃したが、オランダのフォン・トロンプ（Von Tromp）の攻撃を受けて、幾隻かが捕獲され、残りは再び港内に後退を余儀なくされた。……トロンプはダンケルク封鎖のため十七隻を残し、爾余の十二隻を率いて敵艦隊の来着を要撃すべく前進した。……ほかの四隻を率いるデ・ウイット（De Witt）と合同したトロンプは、麾下の小部隊をもって断固として敵に攻撃をかけた。戦闘は午後四時まで続き、そこでスペインの提督はダウンズ（Downs）に避難した。（中略）トロンプはすみやかに増援を受けてその兵力は九十六隻の軍艦と十二隻の火船になった。彼は一枝遂を残して中立国イギリスの艦隊を監視させ、もしスペイン艦隊を援助するならばこれを攻撃させることにした。彼は濃霧に悩まされながら攻撃を開始した。スペイン艦隊は濃霧の下に脱出すべく錨鎖を切って出港した。多くの艦が接岸し過ぎて座礁し、退避を企てた残りの大部は撃沈され、捕えられ、フランス海岸へ追われた。これ以上に完全な勝利はなかった」。（デイビス〈Davies〉著『オランダ史』）

海軍がこのような行動路線を甘受するときには、あらゆる正常な調子や誇りは消え失せてしまっているに違いない。その後スペインはヨーロッパの政治の中でますますその重さを失っていくのであるが、その一般的衰退の中で海軍はその一端を負っていたに過ぎない。グノー（Guinot）は次のようにいっている。

「スペイン政府は宮廷や言葉の豪華さの中にあって、自らの弱さを感じ、じっとしていることによってその弱さをかくそうとした。フィリップ四世とその大臣は、努力しても結局はただ征服されるだけという状況にうんざりした。彼らは平和の維持だけを求め、実行不可能と思われることをする必要のあるような問題はいっさい避けようとした」。

オランダの事情　当時低地帯諸国ないしは旧教ネーデルランド（今日のベルギー）として知られていたスペイン領の部分は、フランスとその当然の同盟国たるべきオランダ共和国の間の争いのもととなろうとしていた。このオランダ共和国（その政治上の名称はオランダ連邦であった）の影響力や勢力は今や頂点に達していた。その力はすでに述べたように全く海洋を基盤とし、オランダ国民が偉大な海上及び商業上の天才であったからこそできた海洋の利用の上に立っていた。最近のフランスのある著述家は、ルイ十四世の即位当時のオランダ国民の商業及び植民上の状況を述べて次のようにいった。それは、イギリスだけは別として近代のいずれの国よりも抜ん出て、いかに海洋の収獲が、本来弱くかつ資源のない国を富みかつ強力な国家に押し上げることができるかをよく物語っている。

「オランダは現代のフェニキア（Phenicia）になった。シェルト（Sheldt）河の女王オランダ連邦は、アントワープ（Antwerp）の海への出口を閉鎖してこの豊かな都市の商業上の力を引き継いだ。アントワープは、十五世紀にベニスの大使がベニス自身に比較したほど豊かであった。（中略）

オランダ共和国の海軍力と商業力は急速に発展した。オランダの商船隊だけで一万隻、船員は十六万八千人を数え、二十六万人の住民を養っていた。オランダはヨーロッパの運送業の大部分をすでに占有していたが、講和後はさらにアメリカ、スペイン間の全商品の輸送を独占した。フランスの諸港に対しても同じ業務を実施して三千六百万フランの輸入品の輸送を維持した。（中略）あらゆる海でオランダ船によって輸送される年間の商品の総額は十億フラン以上に達した。当代の言葉を使えば、オランダはすべての海洋の御者になったのである」。

オランダがこうしてその海上貿易を発展させることができたのは、その植民地を通じてであった。オランダは東洋のすべての産物を独占していた。一六〇二年に設立された強力な東インド会社は、ポルトガル人から取り上げた領土をもってアジアに一つの帝国を作り上げた。一六五〇年には喜望峰の女王となり、オランダの船舶のために停泊場を確保した。同社はセイロンにおいて、またマラバー（Malabar）やコロマンデル（Coromandel）の海岸において主権者として君臨した。同社はバタビア（Batauia）〔今日のジャカルタ〕を政庁の所在地とし、通商をシナ〔中国〕及び日本にまで拡大した。

一方西インド会社は、東インド会社より迅速に興隆したものの、それほど長続きはしなかった。同社は八百隻の軍艦及び商船に配員していた。そしてそれらを使ってギニア(Guinea)及びブラジルにおけるポルトガル勢力の残りものを奪い取った。

当時オランダの植民地は東方の諸海域にまたがって、インド、マラッカ、ジャワ、モルッカ諸島、並びにオーストラリアの北方に横たわる広大な群島の各地に分散していた。オランダはアメリカ西海岸に領土を持ち、ニューアムステルダムの植民地はまだその手中にあった。南アメリカにおいてはオランダの西インド会社はブラジルのバイア(Bahia)から北方に三百リーグ〔一リーグはほぼ三マイル〕にわたる海岸地域を所有していた。しかし最近その多くはオランダの手を離れた。

オランダ連邦が重視され勢力を持っていたのは、その富と艦隊のおかげであった。スペイン王国と長期にわたって続けられた激しい闘争が成功裡に終り、休息と平和が約束されたかに見えたが、それは空しい夢に過ぎず、オランダ連邦の弔鐘となった。

スペインが敗れ、スペインがうわべだけでなく本当に弱いことがわかるや、スペインに対する恐怖が消えてほかの動機がこれに代わった。イギリスはオランダの貿易と海洋支配をほしがり、フランスはスペイン領ネーデルランドを望んだ。

英仏両競争相手国の連合攻撃の下に、オランダの本質的弱さがやがて感ぜられ目に見えるようになった。陸上からの攻撃に暴露し、人口が少く、また政府は国民の総力を結集するのに適せず、なかんづく十分な戦争準備をするのに不向きであったために、オランダ連邦及び国民はその興隆時よりも一層顕著かつ急速に衰退していこうとしていた。

しかし一六六〇年の時点においては、やがて来たるべき衰亡の兆候はまだ認められなかった。オランダは依然ヨーロッパの諸大国中第一級の地位にあった。一六五四年のイギリスとの戦争で海軍が驚くほどの無準備な状態を露呈したとはいえ、一方一六五七年にはその通商に対してフランスが加えた侮辱を実際にくい止めた。一年後にはデンマークとスウェーデンの間のバルト海の問題に介入し、スウェーデンが北方において優位を確立してオランダの害となるのを阻止した。オランダはスウェーデンをしてバルト海の入口を開放したままにしておかせ、自らはその入口の主人公としてとどまって、ほかのいずれの海軍もオランダとその支配を争うことはできなかった。オランダはその艦隊の優位、その地上部隊の勇猛、その外交の手ぎわのよさと堅固さなどによって、オランダ政府の威信を認めさせた。最近のイギリスとの戦争〔第一次英蘭戦争、一六五二―五四年〕によって弱体化し屈辱を受けたが、オランダは大国の地位に復帰した。この時点でイギリスではチャールズ二世が復位した。

オランダはゆるやかに結ばれた連邦で、行政は商業貴族と呼んでも不適当でないものによって行われた。派閥的な警戒心と商業精神という二つの要素が海軍に災いした。海軍は平時は適切に維持されなかった。艦隊内には必然的に競争者がおり、艦隊は統一された海軍というよりはむしろ海上の連合体といったものであって、士官たちの間には真の軍隊精神はほとんどなかった。

オランダ人以上に英雄的な国民はいなかった。オランダの海戦史は、ほかにそれ以上のものは確実になく、おそらくそれに匹敵するものもいないほどの、向こう見ずの冒険心や忍耐の例を示している。しかし明らかに専門的誇りや訓練の不足による軍人精神の欠如を示すような義務不履行や不正行為の例もまたあった。

政府は上記の理由によってすでに弱体であったが、さらに国民が二大党派に分かれて互いにひどく憎悪し合ったので、一層弱体化した。その一つは商人の党であって現に政権の座にあり、上述の連邦共和制を是としていた。他はオレンジ公の下に君主制を希望していた。共和党はもしできうればフランスとの同盟及び強い海軍を欲していた。オレンジ党はイギリスと強力な陸軍に好意を寄せていた。

政府がこのような状態にあり、人口も少い状況下にあって、莫大な富を持ち海外で活躍しているオランダ連邦は、あたかも興奮剤によって持ちこたえている人のようであった。人為的な強さはいつまでも続くものではない。しかし人口がイギリスとフランスのいずれよりもはるかに少いこの小国が、両国の単独の攻撃及び二年間にわたる同盟下の両国の攻撃のいずれに対してもよく耐え、撃破されなかったばかりでなく、ヨーロッパにおけるその地位を失わなかったことは、驚くべきことである。この驚嘆すべき成果は、一部は一人、二人の人の手腕に負うものの、主としてそのシーパワーのお陰であった。

イギリスの事情　イギリスの状況は、オランダとフランスのいずれとも異っていた。その政体は君主制で、真の権力は王の手中にあったものの、王は王国の政策を意のままに指導することはできなかった。王は国民の気風や希望を考慮に入れなければならなかった。チャールズはまず自分自身の利益をねらい、それからイギリスの利益をねらった。しかし過去の記憶が常に念頭にあったので、彼は何よりもまず父の悲運を招かないこと、また自分の放浪を繰り返さないことを固く決意していた。したがって危険が差し迫ってくると、彼はイギリス国民の感情を優先した。

チャールズ自身はオランダを嫌悪していた。彼はオランダの現政府が国内問題について彼の親戚であるオレンジ家に反対するので同政府を嫌っていた。また彼の追放時代に、オランダ共和国がクロムウエルとの和平条件の一つとして彼を国外に追放したために一層オランダを嫌っていた。チャールズは、ルイの政治的共感により、おそらく彼の旧教的先入主により、また大いにルイが払ってくれた金によりフランスに引きつけられていた。しかしこれらの自分自身の性向に従うに当たって、チャールズはイギリス国民のある決定的願望を考慮に入れなければならなかった。

イギリス国民は、オランダ人とは人種は同じだし情勢の諸条件も類似していたが、海洋と通商の支配をめぐって競争相手であると宣言されていた。そしてその競争において今やオランダ人がリードしていただけに、イギリス人は一層それをほしがった。

イギリス人は、自分たちの力の方が強いことを意識していたので、オランダの政治活動を支配したいとも思った。そしてイギリスが共和制〔一六四九―一六六〇年〕であった時代には、英蘭両政府の統一を押しつけようとすらした。

しかしルイ十四世の積極政策が一般に認識されるようになるや、イギリス国民は貴族も平民も、一世紀前にスペインにあったような大きな危険がフランスにあることを感じとった。もしスペイン領ネーデルランド（ベルギー）がフランスに移譲されると、それはフランスによるヨーロッパ征服に向うであろうし、オランダ及びイギリス両国のシーパワーにとって打撃になるであろう。というのは、シェルト河とアントワープ港は、スペインの弱さに乗じてオランダが押しつけた条約によって当時閉鎖されていたが、ルイがそのまま閉鎖しておくことを許すだろうとは考えられなかったからである。アントワープを商業のために再開放することは、アムステルダムにとってもロンドンにとっても同様に打撃となるであろう。

フランスに対する歴代の対抗心の復活とともに血族関係のきずながものをいい始めた。スペインの圧政に対抗してかつてオランダと同盟を結んだことが再び思い出された。さらに強力な動機である宗教的信仰の同一性によりイギリスとオランダは互いに接近していった。

同時にコルベールがフランスの商業と海軍を築き上げようとして大いにかつ組織的に努力したことが、英蘭両海洋国の警戒心を刺戟した。彼ら自身は競争相手であるが、彼らの領域に侵入する第三者に対して両国は本能的に立ち向ったのである。

チャールズは、これらのすべての動機による国民の圧力に抵抗することはできなかった。イギリスとオランダの間の戦争は終り、チャールズの死後両国は緊密な同盟を結んだのであった。

イギリスの商業はオランダほど手広く行われていなかったが、イギリス海軍はオランダ海軍よりも、特に組織と能率の点においてすぐれていた。厳格で熱心で敬虔なクロムウエル政府は、軍事力を基盤としており、りっぱな艦隊と陸軍の両者を作り上げることに成功した。護民官制の下におけるすぐれた士官のうちの幾人かの名前は、チャールズ治下の第一次英蘭戦争の物語に出てくるが、そのうちでもモンク（Monk）が第一位に立っていた。こうしてすぐれた気風と規律も、放縦な政府における官廷のえこひいきによる腐敗的な影響を受けて次第に失われていった。

オランダは一六六五年には海上ではイギリス一国に対しても全体から見て負けていたのであるが、一六七二年にはイギリス及びフランスの連合海軍に対しても幸運にも負けなかった。

その他のヨーロッパ諸国の事情　以上、海洋に臨んだ当時の四主要国たるスペイン、フランス、イギリス及びオランダの政策を形成し指導していた状況、勢力の程度及び目的をできる限り簡潔に概述した。海洋史の見地からは、これらの国が最も目立ちかつ最も頻繁に目にとまる。しかしほかの諸国も事件の経過に有力な影響を及ぼした。またわれわれの目的は単に海軍史にあるのではなくして、海軍力及び商業力が一般の歴史の経過に及ぼした影響を評価することにある。したがってほかのヨーロッパ諸国の状況も手短かに述べる必要がある。

当時アメリカはまだ歴史のページの上で、すなわち各国政府の政策において、目立った役割を演じるまでには至っていなかった。

当時ドイツは、オーストリアの大帝国と多数の小国とに分かれていた。小国の政策はいろいろ移り変っていたので、フランスはオーストリアに対するその伝統的な反対の政策をとり、できる限り多くの小国を合同してそれを自らの影響下に入れることをそのねらいとしていた。

オーストリアは一方においてフランスのこのような反対を受け、他方においては、衰退しつつあったもののなお強力なトルコからいつ攻撃されるかも知れないという差し迫った危険の中にあった。フランスの政策は長い間トルコと友好的関係を維持する傾向があった。それは単にオーストリアの牽制のためのみでなく、レバント（Levant）〔東部地中海沿岸諸国〕との貿易の拡大を願っていたからであった。コルベールはフランスのシーパワーを非常に熱心に求めていたので、このトルコとの同盟に賛成であった。当時ギリシヤとエジプトはトルコ帝国の一部であったことが想起されよう。

現在知られているようなプロシアはまだ存在しなかった。当時将来のプロシア王国の基礎が、ブランデンブルグ（Brandenburg）選挙侯によって作られつつあった。ブランデンブルグは強力な小国で、まだ完全にひとり立ちすることはできなかったが、正式に従属的立場に立つことは慎重に避けていた。

ポーランド王国はまだ存在していたが、その政府が弱体で不安定であったため、ヨーロッパ政局において最も紛争の種となりしかも重要な要素であった。そのためほかのすべての国は、何か予期しない事件が起こって競争相手を利することになりはせぬかと心配していた。ポーランドをまっすぐにかつ強力にしておくことは、フランスの伝統的な政策であった。

ロシアはなお水平線下にあった。ヨーロッパ諸国の仲間入りをしようとしていたが、まだそれを果たすには至っていなかった。

ロシアとバルト海に臨んだほかの諸国は、バルト海における優位をめぐって本来競争相手であった。ほかの諸国、なかんずく海洋諸国は、あらゆる海軍需品が安価に得られる資源地域としてバルト海に特別な利害関係を持っていた。スウェーデンとデンマークは当時は常に敵対的立場にあり、広く行われていた紛争において反対側に立っていた。過去の長い年月とルイ十四世の初期の戦争の期間中、スウェーデンはその大部分の間フランスと同盟関係にあった。スウェーデンはそういう心理的傾向にあった。

ヨーロッパの指導者ルイ十四世

ヨーロッパの一般情勢は上述のとおりであるが、いろいろな歯車を動かす原動力はルイ十四世の手中にあった。フランスの隣接諸国が弱体であったこと。膨大なフランス王国の資源がただ開発を待つばかりであったこと。彼の絶対的権力のため指導が統一されたこと。彼の統治の前半の間、非凡な能力を有する大臣たちの団結によって彼自身の実際的な才能と不屈の勤勉さが補佐されたこと。これらがすべて相まって、ヨーロッパのすべての国の政府は多かれ少なかれルイ十四世がとる措置に依存し、彼の指導に従わないまでも彼の指導によって決定させられた。

フランスを偉大にすることが彼の目的であった。そしてそれを推進するに当たり、彼には陸によるか又は海によるかの二つの選択の道があった。その一つをとれば他の途をとることは全く不可能になるというのではなかった。当時フランスは圧倒的に強力であった。しかし両方の道を同等の歩調で進むだけの力はなかった。

ルイは陸による膨張の道を選んだ。彼は当時のスペイン国王フィリップ (Philip) 四世の長女と結婚した。彼女は結婚の条約によって父王の遺産の相続権をすべて放棄していたが、この約束を無視するための口実を見つけ出すのは困難ではなかった。

スペイン王位を継ぐべき男子の継承者が非常に病弱であったため、彼がオーストリア皇統のスペイン王の最後のものとなるであろうことは明らかであった。フランスの皇子をスペイン王位につけようとする希望を抱いていたため、ルイは治世の残りの間誤まりを犯してフランスのシーパワーを結局破壊し、フランス国民に貧困をもたらした。ルイは全ヨーロッパのことを考慮しなければならなかったのであるが、彼はそれを理解しなかった。

ルイは巧妙な外交上の政策を用いて、スペインからその同盟国となりうるすべてのものを切り離した。しかし彼は二つの重大な誤まりを犯してフランスのシーパワーを傷つけた。

ポルトガルは二十年前まではスペイン王国に統合されていたし、ポルトガルに対する領有権は放棄されていなかった。ルイは、もしスペインが再びポルトガルを併合すれば、スペインは強くなり過ぎて、彼がその目的を達成することは容易でなくなるであろうと考えた。それを阻止するため、彼はなかんずくイギリスのチャールズ二世とポルトガルの王女との結婚を推進した。その結果ポルトガルはイギリスに、インドのボンベイとジブラルタル海峡のタンジール（Tangiers）を割譲した。

ここにおいてわれわれは、フランス王が陸による拡大を望むあまり、結果的にイギリスを地中海に招き入れ、イギリスとポルトガルの同盟を促したことを見るのである。ルイはスペインの王家が絶えることをすでに予知しており、したがってイベリア半島の両王国の統合をむしろ望むべきであっただけに、イギリスとポルトガルの同盟を促したことは一層奇妙であった。

実際問題としてポルトガルはイギリスの従属国かつ前進基地となり、その結果イギリスはナポレオン時代までイベリア半島に容易に上陸することができた。実にポルトガルはあまりにも弱体であったため、たとえスペインから独立しても、海洋を支配し、したがって容易にポルトガルに接近しうる国〔この場合はイギリス〕の支配下に入らざるを得なかったのである。ルイはスペインに対抗してポルトガルを支援し続け、その独立を確保した。彼はまたオランダに干渉して、オランダがポルトガルから奪取していたブラジルをポルトガルに返還させた。

一方においてルイは、チャールズ二世から英仏海峡に臨むダンケルクを割譲させた。同地はクロムウエルが奪取し、以後イギリスが使用していたところである。この譲渡は金のためになされたものであり、海上の見地からは許し得ざることであった。ダンケルクはイギリスにとってはフランスへの橋頭堡であった。他方フランスにとっては、ドーバー海峡及び北海におけるイギリス通商の敵であった私掠船の避難港であった。フランスのシーパワーが衰えるにつれ、イギリスは条約に次ぐ条約をもってダンケルクの港湾施設の撤去を強要した。

コルベールの行政　ところでルイの大臣のうち最も偉大で賢明であったコルベールは、精出して行政体制を整備しつつあった。それはフランスの富を増進しその基礎を固めることによって、王のはで目につく事業よりも一層確実な偉大さと繁栄をもたらすべきものであった。海上においてはオランダとイギリスの海運と通商に対して巧妙な積極政策をとった。しかしそれらは直ちに両国の憤激を買った。

大貿易会社を設立し、フランスの企業をバルト海、レバント、東インド諸島及び西インド諸島の方に向けさせた。フランスの製造業者を鼓舞し、大きな港の保税倉庫に商品を貯蔵することができるように関税法規を改正した。それによってヨーロッパの大倉庫としてのオランダの立場にフランスがとって代わろうとしたのである。フランスはその地理的位置によってそのような機能には非常によく適していた。一方外国船に対するトン税、国産船舶に対する直接奨励金、植民地との輸出入貿易の独占権をフランス船舶に与えようとする慎重で厳しい植民地関係法令、これらは相まってフランスの商船隊の成長を促した。

イギリスは直ちに報復した。オランダはイギリスよりも運送業が大きく、国内資源が少いため、一層深刻な脅威を受けた。一時は抗議しただけであったが、三年後にはオランダもまた報復した。

コルベールはフランスが現に生産国として、さらに将来ますます可能性のある生産国として大いに優れていることを頼みとして、定めた欲深い路線を着々と進むことを恐れなかった。その路線は大商船隊を築き上げるということにおいて、海軍艦艇に対する広範な基盤をつくるものであった。繁栄はたちまちもたらされた。彼が財政と海軍関係を担当したときは、フランスは全く混乱状態にあったが、それから十二年後には、すべてが隆盛を極め、すべてが富み栄えた。

世界の偉人の一人であるライプニッツ（Leibnitz）はルイに次のことを指摘した。もしフランスがその武力をエジプトに転ずるならば、地中海を支配し東方貿易を管制することにおいて、陸上における最も成功的な会戦以上の大きな勝利をオランダに対して収めるであろう。また緊要な王国内の平和を確保しながら、ヨーロッパにおける優越を確実にする海上の力を築き上げるであろう、と彼はいったのである。この覚書はルイに、陸上において栄光を求めることから、大シーパワーを保有することにおいてフランスの永続的な偉大さを求めるよう勧告したのである。

それから百年後、ルイ以上の偉人［ナポレオン］が、ライプニッツの指摘した路線によって自分自身及びフランスを偉大にしようとした。しかしナポレオンはルイと違って計画した任務を遂行しうるだけの海軍を持っていなかった。

ルイはあとで、彼の王国及び海軍が最高の効率にありながら、政策上の岐路に立つに当たり、フランスが海洋勢力になれないような路線をとった。この決定はコルベールを殺し、フランスの繁栄を破滅させた。イギリス海軍が戦争に次ぐ戦争によって海洋を席捲し、消耗戦を通じてイギリス島王国の富を確実に増大していった一方において、フランス貿易の海外資源が枯渇し、その結果フランスが悲惨な目にあうに及んで、フランス人は幾世代にもわたって後悔したのであった。ルイ十四世によって始められた誤まった政策のため、フランスはルイの次の代の時代にインドにおける将来有望な行路から脱落していった。

第二次蘭英戦争

ところで二つの海洋国イギリスとオランダは、フランスを不信の眼で見ながらも互いにより大きな恨みを抱いていた。それがますます大きくなり、チャールズ二世の用心がつのってついに戦争になった。真の原因は疑いもなく商業上の警戒心であり、紛争は直接貿易会社間の衝突から起こった。

戦闘行動はアフリカの西海岸において始まった。一六六四年にイギリスの一個戦隊が西海岸のオランダの交易基地数か所を制圧した後、ニューアムステルダム（現在のニューヨーク）に行ってそこを占領した。これらはすべて一六六五年二月の正式の宣戦布告以前に行われた。この戦争は疑いもなくイギリスでは好評であった。イギリス国民の本性は、モンクがいったといわれる次の言葉に現われている――「あれこれの理由が何だというのだ。われわれがほしいのは、現在オランダが持っている貿易をもっと持つことなのだ」。

貿易会社の要求にもかかわらず、オランダ政府がその戦争を喜んで回避したであろうことにも疑問の余地がほとんどなかった。しかしオランダは一六六二年に締結した防衛条約によってフランスに支援を求めた。ルイはオランダの要求をいやいやながらも認めた。しかしまだ若いフランス海軍は実質的には何の援助も与えなかった。

二つの海洋国間の戦争は全く海洋の戦争であり、すべての海洋の戦争が持つ一般的な特徴を備えていた。三つの大海戦が戦われた。第一回目は一六六五年六月一三日のノーフォーク（Norfolk）海岸のローウエストフト（Lowestoft）沖の海戦であった。第二回目は一六六六年六月一一日から一四日まで続いたドーバー海峡における海戦であった。それは四日間海戦として知られているが、フランスの著述家はしばしばこれをカレー海峡（Pas de Calais）の海戦と呼んでいる。そして第三回目は同年八月四日のノース・フォーランド（North Foreland）沖の海戦であった。第一回目と第三回目の海戦においてはイギリスが決定的勝利を収めたが、第二回目においてはオランダ艦隊が有利であった。

ローウエストフト海戦（一六六五年） ローウエストフト沖の第一回目の海戦におけるオランダの指揮官オプダム（Opdam）は、海軍々人ではなくして騎兵将校であった。彼は戦うべしとの極めて積極的な命令を受けていたようである。しかし現場の司令長官が当然持っているべき自由裁量の権限は彼には与えられていなかった。こうして戦場又は海上にある指揮官の権限を侵害することは、中央政府が最も陥りやすい誘惑の一つであり、それは一般に有害である。ルイ十四世の麾下提督中最も偉大であったツールビル（Touruille）はこうして彼自身の判断に反して全フランス海軍を危険にさらすことを余儀なくされた。

ローウエストフトの海戦において、オランダの前衛隊は敗走した。その少しあとでオプダムの直率部隊たる中央隊の後任提督のうちの一人が戦死した。その艦の乗員はパニック状態に陥り、士官たちから艦の指揮権を奪って戦場外に離脱した。他の十二ないし十三隻の艦がそれに続き、オランダの戦列に大きな間隙ができた。オランダ国民のりっぱな戦闘素質にもかかわらず、またイギリスの艦長たちよりもオランダの艦長たちの間により多くのすぐれた海軍軍人がいたことはおそらく本当であろうが、オランダ艦隊内にこのような事態が起こったのは、オランダ艦隊の規律や士官たちの気風が高くなかったことを物語っている。専門的誇りや軍人としての名誉心を鼓舞するのは建全な軍事機構の目的である。オランダ人は生来堅実で勇武であるが、それだけで軍人としての誇りや名誉心を完全に養うことはできなかった。

オプダムは戦闘が自分に不利に進みつつあるのを見て絶望感にとりつかれたように見える。彼の艦は爆破し、そのすぐあと三隻ないし四隻ともいわれる艦が互いに衝突した。このグループは一隻の火船によって焼かれた。他の三隻ないし四隻がその少しあとで一隻ずつ同じ運命をたどった。オランダ艦隊は今や混乱状態に陥ったが、ヴァン・トロンプの戦隊の支援の下に避退した。

四日間海戦（一六六六年） 有名な一六六六年六月の四日間海戦は、双方ともに参加艦艇が多く、なおまた何日間も引き続いて激戦を続けたにもかかわらず、人々の肉体的耐久力が並はずれて強かったのみでなく、双方の司令長官のモンク及びデ・ロイテルが十七世紀にそれぞれの国が生んだ最も傑出した海軍々人、いやむしろ海上指揮官であった点において注目に値する。モンクはイギリス海軍の歴史においてはあるいはブレーク（Blake）より劣っていたかも知れない。しかしデ・ロイテルがオランダ海軍においてのみならずその時代のすべての海軍士官の間においても第一級の人物であったことには定評がある。

両艦隊の兵力は、イギリス艦隊が約八十隻で、オランダ艦隊は約百隻であった。ただし隻数における不均等は、イギリスの軍艦の多くがオランダの軍艦より大型であったことによって大いに補われた。

海戦の直前にロンドンの政府は大きな戦略上の誤まりを犯した。王はフランスの一戦隊がオランダ艦隊に合同するため大西洋から回航の途上にあるとの報告を受けた。そこで王は直ちにイギリス艦隊を二分し、ルパート（Rupert）王子麾下の二十隻の艦艇を西航してフランス戦隊を要撃させるとともに、モンク麾下の残りの部隊を東航してオランダ艦隊に対応させることにした。

二方向からの攻撃の脅威に直面したイギリス艦隊のような立場に立てば、指揮官は最も微妙な誘惑の一つにかられる。チャールズがやったように、麾下の兵力を二分して両方の敵に対処しようとする非常に強い衝動にかられるのである。しかし圧倒的な兵力を擁する以外はそれは誤まりである。二分した各隊は各個撃破の危険にさらされる。この場合はそれが実際に起こった。

前半の二日間の戦闘の結果は、モンク麾下の大きい方のイギリス部隊にとっては悲惨であった。その結果モンクはルパートの方へ避退せざるを得なかった。そしておそらくルパート部隊の機宜に適した帰還だけのお陰で、イギリス艦隊は非常に深刻な損害を受けずにすみ、また少くとも自国の港湾に閉じこめられることから救われた。それから百四十年あと、トラファルガルの海戦の前にビスケー湾で演ぜられた面白い戦略的ゲームにおいて、イギリスの提督コーンウオリス（Cornwallis）は麾下の艦隊を二等分し、互いに支援可能な距離以上に遠く離して全く同じ誤まりを犯した。

四日間海戦の損害は、かなり公平な記録によると「オランダは三名の副司令官、二千名の兵員及び四隻の艦艇を失った。イギリス艦隊の損害は戦死五千名、捕虜三千名で、そのほかに艦艇十七隻を失い、そのうち九隻は勝者に捕えられた」のであった。

イギリス艦隊が大敗したこと、またそれが全く大分遣隊を別の方向に派遣して艦隊を弱体化した最初の誤まりによるものであることは疑いない。大分遣隊の派遣はときには必要悪である。しかしこの場合はその必要はなかった。フランス艦隊が接近しつつあったとしても、イギリス艦隊にとって適当な行動方針は、フランス艦隊が来着するまでに全艦隊をもってオランダ艦隊を攻撃することであった。この教訓は今日においても適用することができる。

第二の教訓は、同様に今日も適用しうるのであるが、正しい軍人精神、誇り及び規律を教えこむ健全な軍事制度が必要なことである。イギリス艦隊の最初の誤まりは大きく、その損害は深刻であった。しかしもしモンクの部下たちにモンクの計画を遂行した際の高い精神と技量がなかったならば、またもしオランダの部下指揮官たちがイギリスの部下指揮官たちと同じようにロイテルを支援していたならば、イギリス艦隊の損害はそれよりはるかに大きかったであろうことは疑問の余地がない。

オランダ政府は支出を嫌い、オランダ艦隊が単なる武装商船の集まりに転落していくのを放置していた。クロムウエルの時代にはすべては最悪の状態にあった。その戦争の厳しい教訓に教えられ、オランダ連邦は有能な統治者の下に問題を改善すべく大いに努力した。しかしまだ全幅の能率を発揮するまでには至らなかった。

第3章　英仏同盟の対オランダ戦争とフランスの対欧州連合戦争

ルイ十四世の西領ネーデルランド侵略

ブレダ(Breda)の平和条約締結の少し前にルイ十四世は、スペイン領ネーデルランド(Netherland)とフランシェ・コンテ(Franche Conté)の一部の奪取に向って第一歩を踏み出した。彼の軍隊が前進を始めるのと同時に、彼は問題の領土に対する自分の主張を述べた国書を送った。この文書は誤解のおそれのないほどはっきりとこの若い国王の野心的性格を現わしており、ヨーロッパの懸念を掻き立てた。イギリスの大臣の心からの協力を得てオランダ主導の下に、イギリス、オランダ両国とそれまでフランスの友好国であったスウェーデンは同盟を結んだ。その目的は、ルイの力が大きくなり過ぎないうちに彼の前進を阻止することにあった。

ルイはまず一六六七年にネーデルランド、次いで一六六七年にフランシェ・コンテを攻撃した。両者ともほとんど反撃もなしにフランスの手に落ちた。

オランダの政策、英蘭瑞三国同盟

このときのルイの主張に対するオランダ連邦の政策は次の一語に尽きた。それは「フランスは友邦としては良いが隣国としては良くない」ということであった。オランダはフランスとの伝統的な同盟は破棄したくなかったが、それと国境を接することはそれ以上に望んでいなかった。

イギリス国民の考え方は国王の方針とは違ってオランダに対して好意的であった。ルイが強大になることは全ヨーロッパにとって危険であると彼らは見ていた。特にルイが大陸において優位を確立し、自由にシーパワーを発展することができるようになれば、イギリス自身にとっても危険であると考えていた。

これらの考慮から英蘭両国は前述のスウェーデンとの三国同盟に加盟したのであった。この同盟は一時はルイの対外進出を抑制した。しかし英蘭両海洋国はつい最近戦争したばかりであり、特にイギリスにとってオランダ艦隊によるテームズ河における屈辱はあまりにも苦々しい思い出であった。また両国間に対抗心が事実依然ありかつその根は深かつた。このためこの同盟は長続きするものではなかった。

ルイ十四世の憤激

ルイは三国同盟を深く怒った。彼の怒りは主としてオランダに向けられた。しかし、スペインの王統は近く絶えそうであり、そのときはフランスの東側にある領土のみならずそれ以上のものを取ってやろうという野心を彼は抱いていた。このためルイも当分の間はオランダに対し容易に譲歩するかに見えた。が、彼はそのときからオランダの撃破を決意していたのである。この政策はリシュリュー(Rechelieu)が定めた政策に全く反し、またフランスの真の繁栄にも反するものであった。

オランダ連邦がフランスによって侵害されないことが、少くとも当時はイギリスにとって利益であった。しかしフランスにとっては、オランダがイギリスに従属しない方がもっと利益であった。イギリスは大陸の紛争にはかかわりがないので、単独でフランスと海上で争うことができよう。しかしフランスはその大陸における政治に妨げられて、同盟国なしにはイギリスから制海権を奪うことは望み得なかった。にもかかわらずルイは、この同盟国たるべきオランダを撃破しようとして、イギリスに助力を求めたのである。その最後的結果はすでに知られているとおりである。以下、その闘争の大要を述べよう。

ライプニッツのエジプト奪取提案

ルイがその目的に向って行動に移る前に、別の行動方針がルイに提案された。さきに述べたライプニッツ(Leibnitz)の提案がそれである。それは、ルイが当時定めていた路線を逆転して、大陸における拡張は第二義的目標とし、海のかなたへの発展を主要目標とすべきだというものであった。その傾向は明瞭かつ必然的にフランスの偉力の基盤を海洋と通商の支配に置いていた。

当時のフランスに提示された当面の目標は、エジプトの征服であった。エジプトは地中海と東方海域の両方に面している。したがってエジプトを征服すれば、今日ではスエズ運河によって完成されている大通商路を支配することができよう。もっとも、喜望峰回りの航路の発見により、その通商路の価値の多くはすでに失われていた。さらにその通過する海域は不安定で、しかも海賊が跳梁していた。しかし真に強力な海軍を保有しこの枢要な地点を占領するならば、この通商路の価値は大いに回復されるであろう。オットマン（Ottoman）帝国はすでに衰微状態にあった。したがってかかる海軍力がエジプトに配備されるならば、インド及び極東の貿易のみならず、レバント（Levant）貿易をも支配したであろう。しかしその計画はそこでとどまることはできなかったであろう。地中海を支配し、また頑迷な回教徒によってキリスト教徒の船が閉め出されている紅海を開放する必要から、エジプトのいずれかの側の拠点を占領せざるを得なくなるであろう。こうしてフランスはイギリスがしたように、一歩一歩と一大海洋国への途をたどっていったであろう。

ライプニッツの覚書

ライプニッツの覚書は次のように述べている。――「東方のオランダたるエジプトの征服は、オランダ連邦の征服よりはるかに容易である。フランスは西方においては平和を、遠方においては戦争を必要としている。オランダと戦争をすれば、おそらく新しいインドの会社並びにフランスが最近修復した植民地と通商が破壊されるであろう。……オランダ人はその沿岸の諸都市に退き、そこで全く安全な状態の下で守勢に立ち、海上において大きな成功の機会をもって攻勢を取るであろう。……エジプトを保有するものは誰でも、インド洋のすべての海岸と島を手に入れるであろう。オランダを征服するのはエジプトにおいてである。オランダを繁栄させた唯一のものたる東方の宝庫をオランダから奪い取るのはエジプトにおいてである。……反対に、もしオランダの本国を攻撃すれば、オランダは侵略を受けとめることができよう。それのみならずフランスの見解を野心ではないかと疑うヨーロッパの世論に支えられて、フランスに復讐することができるであろう」。

ルイ十四世とチャールズ二世の取り引き

ライプニッツの覚書は無駄だった。ルイ十四世はオランダを孤立させこれを包囲するために、大規模な外交戦略を展開した。

ルイの努力は大体において成功した。三国同盟は崩壊した。イギリス王は国民の願望に反してフランスと同盟を結んだ。そして戦争が始まったとき、オランダはスペインとブランデルブルグ(Brandenburg)選挙侯以外にはヨーロッパで同盟国を持っていなかった。しかもスペインはすでに疲弊し切っており、ブランデブルグは当時決して一流国ではなかった。

それにもかかわらずルイはチャールズ二世の援助を得るために、多額の金を彼に支払うのみならず、オランダとベルギーから奪うもののうちワルチェレン(Walcheren)、スライス(Slys)、カドサンド(Cadsand)並びにゴリー(Goree)とボーン(Voorn)島さえもイギリスに与えると約束した。すなわちシェルト（Scheldt）河及びミューズ（Meuse）河の大商業河川の河口の支配権をイギリスに与える約束をしたのであった。

英仏両国の連合艦隊については、イギリスの将旗を掲げた士官が最高指揮をとることが合意された。海軍の先後任の問題は、フランスの提督を海上に送らないことで保留になったが、事実上はフランスが譲歩したのである。ルイはオランダの撃滅と大陸における領土の拡張に熱中した結果、海上の勢力については明らかにイギリスの有利になるように行動した。

英仏両王の対オランダ宣戦

オランダは戦争回避のためあらゆる外交努力を払った。しかしチャールズとルイはオランダを嫌悪していかなる譲歩もついに受け入れなかった。オランダはいかなる譲歩も無駄であることをついに見てとり、二月に七十五隻の戦列艦とほかに小型艦艇を就役させた。イギリスは三月二十三日に宣戦の布告なしにオランダの商船隊を攻撃し、二十九日に宣戦を布告した。次いでルイ十四世も四月六日に宣戦を布告した。

オランダの海軍戦略とロイテルの戦術

この戦争中海上においては、イギリス、オランダ両国間の第三回目のしかも最後の大海戦が行われた。しかしこの戦争は前の諸戦争のように純然たる海上の戦争ではなかった。

この海軍の戦争は、それ以前の戦争とは異っていた。その最も顕著な特徴は、オランダが最初の一回を除き、敵を要撃するために艦隊を派遣することをせずに、オランダの危険な海岸や浅瀬を戦略的に利用するといってよいような行動をとったことである。オランダは絶望的に不利な条件のためにこの方針を取らざるを得なかったのである。しかし彼らは浅瀬を単なるシェルターとして使用したのではない。彼らが戦った戦いは守勢的攻勢(defensive offense)であった。風が同盟艦隊の方に有利なときは、ロイテル(Ruyter)は味方の島かげにかくれ、ないしは少くとも敵があえて追跡してこないような場所にとどまっていた。しかし風が彼自身の戦法で攻撃するのに都合が良いようになれば、彼は反転して敵を攻撃した。

イギリス艦隊はかっての豪勇さをもって戦ったが、規律は以前より劣っていた。一方オランダ艦隊は持続的かつ全軍一致の活気ある攻撃をしたが、これはオランダ海軍が軍事的に大いに進歩したことを物語っている。フランス艦隊の行動にはしばしば不審な点があった。ルイが彼の提督に対し艦隊を節約して使用するよう命令したといわれていた。イギリスがフランスと同盟関係にあった二年間の終りごろには、ルイがそのような命令を出したと信ずべき十分な理由がある。

ソールベイの海戦

オランダ当局はブレストのフランス艦隊がテームズ河にいるイギリス艦隊に合同しようとしている

のを知って、その合同前にイギリス艦隊を攻撃すべく艦隊の戦備に大いに努めた。しかしオランダの海軍行政における中央集権化が惨めなほど欠けていたためこの計画は失敗した。同盟国の艦隊の来着前に本国海域にいるイギリス艦隊に対し優勢な兵力をもって一撃を加えることは正しい軍事構想であった。戦後の戦史から判断しても、もしそれが成功していたならば戦争の全経過に深遠な影響を与えたであろうことは十分考えられる。

ロイテルは出撃し、英仏同盟艦隊に遭遇した。しかし、彼は戦う意図を十分持っていたのだが、敵前で自国の海岸の方へ引き返した。同盟艦隊はそこまでロイテルを追撃することなく、イギリスの東海岸、テームズ河口の約九〇マイル北方のサウスウオルド（Southwold）湾に退いた。明らかに十分な安全のためであった。同盟艦隊はそこで三つの部隊に分かれて錨泊した。

ロイテルは連合艦隊を追った。オランダ艦隊は一六七二年六月七日の朝、追風を受けて連合艦隊に向った。連合艦隊は真水補給のため多数のボートと人員を陸上に送っていた。風は海岸に向って吹いており、連合艦隊は不利な立場にあった。彼らはまず出港しなければならなかった。また陣形を整えるために後退する時間も場所的余裕もなかった。

大部分の艦は錯鎖を切断して出航し、英仏両艦隊はそれぞれ異った方向に向って行進を起こした。こうして両艦隊が分離したまま戦闘が始まった。ロイテルは一隊を派遣してフランス艦隊を攻撃させた、というよりは抑制させた。一方ロイテルは、明らかに優勢な兵力をもって二隊のイギリス部隊を激しく攻撃した。イギリスの歴史家はオランダ側が三対二で優勢だったといっている。

この海戦を単に一つの海戦と見るならば、その結果は決定的でなかった。双方ともに甚大な損害を受けた。しかし名誉と実質的な有利さはオランダ艦隊、というよりはロイテルに帰せられた。彼は後退すると見せかけて連合艦隊を術中に陥れ、そこで引き返して彼らの無準備のところを奇襲したのであった。

この海戦が戦争の経過に及ぼした影響

この海戦は普通サウスウオルド湾の海戦とかソールベイ（Solebay）の海戦とか呼ばれている。その事実上の結果は全面的にオランダ側に有利であった。英仏連合艦隊はジーランド（Zealand）の沿岸を急襲することによってフランス陸軍の作戦を支援することになっていた。しかし連合艦隊はロイテルの攻撃を受けて大きな損害を被りまた弾薬を消耗したため、艦隊の出撃を一ヵ月延期した。当時オランダ連邦は陸上においてほとんど絶望的な状態に陥っていたので、この英仏連合艦隊の出撃の延期は重要であるのみならず死活的な牽制になった。

オランダにおけるフランス軍の会戦

陸上の会戦の経過をここで簡単に述べなければならない。五月の初めにフランス陸軍は数個軍団に分かれて進撃し、スペイン領ネーデルランドの外縁を通り、南と東からオランダに対し攻撃を指向した。ルイは重要な場所を監視しただけであったが、第二流の諸都市は降伏の勧告を受けるやほとんど直ちに降伏した。一カ月以内にフランス軍は進撃途上のすべてを占領してオランダの中心に達した。その前面にはフランス軍の進撃を阻止するのに十分な組織的兵力は残っていなかった。ソールベイ海戦後二週間で恐怖と混乱がオランダ共和国の全土に広がった。

六月十五日にオランダ大行政長官は、ルイ十四世に代表団を送り、講和条件を示すよう要請することについて議会の承認を得た。交渉が進行中にオランダの諸都市は引き続いて降伏していった。

交渉は続けられた。市長たち（富裕階級及び商人たちを代表する人たち）は降伏に賛成であった。彼らは自分たちの財産と貿易が破壊されることを恐れたのである。新しい提案がなされた。しかし使節団がまだルイの陣営内にいる間に、一般民衆とオレンジ党が立ち上り、彼らとともに抵抗精神も湧き上った。

国民の熱意と国家の誇りから生まれた抵抗は、ルイ十四世の過大な要求によって強化された。一方ヨーロッパの他の諸国もこの危険に目覚めつつあった。ドイツ皇帝、ブランデンブルグ選挙候及びスペイン王がオランダを支持すると宣言した。またスウェーデンは名目上はフランスと同盟関係にあったが、オランダの破滅を見るのを喜ばなかった。それはイギリスのシーパワーを利することになるからであった。それでも翌年の一六七三年はフランスにとって希望をもつて明け、イギリス王はフランスとの盟約における自国の海上の役割を果たす準備ができていた。しかし一方オランダはオレンジ家のウイリアム（William）の確固たる指導の下に、また揺るぎなき海上支配をもって、前年オランダ自身が提案した講和条件の受諾を拒否した。

テキセルの海戦

一六七三年には三つの海戦があったが、すべてオランダ連邦の沿岸近くで戦われた。はじめの二つは六月七日及び六月十四日にショーネウエルト（Schoneueldt）沖で戦われ、その地名からショーネウェルト沖海戦と呼ばれている。三番目は八月二十一日に戦われ、テキセル（Texel）の海戦として知られている。これら三つのすべての海戦においてロイテルは、攻撃は自ら好機を選んで行い、自国の海岸の防衛に適当なときには後退した。

英仏連合艦隊がその目的を達成し、海岸に対してなんらかの牽制を行い、他方において甚だしく逼迫したオランダの海上資源を弱めるためには、まずロイテルの艦隊を首尾よく始末する必要があった。偉大なロイテル提督もオランダ政府もともにこのことを感じとり次の決定を行った。すなわち「敵を監視するため、艦隊はショーネウエルト水路又はオステンド（Ostend）寄りの少し南方に配備すべきこと。もし攻撃されるか又は敵艦隊がオランダ連邦沿岸の急襲配備につくのを認めたならば、敵の企図に対抗し敵の艦艇を撃破することによって激しく抵抗すべきこと」というのであった。

英仏艦隊はイギリスのチャールズ二世の第一の従兄弟ルパート（Rupert）王子がこれを指揮し、フランス艦隊はソールベイ海戦当時の司令ダストレ（d'Estées）中将の指揮下にあった。

八月二十日にオランダ艦隊がテキセルとミューズ河の間を航行中であるのが認められた。ルパートは直ちに戦闘準備を整えた。しかしロイテルは、敵が風上側にあって攻撃方法の選択権を持っていたので、敵があえて近づかないほど海岸近くに接岸した。ロイテルはこの付近の地理をよく知っていたからである。

しかし夜のうちに風は変って陸から沖の方へ吹き始めた。八月二十一日の日出時にオランダ艦隊は「全帆を展張して勇敢に戦闘に突入した」。

英仏連合艦隊は風下側にあり、フランス艦隊が前方に、ルパートが中央にあり、後方隊はサー・エドワード・スプラーゲ（Edward Sprage）が指揮していた。ロイテルは麾下の艦隊を三分し、わずか十隻ないし十二隻の艦から成る先頭隊をフランス艦隊にあて、爾余の部隊をもって中央及び後方にあるイギリス艦隊を攻撃した。イギリスの兵力見積りによれば、イギリス六十隻、フランス三十隻、オランダ七十隻となっている。もしこの見積りを受け入れるとすれば、ロイテルの攻撃計画はソールベイの場合と同様、フランス艦隊は単にこれを牽制するだけで、イギリス艦隊とは互格の条件で戦うことができるものであった。

ルパートは、前方隊と後方隊の不適切な行動によって両隊から見棄てられた形になり、単独にロイテルと戦う破目に陥った。ロイテルは麾下の前方隊の応援を受けて、連合艦隊の中央隊の後部をさらに分断し、敵の残りの二十隻を麾下のおそらく三十隻ないし四十隻をもって包囲するという手際の良さを示した。しかしロイテルのすぐれた技量をもってしても、おそらく極めて短時間の間を除き、イギリス艦隊と互格の条件で戦うことが限度であったことは記憶にとどめておく必要がある。ロイテルも総兵力における劣勢は十分にこれを克服し得なかったのである。したがってイギリス艦隊とオランダ艦隊の損害は大きかったであろうし、おそらくほぼ同等であったであろう。

ルパートはついに敵から離脱した。ロイテルはルパートを追った。午後四時に双方、中央隊と後方隊を合同し、五時ごろ新たな戦闘が始まり七時まで続いた。そこでロイテルは引き揚げた。おそらくフランス艦隊が近づいてきたためであろう。フランス艦隊はそのころルパートと合同した。これで戦闘は終った。

この戦闘は、この戦争におけるそれまでのすべての戦闘と同様引き分けの戦いということができよう。しかしそれに対するイギリスの歴史家の判断は疑問の余地なく正しい。すなわち「オランダ艦隊がその司令官の慎重さによって収めた成果は極めて大きいものがあった。彼らは全く封鎖されていた諸港湾を開放し、敵の来襲の可能性を取り除くことによって、敵が侵攻してくるかも知れないという一切の心配に終止符を打ったからである」。

軍人としてのロイテルの性格

オランダとイギリスが海洋の支配権をめぐって互格の条件で戦ってきた長い一連の戦争は、テキセルの海戦をもってその幕を閉じた。この海戦においてオランダ海軍の能率は最高の状態にあり、同海軍が最大の誇りとするデ・ロイテルは栄光の絶頂にあった。彼は今や六十六才で老境に入ってすでに久しいが、軍人としての気力は少しも失っていなかった。その攻撃は八年前と同様に激しく、彼の判断力が前回の戦争の経験を経て急速に円熟していたことは明らかであった。彼が親密な共感を寄せていた偉大な行政長官デ・ウイットの下で、オランダ海軍には今や明らかに規律と健全な軍事的気風が見られたが、それは大いに彼に負うところがあったに違いない。彼は英・蘭二大海洋国の間のこの最後の戦いにおもむき、自らの天才を十分に発揮し、みごとに鍛えた艦隊を自ら指揮し、名誉ある劣勢の不利の下に祖国を救った。彼は使命を達成したが、それは勇気だけによったのではない。勇気、先見の明及びすぐれた技量によって達成したのであった。

テキセルにおけるデ・ロイテルの攻撃法は、その一般方針においてトラファルガルにおけるネルソンの攻撃法と同じであった。すなわち敵の前方隊を無視して中央隊と後方隊を攻撃したのである。しかし彼はネルソン以上に不利な条件にあったので、彼の収めた成功はネルソンに比べて少なかった。

対仏同盟と英蘭講和

テキセルの海戦から九日あとの一六七三年八月三十日に、一方はオランダ、他方はスペイン、ローレン（Lorraine）及ぶドイツ皇帝の間に正式の同盟が締結された。ルイはほとんどそのあと、オランダに比較的穏やかな条件を提起した。しかしオランダは新しい同盟国が自国の側にでき、背後はしっかりと海に寄りかかり海によって支えられていたので、断固としてフランスにあたった。

イギリスにおいては、国民と議会の不平の声はますます高まっていった。また国民の王に対する不信の念とともにプロテスタントの感情とフランスに対する昔からの敵意が日ごとにつのっていった。チャールズ自身のオランダに対する憎悪の念は少しも減っていなかったが、彼も譲歩せざるを得なくなった。

ルイは四囲の情勢の悪化を見、チューレーヌ（Turenne）の勧告に従い、危険なまでに前に進み過ぎていたオランダの拠点から撤兵し、スペインとドイツのオーストリア家との戦争は続けながら、オランダとは単独講和を結ぼうとした。こうしてルイはリシュリューの政策に立ち返り、オランダは救われた。

一六七四年二月十九日にイギリスとオランダの間に平和条約が調印された。オランダはスペインのフィニステール（Finisterre）岬からノルウェーに至る間において英国旗の絶対的優位を認め、賠償金を支払った。

イギリスは戦争から離脱し、残りの四年間中立を保った。そのためこの戦争は必然的に一層非海洋的なものになった。フランス王は、麾下の海軍が兵力量においても能率においても単独でオランダ海軍と戦いうるとは考えていなかった。そこで王はフランス海軍を大西洋から引き揚げて海上作戦を地中海に限定し、ただ一、二度、半私掠船的遠征隊を西インド諸島に派遣した。

一方オランダは海正面においては危険がなくなり、また短期間を除きフランス海岸に対して本気の作戦を行うことは考えていなかったので、海軍の兵力を削減した。そこで戦争はますます大陸の戦争になっていった。

シシリーの対西反乱

もう一つの海上での闘争が、スペインの統治に反対するシシリー島民の反乱から地中海で起こった。彼らはフランスに援助を求め、フランスはスペインに対する牽制として援助を与えた。しかしシシリー作戦は枝葉の問題以上には発展しなかった。しかしそれが海軍の関心を引くのは、ロイテルが再び舞台に現われたため、しかもデュクスン（Duquesne）の相手として現われたためであった。デュクスンは、当時フランス海軍で抜きんでて有名であったツールビルと同等と思われ、あるものからはそれ以上とすら思われていたからである。

一六七四年七月にメッシナ（Messina）で反乱が起こり、フランス王は直ちに同市を彼の保護下に置いた。スペイン海軍は徹頭徹尾拙劣に、全く非能率的に動いたように思われる。翌一六七五年のはじめにはフランス軍は安全に同市に地歩を確立した。

同年中に地中海のフランス海軍は大いに増強された。スペインはシシリー島を自ら守ることができないので、オランダに艦隊の派遣を求め、その費用はスペインが負担すると申し出た。当時オランダは戦争で疲弊していたので、かつてフランス及びイギリスに対抗させたような巨大な艦隊を準備することはできなかった。オランダはスペインの要請を聞き入れて、デ・ロイテル指揮の下にわずか十八隻の軍艦と四隻の火船から成る艦隊を派遣した。フランス海軍の増大に注目していたロイテル提督は、この兵力はあまりにも少な過ぎるといい、精神的には沈んでいたが、いつものとおり冷静に運命を甘受して出発した。

〔一六七六年一月八日に両艦隊の間でストロンボリ（Stronboli）の海戦が戦われた。その後四月二十二日に両艦隊は再びアゴスタ（Agosta）沖で遭遇した。その海戦は軽微な戦闘にとどまったが、デ・ロイテルは敵弾を受けて致命的重傷を負い、その一週間後にシラクサ（Siracusa）で死んだ。彼の死とともに海上における抵抗の最後の望みも絶えた。一月後にスペインとオランダの艦隊はパレル

モ（Palermo）在泊中に攻撃を受け、その多くが撃破された。〕

英国、仏国に敵意を持つ

シシリー作戦は引き続いて単なる牽制作戦にとどまった。それがほとんど無視されたのは、ルイ十四世がいかに大陸の戦争に熱中していたかを物語っている。もし彼がエジプトと海上による膨張に注目していたならば、シシリーの価値について彼はいかに違った印象を抱いたことであろうか。

年月が経過するにつれ、イギリス国民はフランスに対してますます激昂していった。オランダが貿易上の競争相手であるということすらかげをひそめていくように見えた。イギリスはそれまでフランスの同盟国として戦争に加わっていたのだが、その戦争がまだ終わらないうちにフランスに対して武器を取りそうになった。イギリスはフランスに対してねたみの念を抱いていたが、それに加えてフランス海軍の数的増強に注目していた。

チャールズ王はしばらくの間は議会の圧力に抵抗していた。しかし一六七八年一月に英蘭二海洋国の間に攻守同盟条約が締結された。王は、それまでフランス陸軍の一部として動いていたイギリスの地上部隊を召還した。そして二月に議会が再開されるや、九十隻の軍艦と三万人の陸兵の戦備を整えるための予算を要求した。そういうことになることを予期していたルイは、直ちにシシリーからの撤兵を命じた。彼は陸上からのイギリス軍の攻撃は恐れなかったが、海上においては二つの海洋国の連合にはまだ対抗できなかった。同時に彼はスペイン領ネーデルランドに対する攻撃を倍加した。彼はそれまで、イギリス軍艦を戦いに参加させないでおく望みがある限りは、ベルギー沿岸の問題でイギリス国民の感情を害するようなことを避けてきた。しかしもはやイギリス国民をなだめることはできなくなったので、スペイン領ネーデルランドに対する攻撃を強化することによって、オランダを恐怖に陥れることが最善の策と彼は考えたのである。

オランダの苦難

オランダ連邦は事実対仏同盟の大黒柱であった。ルイに対抗して連合した諸国の中で、大きさにおいては最も小さかったが、その統治者たるオレンジ公の性格と目的において、また富においては最強であった。その富によって同盟諸国の陸軍を支援しながら、貧乏で貪欲なドイツの諸侯を同盟に忠実ならしめた。オランダは強力なシーパワーの力によって、商業上及び海運上の能力によって、ほとんど単独で戦争の負担に耐えた。

しかし彼らの苦難も大きかった。オランダの通商はフランスの私掠船のえじきになって大損害を受けた。さらに、それまでオランダの繁栄に非常に大きく貢献していた諸外国間の運送業が他国の手に移ったことにより、オランダは間接的に計り知れない損害を受けた。イギリスが中立になると、このうまい商売はイギリス船の手に移っていった。ルイが熱心にイギリス国民をなだめようとしたため、イギリス船はそれだけ一層安全に諸海洋を航行することができたためである。ルイはまた通商条約の条項についてイギリスの要求に大幅に譲歩した。彼は、コルベールが当時まだか弱かったフランスのシーパワーの育成助長のためにとった保護措置の多くを撤回した。しかしこれらのご機嫌取りのえさも、イギリスを駆り立てていた情熱を一時的に押えただけであった。イギリスは私利私慾によってではなく、もっと強い動機によってフランスと断絶した。

ルイが講和の希望を示した以上、戦争を長引かせることは一層オランダのためにならないことであった。大陸の戦争はオランダにとってせいぜい必要悪であり、オランダ弱体化の根源であった。オランダが自国と同盟国の陸軍のために費した金は、オランダの海軍にとっては失われた金であった。海上における同国の繁栄の根源は消耗されつつあった。

その戦いが全くの消耗によってオランダのシーパワーを犠牲にし、それによって国際社会におけるオランダの地位を損じたことは疑問の余地がない。あるオランダの歴史家はこういっている――「オランダはフランスとイギリスの間に位置しているため、スペインから独立したあとは英仏のいずれかによって絶えず戦争に引きずりこまれた。戦争によって財政は枯渇し、海軍は壊滅し、貿易、生産及び商業は急速に衰退した。こうして平和を愛好する国民はいわれのない長期戦の圧力によって押しつぶされた。イギリスの友情がオランダにとって敵より以上に有害であったことがしばしばあった。一方が大きくなり、一方が小さくなるにつれ、それは巨人と小人との同盟になった」(デイビス『オランダ史』)。それまでオランダはイギリスの公然の敵であるか又は心からの競争相手であったが、それ以後は同盟国として現われてくる。そのいずれの場合においてもオランダはイギリスより国土が小さく、人口が少なく、情勢が不利のため被害者であった。

一六七八年八月十一日にオランダ連邦とフランスの間にニーメゲン(Nimeguen)平和条約が調印

された。その他の国もそのすぐあとで同条約に同意した。

ニーメゲン条約が仏蘭両国に及ぼした影響

この戦争の主受難者は当然のことながら、大きくなり過ぎ、しかもか弱い王国スペインであった。スペインはフランスに、フランシェ・コンテ及びスペイン領ネーデルランドの多数の要塞化された都市を割譲した。こうしてフランスの国境は東方と北東方に広がった。ルイはオランダ撃破のために戦争を始めたのであるが、オランダはヨーロッパにおいては寸土も失わず、ただ海のかなたでアフリカ西海岸とギアナ（Guiana）の植民地を失っただけであった。オランダが最初は安全を保ち、ついには首尾よく事態を収拾したのはそのシーパワーのお陰であった。そのシーパワーによってこそオランダは、極めて危険なときに救われ、その後この全面戦争に生き残ることができたのであった。ニーメゲンにおいて正式にその幕を閉じたこの大戦争に結末をつけるにあたって、シーパワーこそはその主要要素の一つであり、個々には他のいかなる要素にも劣らぬものであったということができよう。

それにもかかわらず、この戦争のためにオランダの国力は弱まり、その後も多年にわたって同様な緊張状態が続いてオランダは衰微していった。

しかしオランダよりはるかに大きいフランスにはいかなる影響を及ぼしたであろうか。当時まだ若かったフランス王の治世の輝やかしい始まりを示す多くの活動の中でも、コルベールの活動ほど重要でまた賢明に指導されたものはない。コルベールはまず、当時フランスが陥っていた混乱状態から財政を建て直し、次いで確固とした国家的富の基礎の上に財政を確立することをねらった。当時その富は全くフランスの手の届くところにはなかったのであるが、生産の奨励、健全な活動への貿易の刺戟、大商船隊、大海軍、そして植民地の拡張といった路線に沿ってその富を築き上げることになっていた。そのうちのあるものはシーパワーの根源であり、またあるものはシーパワーの実際の構成要素である。シーパワーこそは海に面した国にとって、たとえ国力のおもな根源でないにしても国力の不変の付属物であるということができよう。

かれこれ十二年の間は万事順調にいった。やがて次の二つの路線のうちのいずれをとるかを決定すべきときが来た。すなわち国民に大きな負担を課しながらも、国民の自然な活動を支持することなくむしろそれを妨害し、海洋の管制を不確実にして通商を破壊するような方向をとるべきか。それとも経費はかかるが、国境において平和を保ち、海洋の管制を志向し、また通商及び通商が依存するすべてのものに刺戟を与えることによって国が支出した金に全く等しくないにしてもそれに近い収入を挙げるような計画に着手すべきか。以上のいずれをとるかである。

これは空想画ではない。ルイがオランダに対してとった態度やその結果によってはじめて衝撃を受けたイギリスは、コルベールやライプニッツがフランスに期待していた結果をもたらすような路線をとった。そしてイギリスはルイの在世中にそれを実現した。ルイはオランダの運送業をイギリス船に渡し、イギリスが平和的にペンシルバニアとカロライナに植民し、ニューヨークとニュージャージーを奪取することを許した。ルイはイギリスの中立を得るためにフランスの通商の発展を犠牲にした。イギリスは急速に海洋国としての首位の座に近づいた。イギリスや個々のイギリス人の苦難がいかに大きかったにしても、戦時においてもイギリスが大いに繁栄したのは事実である。

フランスが自国の大陸における立場を忘れることも、大陸の戦争に全くかかわらないでいることもできなかったことは疑問の余地がない。しかしもしフランスが海洋国の路線をとっていたならば、多くの紛争から免れることができたし、結局は避けられなかったにしてもその紛争により容易に耐えることもできたであろうということは信じられよう。ニーメゲンの平和条約における損害は取り返すことのできないものではなかった。しかし「農業、通商、製造業及び植民地は戦争によって同様に大きな打撃を受けた。講和条件はフランスの領土や軍事力にとっては有利であったが、製造業にとっては大いに不利であった」（マーティン著『フランス史』）。商船隊は打ちのめされた。イギリスのしっとをかったフランス海軍のすばらしい成長は、根のない木のようなものであった。それは戦争の爆風の下にまもなくしおれてしまった。

第4章　イギリスの革命とアウグスブルグ同盟戦争（一六八八―一六九七）

ルイ十四世の侵略政策

ニーメゲン（Nimeguen）の平和条約締結後の十年間には、大きな戦争は一つも起こらなかった。しかしそれは、政治的に静かな時代というには程遠いものであった。ルイ十四世は平時においても戦時におけると同様にフランスの国境線を東方に押し広げることに没頭し、平和条約によって取得できなかったあちこちの領土を矢継ぎ早やにつかみ取っていった。

ルイは、冷静に自分の力を信じ、あらゆる方向において新たな敵をつくり、以前の友を遠ざけていった。しかしルイに対する不満の根が深くかつ広く一般的であったにしても、その組織化と指導が必要であった。そしてそれを組織し効果的に表現するのに必要な精神の持主は、やはりオランダのオレンジ公ウイリアム（William）であった。しかしその作業が熟するには時間が必要であった。

ルイが自らドイツの皇帝になるか、又は彼の息子を皇帝にしようとしていることは周知のことであった。しかし、オランダは、ウイリアムの希望にもかかわらず、再び同盟のための金庫になりたくはなかった。またドイツ皇帝も、その東方国境がハンガリーの叛徒やトルコによって脅かされていたので、あえて西方で戦争の危険を冒そうとはしなかった。

英蘭海軍の状況

一方フランス海軍は、コルベール（Colbert）の監督の下で日に日に兵力を増し効率を高めつつあった。また北アフリカ地方の海賊やその港を攻撃することによって戦争に習熟しつつあった。同じ期間にイギリスとオランダの海軍はともに兵力と能率において衰退しつつあった。一六八八年に、ウイリアムがイギリス遠征のためオランダの軍艦を必要としたとき、「海軍は兵力的に減勢しており、最も有能な指揮官たちがいなくなっていて」一六七二年当時の状況とは全く異っているといって反対された。イギリスにおいては、規律の低下に続いて物的な節約政策がとられ、逐次兵力は減少し、艦隊の状態はそこなわれていった。

ジェームズ二世の即位

一六八五年、チャールズは崩じ、ジェームズ（James）二世が即位した。ジェームズ二世は、彼自身海軍軍人であって、ロウエストフト（Lowestoft）及びサウスウォルド（Southwold）湾の海戦において最高指揮をとっており、海軍には特別の関心を持っていた。彼は海軍が衰微した実情を知っていた。彼は兵力と効率の両面においてそれを復旧するために直ちに措置をとった。それは周到かつ徹底したものであった。

ジェームズ二世の即位はルイにとっては有利であると期待されたが、それによって彼に対するヨーロッパの反対の動きが促進された。スチュアート（Stuart）家は、フランス王と密接に結ばれルイの絶対君主としての統治に賛同していた。このためフランスに対するイギリス国民の政治的、宗教的敵意を押えるために、ジェームズ二世はまだ強大であった王権を行使した。ジェームズはまた、同様な政治的共感のうえにローマカソリック教徒としての宗教的熱情にかられて、まさしくイギリス国民の反感をかき立てるように動いた。このため国民はついにジェームズ二世を王位から追放し、議会の決議によって王の娘メアリー（Mary）を王位に迎えた。メアリーの夫はオレンジ公ウイリアムであった。

アウグスブルグ同盟

ジェームズがイギリス王になったその年に、フランスに対抗して巨大な外交上の結合が始まった。この動きは、宗教上と政治上の二つの側面を持っていた。新教諸国は、フランス新教徒に対する迫害の増大に対して憤激した。彼らの怒りは、イギリスのジェームズの政策がますますローマに傾いていくにつれ、一層強くなった。北方の新教諸国、オランダ、スウェーデン及びブランデンブルグ（Brandenburg）は互いに同盟を結んだ。彼らはオーストリアとドイツの皇帝に支援を期待した。また政治的な不安と怒りといった動機を持っていたスペインその他のローマ旧教諸国にも支援を期待した。ドイツ皇帝はそのころトルコに対して成功を収めたので、フランスに対して手があいてきた。一六八六年七月九日にアウグスブルグ（Augsburg）において、ドイツ皇帝、スペイン王、スウェーデン王及びドイツの諸侯の間で秘密協定が調印された。その目的は最初はフランスのみに対する防衛的なものであった。しかし容易に攻勢的同盟に変えることのできるものであった。この盟約にはアウグスブルグ同盟という名称がつけられたので、二年後に起こった全面戦争はアウグスブルグ同盟戦争と呼ばれた。

イギリス革命

翌一六八七年にドイツ帝国はトルコとハンガリーに対してより大きい成功を収めた。同時にイギリス国民の不満とオレンジ公の野望はますます明らかになってきた。オレンジ公の望みは、ルイ十四世の力を永久に押えこむという自分の最大の政治的願望と確信を達成することにあった。しかしイギリス遠征のためには、ウイリアムはオランダから艦船、軍用資金及び兵員を得る必要があった。しかし、フランス王はジェームズを自分の同盟者だと宣言していたので、オランダ人は、もしイギリス遠征をすれば結局はフランスとの戦争になるだろうということを知っていてためらった。ときあたかもルイは、ニーメゲンにおいてオランダの貿易に与えていた譲歩を撤回することにした。こうして自分たちの物的利益に対して重大な損害が与えられたので、今までふらふら揺れていたオランダはついにフランスの反対に回った。それは一六八七年十一月のことであった。

長年の間悪化し続けていた事態は、ついに危機に達した。ルイとオレンジ公ウイリアムは積年の敵同士であり、その強い個性とその掲げる主義主張から当時のヨーロッパ政治における両雄であったが、その二人はまさに大行動に移ろうとしていた。

その気質においては専制的なウイリアムは、オランダの海岸に立ち、希望を抱いて自由なイギリスを望んでいた。彼とイギリスは一衣帯水をもって隔てられており、それはイギリスにとって防壁であるが、彼自身の目的に対しても今なお越え難い障壁であるかも知れなかった。というのは当時フランス王ルイは、もしやろうと思えば、海上を管制することができたからである。

フランスの全権力をその一手ににぎり、従前と同様目を東方に向けているルイは、ヨーロッパ大陸の諸国が彼に対抗して集っているのを見た。一方、彼の翼側には、心の底から敵意を持つイギリスがいた。そのイギリスはルイと戦おうとしつつも、今なお指導者を欠いていた。この頭部がそれを待っている胴体といっしょになり、二つの海洋国たるイギリスとオランダが一人の統治下に入りうる道を開いたままにしておくかどうかの決定はまだルイの掌中にあった。もしルイが陸路オランダを攻撃し、その優勢な海軍をイギリス海峡に派遣するならば、ウイリアムをオランダ内に十分にとめておくことができるかも知れなかった。

ウイリアム、メアリー王位に即く

ルイは生来の偏見にとらわれ、おそらくそこから抜け出ることはできないであろうが、ついに大陸の方へ向きを変えた。一六八八年九月二十四日にドイツに対して宣戦し、その陸軍をライン河に向って進めた。ウイリアムは歓喜して彼の野望に対する最後の障害が取り除かれたのを見た。彼は十月三十日についにオランダから出撃した。遠征隊は、一万五千人の軍隊を搭載し、五十隻の軍艦で護衛された五百隻以上の輸送船から成っていた。

最初の出撃は暴風雨のため挫折したが、十一月十日に再出撃し、今度はさわやかな順風を受けてドーバー海峡及びイギリス海峡を抜け、ウイリアムは十五日にトーベイ（Torbay）に上陸した。ジェームズは、まだその年が終る前に自分の王国を逃げ出した。翌一六八九年四月二十一日にウイリアムとメアリーは大ブリテンの君主であると宣言された。ルイはさきにウイリアムのイギリス侵攻を聞くや直ちにオランダに対して宣戦を布告していたが、イギリスとオランダは今やこの戦争に対して手を結んだのである。

ウイリアムの対英遠征が準備され、出撃が遅れていた数週間の間ずうっと、ヘーグ駐在のフランス大使とフランスの海軍大臣はルイに対し、フランスの大海軍力をもってその遠征を阻止するよう懇願した。しかしルイはそれを聞き入れようとしなかった。当時フランスの海軍力は強大で、戦争の初期の数年間はフランス艦隊はイギリスとオランダの連合艦隊を数の上で凌駕していた。ルイもジェームズも同じように盲目になったようであった。というのは、ジェームズは不安にかられながらも、イギリスの海軍軍人の彼に対する忠誠を信頼して、フランス艦隊の一切の援助を断わったからである。

フランスはこうして一つの同盟国もないままアウグスブルグ同盟戦争に突入した。「フランスの政策が最もおそれていたこと、フランスが長い間避けてきたことがついに起こった。イギリスとオランダが、単に同盟しただけではなく、同一の元首の下に結合されたのである」。

海上戦に関しては、いろいろな海戦の戦術的価値は、デ・ロイテルが戦った海戦に比べてはるかに少ない。戦略的に興味のある主要点の第一は、ルイが海上において決定的な優勢を保有しながら、アイルランドにおいてジェームズを適切に支持し得なかったことである。当時アイルランドはまだジェームズに対して忠実であったにもかかわらずである。第二の点は、大フランス艦隊が徐々に海洋からその姿を消していったことである。ルイ十四世は、彼自らが選んだ大陸政策のための出費により、もはや大フランス艦隊を維持していくことができなかったのであった。第三の点は、これは興味はむしろより少ないのであるが、フランスの大艦隊が消えていきつつあったときに、フランスがとった通商破壊戦及び私掠戦の特異な性格とそれが大きな比率を占めたことである。

この前の戦争の経験にかんがみ、フランス王は自ら引き起こした全面戦争において、まず海洋国に対して、すなわちオレンジ公ウイリアムと英蘭同盟に対しておもな努力を指向すべきであった。

ウイリアムの立場における最大の弱点は、アイルランドであった。といっても、イングランド自体においてすら追放されたジェームズ王の一味がまだ多数いた。それのみならずウイリアムを招き入れたものすら、ねたみから彼が王となることを阻止しようとした。アイルランドを鎮圧しない限り、ウイリアムの権力は堅固なものではなかった。

ジェームズ二世のアイルランド上陸

ジェームズは、一六八九年一月にイギリスから逃れていたが、その三月にはフランスの軍隊とフランスの一個戦隊を率いてアイルランドに上陸した。彼は北部の新教徒地区以外ではいたるところで熱狂的な歓迎を受けた。彼はダブリン（Dublin）を首府とし、翌年の七月までアイルランドにとどまった。この十五ヵ月の間、フランス軍は海上においてははるかに優勢で、アイルランドに一度以上軍隊を揚陸した。イギリス軍はこれを阻止しようとしたが、バントリー（Bantry）湾の海戦で敗れた。

フランス海軍使用の方向を誤まる

ジェームズはしっかりと地歩を確立したし、彼を支持することは非常に重要であった。またジェームズがさらに強化され、当時攻囲中のロンドンデリー（Londonderry）が陥落するまで、ウイリアムがアイルランドに足がかりを得ることを阻止することもそれと同様に重要であった。さらにフランス海軍は一六八九年と一六九〇年には、海上において英蘭連合海軍よりも優勢であった。それにもかかわらず、イギリスのルーク（Rooke）提督は、なんら妨げられることなく援軍をロンドンデリーに投じることができ、そのあと小部隊を率いたションベルグ元帥をカリックファーガス（Carrickfergus）付近に揚陸した。

ルークはアイルランドと当時多数のスチュアートの一味がいたスコットランドの間の交通を遮断し

たほか、当時ジェームズが占領中のコーク（Cork）沖に至り、同港内の一つの島を占領するなどして、十月にダウンズ（Downs）に無事帰投した。ルークのこれらの行動により、ロンドンデリーの包囲は解かれ、イングランドとアイルランド間の交通は維持された。それらの行動は夏の数ヵ月の間に及んだのであるが、フランス艦隊はなんらそれを止めようともしなかった。もし一六八九年の夏にフランス艦隊が効果的な協力をするならば、アイルランドをイングランドから孤立させ、ウイリアムの勢力に同様に損害を与えることによって、アイルランドにいるジェームズに対する反対をすべてたたきつぶしたであろうことは、ほとんど疑問の余地があり得ない。

翌年も同様な戦略的、政治的過ちを犯した。ジェームズの計画のように、弱体な国民と外国の援助に依存する計画は、順調に進展しなければ力を失っていくのは当然である。しかしもしフランスがなかんづくその艦隊をもって心から協力したならば、なお彼には望みがあった。同様に、フランスの海軍のように単に戦闘用の海軍は、本来開戦時が最も強力である。一方海洋国である連合国側の海軍は、その商船隊や富から莫大な資源を引き出すので日ごとに強力になっていった。一六九〇年当時の兵力の差はまだフランスの方が優勢であった。しかし前年ほどではなかった。最も重要な問題は、それをどこに指向するかであった。そこには二つの海軍戦略上の見解を含んだ二つの主要な路線があった。その一つは、連合艦隊に対して行動することである。もしそれを徹底的に敗北させるならば、イギリスにおけるウイリアムの王位の没落をもたらすかも知れなかった。もう一つは艦隊をアイルランド作戦に対する補助手段とすることであった。フランス王は前者を取ることに決定したが、それは明らかに適切な路線であった。しかしイングランドとアイルランド両島間の交通線を遮断するという重要な任務を軽視してよい理由はなかった。しかし、彼はそれを軽視した。三月には早くも彼は六千人の軍隊と軍需品を搭載した大艦隊を派遣し、なんらの困難もなくそれらをアイルランド南部の港に揚陸した。しかしこの任務を終えたあとそれらの艦船はブレストに帰港し、ツールビル（Tourville）伯麾下の大艦隊がそこに集合している五月、六月の間、何もせずにいた。

その二ヵ月の間にイギリス側はその西岸に一軍を集めていた。そして六月二十一日にウイリアムは、チェスター（Chester）でその部隊を二百八十八隻の輸送船に乗船させ、これをわずか六隻の軍艦で護衛させた。二十四日に彼はカリックファーガスに上陸し、護送してきた軍艦の任務を解いてイギリスの大艦隊に合同させることにした。しかし彼らは合同できなかった。それは、ツールビルの艦艇がその間出撃して東方への通路にあたるイギリス海峡を押えていたからであった。

アイルランドをめぐって争われていた期間中、相争う両者がともに、アイルランドに至る相手の交通線に対して関心がなかったことほど驚くべきことはない。しかしそれはフランス側においては特に奇妙であった。というのは、フランスはイギリス以上に大きな海軍を有し、またイングランドにおける不平分子から同国内で起こっていたことについてかなり正確な情報を得ていたに違いないからである。戦列艦によって支援されるはずの二十五隻のフリゲート艦から成る一個戦隊が、セントジョージ（St. George）海峡の任務のために特派されたことはほぼ確かである。しかし彼らはそこに到着しなかった。そしてジェームズがボインの戦いで全敗するときまでにそのフリゲート艦中わずか十隻だけがキンセール（Kinsalle）まで到達していたに過ぎなかった。イギリスの交通線は一刻の間も脅迫されることすらなかったのである。

ビーチヘッドの海戦

ツールビルの艦隊は全兵力で七十八隻、そのうち七十隻が戦列艦で、二十二隻の火船を伴っていた。同艦隊はウイリアムが乗船した次の日の六月二十二日に出撃し、三十日にはリザード(Lizard)岬〔イギリスの最南西端〕沖に達したので、イギリスの司令官は大いにあわてた。同司令官は、西方に対して見張りの艦すら出さないような無準備のままワイト(Wight)島の沖合いに停泊していたのである。彼は出港して南東方向に向った。その後の十日間に次々と他のイギリス及びオランダの艦が合流した。両艦隊は時々互いに視認しあいながら東航し続けた。

イングランドにおける政治情勢は危機に瀕していた。ジェームズ二世派はますます公然と反政府示威運動を行い、アイルランドの反乱はすでに一年以上も成功的に進み、ウイリアムは皇后一人をロンドンに残したままアイルランドにいた。緊急事態にあったので、閣議はフランス艦隊と戦うべきことを決定し、その趣旨の命令がイギリス艦隊司令官ハーバート(Herbert)に送られた。この命令に従って彼は出撃し、七月十日風上側に位置し、戦列を作ってフランス艦隊に襲いかかった。フランス艦隊はそれを待ち受けていた。

こうして起こった戦いがビーチヘッド(Beatyhead)の海戦として知られるものである。参加艦艇はフランス艦が七十隻。イギリスとオランダの艦は、彼ら自身の記録によると五十六隻、フランス側の記録によると六十隻であった。連合艦隊の戦列では、オランダ艦隊が前方隊で、イギリス艦隊はハーバートが直率して中央隊。後方隊は一部はイギリス艦、一部はオランダ艦で構成されていた。戦いの経過は次のとおりであった。

（1）連合艦隊は風上側にあり、単横陣になって一斉にフランス艦隊に襲いかかった。いつものようにこの運動はうまくできず、またいつも起こるように前方隊は中央隊や後方隊よりも先きに敵の砲火を浴びて損害の矢面に立った。

（2）ハーバート提督は、敵と遠い間合いをとり、直率する中央隊をもって激しく敵を攻撃することをしなかった。このため連合艦隊の前方隊と後方隊が敵と接戦するようになった。彼はむしろロイテルがテキセルの海戦でやったように、攻撃し得ると判断した限りのなるべく多数の敵後方隊の諸艦を攻撃し、前方隊には敵の前方隊を牽制する役割を与えて交戦を避けさせるべきであった。

（3）フランス艦隊の前方隊指揮官は、オランダ隊がこちらの隊列に接近し、しかもこちらよりも大きな損傷を受けているのを見て、先頭の六艦を押し進め、そこでオランダ隊の向う側に回り、両側から同隊に砲火を浴びせた。同時にツールビルは敵中央隊の先頭隊を撃破し、敵中央隊にはもう相手がいないのを見て、自ら直率する部隊の先頭の諸艦を押し進めた。これらの新鋭艦が加わり、敵の前方隊のオランダ隊に対する攻撃は強化された。

このため両戦列の先頭において混戦が起こり、オランダ隊は劣勢で多大の損害を受けた。連合艦隊にとって幸運にも風がやみ、やがて潮の流れが変ってフランス艦隊は戦闘距離外に押し流され、こうしてこの海戦は終った。

イギリス側の記録によると、連合艦隊は多数の艦がひどい損害を受けていたので、戦闘力を失った艦を温存するために全面戦闘の危険を冒すより、むしろそれらを破壊することに決した。

ツールビルは追撃したが、総追撃を命ずることなく艦隊のスピードを低速艦のスピードまで下げて戦列を維持した。しかしその事態は乱戦が許される場合である。いやそうすべき場合の一つであった。敗北して逃走中の敵は懸命にこれを追撃すべきであった。隊形については、追撃中の諸艦が相互に支援できないようにならないよう注意するだけでよい。その状況では、整然たる戦闘の初期又は中期におけるように関係方位及び距離を保つ必要は決してないのである。そのような総追撃を命じなかったことは、ツールビルが軍人としての性格において完全でなかった側面を示している。ツールビルのこの勝利は、当時においては最も完全なものであった。しかしうまくやればおそらく最も決定的な勝利となし得たであろう。

ツールビルの軍人としての性格

ツールビルはこのときまでにすでに三十年近くも海上で勤務しており、船乗りであるとともに軍人であった。彼は絶倫の勇気の持主で、まだ若かった時代にそれを示すりっぱな例をいくつも残した。彼はフランス艦隊が戦ったところならばどこででも——英蘭戦争でも、地中海でも、またアフリカ北岸の海賊との戦いでも——それに参加した。将官の階級に進んでからも、この戦争の初期の間に派遣されたすべての最大の艦隊を自ら指揮した。彼は部隊に科学的な戦術知識をもたらした。しかしそれは洋上で戦術原則を最善活用するのに必要な船乗りの実務に実際に慣熟した上で、理論と体験に基づいて得た戦術知識であった。彼はこれらのすぐれた資質を備えながらも、大きな責任をとる能力において失敗したようである。

ビーチヘッドの海戦後の連合艦隊に対する追跡において彼は慎重に過ぎた。それとは外見上は大いに異っているが、彼は二年後にラ・オーグ（La Hougue）において、王の命令をポケットに持っていたために、麾下の艦隊をほとんど確実な破滅へと導くことを余儀なくされた。しかし両者は彼の同じ特質から生じたものである。彼はいかなることでもするのに十分なほど勇敢であった。しかし最も重い責任に耐えうるほど強くなかった。ツールビルは事実、来たるべき時代における周到かつ巧妙な戦術家の先駆者であったが、十七世紀の海上指揮官たちの特徴であった勇猛果敢に戦う気風も持っていた。ビーチヘッドの海戦のあと、彼は非常にうまくやったし満足することができると明らかに感じていた。しかしもし彼が、ネルソンがいったように「もしわれわれが敵の十一隻の艦のうち十隻を捕えて、残りの十一隻目を、捕えることができたのにもかかわらず逃がしたならば、私は決して勝利の日とは呼ばないであろう」と感じていたならば、彼は実際にやったのとは異った行動をとったであろう。

アイルランドにおける闘争の終了

ビーチヘッド沖の海戦の翌日、ジェームズ二世の大義はアイルランドの陸上において消えうせた。

ウイリアムがなんらの妨害も受けずに輸送することができた軍隊は、兵力的にも質的にもジェームズの軍隊より優れていたし、ウイリアム自身指導者として前王ジェームズより優れていた。ジェームズはボイン河の線に拠ってダブリンを掩護しようとした。七月十一日に両軍は会戦し、その結果ジェームズは完敗した。彼自身はキンセールに逃れ、そこにいたフリゲート艦に乗ってフランスに避難した。

ボイン河の戦いの後、アイルランド軍はフランスの派遣部隊とともにシャノン(Shannon)河の線に後退し、そこで再び抵抗した。一方ルイは、引き続き増援部隊と補給品をアイルランドに送った。しかし大陸の戦争が次第に緊急度を増してきて、アイルランドに十分な支援を与えることができなくなった。こうしてアイルランドにおける戦いは、一年あまりの後に、アグリム(Aghrim)での敗北とリメリック(Limerick)の降伏によってその幕を閉じた。

フランスにとって真の失敗は、ウイリアムが行うあの強力な軍隊の輸送をなんら妨害することなく許したことにある。彼をアイルランドに行かせることはフランスの政策にとって有利であったかも知れない。しかしあのような強力な兵力を率いて行かせることは有利ではなかった。アイルランド会戦の結果、ウイリアムのイギリス王としての地位は安泰となり、英蘭同盟は確立された。そして二つの海洋国が一つの王冠の下に統合された結果、大陸の両国の同盟諸国は英蘭両国民の商業及び海上の能力並びに両国民が海上から得る富によって、大陸の戦争を成功裡に実施することが保証された。

ラ・オーグの海戦

シーパワーが単なる軍事制度ではなくして、国民の性格と職業に基づいているような国には、その特徴として持久力があることはすでに述べた。その持久力が今や同盟国とともにその威力を発揮するようになった。ビーチヘッドの敗北と損失にもかかわらず、英蘭連合艦隊はラッセル（Russel）提督の下に、百隻の戦列艦をもって一六九一年に出撃した。ツールビルは前年と同数の七十二隻を集め得たに過ぎなかった。彼はそれを率いて六月二十五日にブレストを出撃した。敵がイギリス海峡沖にまだ現われていなかったので、彼は海峡入口を行動海域に選んだ。そこで彼はジャマイカからの商船隊を捕捉して数隻を捕獲し、ラッセルが救援にやってくる前にそれをばらばらにしてしまった。ついに連合艦隊と相まみえるに至ったとき、ツールビルは巧妙に運動して敵を洋上遠くに引き出し、これに交戦の機会を与えず五十日を空費させた。この間、フランスの私掠船はイギリス海峡全域に分散して敵の通商を妨害し、アイルランドへ送りこまれるフランスの船団を保護した。ツールビルはフランスの船団の帰還を保護したあと、再びブレスト泊地に投錨した。

ツールビル自身の艦隊が行った実際の捕獲は大したものではなかった。しかし連合艦隊を引きつけることによってフランスの通商破壊戦に寄与したことは明らかである。しかしイギリスの通商が被った損害は翌年ほど大きくはなかった。

一六九二年に、ラ・オーグの海戦として知られているフランス艦隊の大災難が起こった。戦術的に考察すれば、それ自体はあまり重要でない。しかし通俗的には世界の有名な海戦になっているので、全く無視し去ることはできない。

イギリスからの報告にミスリードされ、さらにジェームズの陳情によって、ルイ十四世はジェームズ直率の下にイングランドの南岸への侵攻を決意した。その第一段階としてツールビルが五十ないし六十隻の戦列艦（そのうち十三隻はツーロンから来ることになっていた）をもってイギリス艦隊と戦うことになっていた。最初の支障はツーロン艦隊が逆風のためおくれて合同できなかったことにあった。そこでツールビルはわずか四十四隻の艦を率いて出撃した。しかも彼は王から、敵と遭遇したときは兵力が多かろうが少かろうが、またどのようなことが起ころうとも、戦うべしという断固とした命令を受けていた。

五月二十九日にツールビルは連合艦隊を北方と東方に見た。敵は戦列艦九十九隻をかぞえた。風は南西で彼は風上側にあり、戦闘を選ぶことができたが、まずすべての将官を旗艦に召集して戦うべきかどうかを尋ねた。彼らはすべて戦うべきでないと答えた。そこで彼は王の命令を彼らに渡したところ誰もあえてそれに反論しなかった。将官たちは自艦に帰り、全艦隊は待ちかまえている連合艦隊に向って一斉に進撃した。

この不均衡な戦いの全経過をたどる必要はない。その結果が異常なことは、夜になって濃霧と凪のため砲戦が止まったとき、フランス艦には降伏したり沈没した艦は一隻もなかったことである。これ以上に軍人精神と軍事的効率の高い証拠を示しえる海軍はほかにはなかった。その成果は、主としてツールビルの運用術と戦術的能力に負うものであった。一方連合艦隊の成果が賞讃に値するものでなかったことも認めなければならない。

ツールビルは、その艦隊の名誉を十分に立証し、これ以上戦うことの無用なことを示したので、今や引き揚げることを考えた。撤退は夜中に開始し、翌日中続けられた。連合艦隊はこれを追ったが、フランス艦隊の運動は旗艦ロイヤル・サン（Royal Sun）号の損傷状態のため甚だしく阻害された。同艦はフランス海軍中最もりっぱな艦であったため、ツールビルも同艦の破壊を決意することができなかったのである。司令官とともに行動した艦は三十五隻であったが、そのうち二十隻は無事サン・マロー（St. Malo）に到着した。残りの十五隻が途中で潮が変って流され、三隻はシェルブール（Cherbourg）、十二隻はラ・オーグに避難した。それらはすべて自らの手又は敵のいずれかによって焼き払われ、フランスはこうして同海軍の最優秀艦中十五隻を失った。しかしそれは、ビーチヘッドにおける連合艦隊の損害よりあまり大きくはなかった。

ラ・オーグはまたフランス艦隊が戦った最後の全面的艦隊戦闘であった。同艦隊はその後の数年間に急速に衰えていったので、ラ・オーグの災難は同艦隊にとって致命的打撃であったように見えた。しかしツールビルは翌年七十隻の艦を率いて出撃しているので、実際はラ・オーグの損害はそのときには回復されていたのである。フランス海軍の衰微は、いずれかのたった一回の敗北によってもたらされたものではない。フランスの疲弊と大陸の戦争による莫大な出費によるものであった。そしてこの戦争は主として英蘭の二海洋国民によって支えられ、両国民の結合はアイルランド会戦におけるウイリアムの成功によって確保された。もし一六九〇年にフランスの海軍作戦が実際とは違って指導されていたならば、その結果は違ったものになっていたであろう。そこまでいわないにしても、かれらの誤った指導こそが諸事態があのようになった直接の原因であり、フランス海軍衰退の第一の原因であったといっても間違いはなかろう。

この戦争におけるシーパワーの影響

全ヨーロッパが武器をとってフランスに対抗したアウグスブルグ同盟戦争の残りの五年間は、大きな海戦も最も重要な海上の事件も何一つ起こらなかったのがその特色である。連合国のシーパワーの影響を評価するためには、シーパワーがあらゆるところでフランスに加えられかつ加え続けられた静かではあるが、間断のない圧力について総合要約することが必要である。シーパワーは実にこのように常に作用する。しかもその作用が非常に静かであるため、ともすれば気づかれないおそれが大いにある。

ルイ十四世に対抗する側の指導者は、ウイリアム三世であった。彼の好みは海軍作戦よりも陸軍作戦であったので、それは海上よりも大陸で積極的な戦争をしようとするルイの政策の方向と結びついた。一方大フランス艦隊を徐々に引き揚げ、連合国海軍を海上で無敵にしたことも同じ様に作用した。一方イギリス海軍は数の上ではオランダ海軍の二倍であったが、当時その効率は低調であった。チャールズ二世の治世における士気沮喪の影響は、弟ジェームズ統治の三年間で完全に克服することはできなかった。さらにイギリスの政治情勢に起因する困難のより重大な原因があった。ジェームズは海軍の士官や水兵が彼個人を慕っていると信じていたといわれてきた。それが正しかったか否かのいずれにせよ、そういう考えは現在の統治者の心の中にもあった。その考えが多くの士官の忠誠心と信頼性について疑念を抱かせ、海軍の行政に混乱をもたらす傾向があった。「商人たちのいう不平が非常によく支持されて、イギリスの海軍力を指導する海軍局に、不適当なものを起用するという馬鹿げたことが行われた。しかし、長く海軍に勤めていてより多くの経験を積んだものは政府に不満を持っていると考えられたために、この悪弊は是正されなかった。そしてとられた是正策は結果的に病根よりもかえって悪いものであったかも知れなかった」ということがいわれている。内閣や都市に猜疑心が、また士官たちの間に派閥と優柔不断がはびこった。

通商の攻防

通商に対する攻撃が、この期間ほど大規模に行われ、また大きな成果を収めたことはなかった。フランスによる通商攻撃作戦は、ラ・オーグの海戦のすぐあとの数年間フランスの大艦隊がその姿を消しつつあった丁度その時期に、最も広範囲にわたりかつ最も徹底して行われた。それは、通商破壊戦は強力な艦隊又は近くにある港湾を基盤としなければならないという主張とは明らかに矛盾していた。

注目すべきことはまず第一に、フランス艦隊の衰退は漸進的であったこと、また同艦隊のイギリス海峡出現の精神的影響、ビーチヘッドにおけるその勝利及びラ・オーグにおける勇敢な行動が相当期間連合艦隊の乗員の心に印象づけられていたことである。この印象のため連合海軍の艦艇は分散して敵の巡洋艦を追跡することなく、艦隊としてまとまっていた。

巡洋艦による通商破壊が最もひどかったのはラ・オーグの海戦の直後であった。その理由は二つある。一つは、大陸に上陸を実施するために軍隊を集めていた二ヵ月ないしそれ以上の間、連合艦隊がスピットヘッド（Spithead）にまとまってとどまっていたため、フランスの巡洋艦の活動を阻止せず放任していたこと。第二は、フランスはその夏艦隊を再び出撃させることができなかったので、海軍軍人が私掠船で勤めることを許し、こうして私掠船の数が著しく増大したことである。以上の二つの理由が結びついて、フランスの通商破壊戦は無事にかつ大規模に実施することができ、そのためイギリスではごうごうたる非難が沸き起こった。

この戦争における通商破壊は単独の巡洋艦の仕事ではなかった。三、四隻ないし六隻もの艦から成る戦隊が一人の指揮官の下に集団として行動した。かれらは掠奪よりもむしろ戦う用意があった。「この戦争における通商破壊戦の特徴は、巡洋艦が基地から遠く離れていないところで隊を組んで行動し、一方敵はほかのところでその艦隊を集中しておくのが一番よいと考えていたことであった。それにもかかわらず、またイギリス海軍の行政が不良であったにもかかわらず、フランスの大艦隊が消え去っていくに伴い、フランスの巡洋艦はますます制圧されていった」。したがって一六八九―一六九七年の戦争の結果は、次の一般的な結論が真実であることを傷つけるものではない。その結論とは「洋上での通商破壊戦が効果的であるためには、戦隊の作戦により、また戦列艦から成る部隊により支持されなければならない。それによって敵はその部隊を集中しておかざるを得なくされ、味方の巡洋艦は敵の貿易に対してうまく攻撃をしかけることができる。このような支援がなければ、その結果ただ巡洋艦が敵に捕えられるだけである」というものである。この真の傾向はこの戦争の末期になって明らかになり、フランス海軍が一層弱体化した次の戦争においてはさらに一層はっきりとあらわれてきた。

この戦争は表面的には、また全体として捉えれば、ほとんど全面的に陸上の戦争のように見えるであろう。イギリス海峡における海戦や遠くアイルランドにおける闘争は単なるエピソードのように見える。そして表面に現われない貿易や通商活動は、全く無視されるか、ないしは被害を受けたことが抗議によってわかったときだけ注目される。しかし貿易と海軍はその損害に耐えたのみならず、フランスと戦っていた軍隊の出費を主としてまかなったのである。こうして富が英蘭両海洋国からその同盟諸国の金庫へ流れこむようになったのは、フランスが開戦時持っていた海軍の優位の活用を誤ったことによって決定され、確かにそれによって促進された。優勢な兵力を持つ真にりっぱな海軍が準備の劣っている相手に対して圧倒的な打撃を加えることは当時可能であった。しかしフランスはその機会を逸した。他方英蘭同盟国の本質的により強力でよりよい基礎の上に立ったシーパワーはその本領を発揮する時を得た。

フランスの疲弊とその原因

一六九七年にライスウイック（Ryswick）で調印された平和条約は、フランスにとって最も不利なものであった。フランスは、十九年前のニーメゲン平和条約以来得ていたものを、ストラスブルグの一つの重要な例外を除いて、すべて失った。条約上の条項によって英蘭両海洋国には通商上の便益が与えられ、それにより両国のシーパワーは増大し、その結果としてフランスのシーパワーは損害を受けることになった。

フランスは巨大な戦争を行った。フランスが当時したように、またその後幾度もしたように、単独で全ヨーロッパに対抗するということは一大偉業である。しかし次のことはいえるであろう。それは、いかに国民が積極進取の気象に富んでいようとも、人口及び領土において本質的に弱体な国は外部の資源だけに依存することはできないということをオランダは教えた。同様にフランスは、いかに人口が多く国内資源が豊かな国でも、永久に単独で存続していくことはできないことを示した。

フランスは天然資源に富み、国民は勤勉で節倹である。しかし個々の国家も人間も、国家同士又は人間同士との自然の交わりから離れては繁栄することはできない。フランスはあらゆる天賦の資源を持ちながら、フランス国内のいろいろな部分間の活発な交流と、他国民との不断の交易を欠いたがために、折角の資源を空費した。

戦争が災害をもたらすことはよく知られているが、それが一国を他国から離隔して孤立させるときは特に有害である。ルイ十四世のその後の諸戦争の間、フランスはこのような孤立の運命に置かれ、それによってフランスは滅亡に瀕するようになった。

このような沈滞からフランスを救うことがコルベールが生涯をかけた大目的であった。彼が大臣の職についたときは、王国内外の流通機構は存在していなかった。それを創設するとともに、戦争の爆風に耐えるためしっかり根をおろさせなければならなかった。しかしこの大事業を達成するのに必要な時間が与えられなかった。またルイ十四世も、彼の従順で献身的な人民の出かかったエネルギーをこの事業達成に有利な方向に指向して、コルベールの計画を支援することをしなかった。そうして国力に大きな緊張がもたらされたとき、フランスはイギリス及びオランダの海軍によって、また大陸においてフランスを取り巻く敵国の包囲によって、孤立させられ、世界から隔離された。フランスは、イギリスが同様な窮地においてやったように、あらゆる方面からまたあらゆる経路を経て力を集め、自国の商人と船乗りのエネルギーによって外部の全世界をフランスに貢献させるようなことをしなかったのである。この漸進的な飢餓から逃れる唯一の途は海洋の効果的な管制であった。すなわち国土の富と国民の勤勉さを自由に発揮させるような強力なシーパワーを創設することであった。このためにもフランスは、イギリス海峡、大西洋及び地中海に面する三つの海岸線を持っている点において、大きな天然の利点を有していた。そして政治的には、イギリスに対しては敵対的ないしは少くとも警戒的でオランダとは友好的な同盟によって、フランス自身の海洋力にオランダの海洋力を結びつける好機を持っていた。しかし自分の王国における絶対的な支配を意識して自らの力を誇ったルイは、彼の権力を強化するこの方策を放擲し、侵略をくりかえすことによってヨーロッパを敵にまわす途を進んだ。われわれが今まで考慮してきた期間においては、フランスは全ヨーロッパに対して壮大かつ概して成功的な姿勢を維持したので、ルイのその自信もそれでよかった。フランスは前進もしなければ、著しく後退もしなかった。しかしこうして力を誇示することにより、国力を消耗した。またそれにより国民生活を侵害した。海によって接触を保ち得たであろう外部世界に依存することなく、全面的に自国だけでやったからである。次に起こった戦争においても、同じエネルギーが見られるが、同じバイタリティは見られない。フランスはいたるところで打ちのめされて破滅に瀕した。

両戦争の教訓は同じである。国家は人間と同様に、いかに強力であっても、外部の活動や資源から切り離されたときは衰微する。外部の活動や資源は、国内の力を引き出し支持するものなのである。国家は、われわれがすでに示したとおり、独力で永久に存続することはできない。他の諸国民と交通し、自国の力を更新しうる最も容易な道は海である。

第5章　イギリスとフランス、スペインの戦争とオーストリア王位継承戦争

一七三九―一七八三年の戦争の特徴

われわれは今や、間にいくつかの短い平和期間を置いて半世紀近くも続くことになる一連の大戦争の開始の時期に来た。この争いは世界の四つの地域にわたって行われたが、主たる闘争の舞台はヨーロッパであった。世界の歴史に関連してこの闘争によって解決されるべき大きな問題は、海洋の支配、遠隔地域の管制、植民地の領有並びにこれらに基づく富の増進であったからである。全く不思議なことに、大艦隊が戦い、闘争が本来の舞台である海上に移ったのは、この長い闘争の終末近くになってからであった。シーパワーの作用は、十分に明白であり、その結果は最初から明らかに示されていた。しかしフランス政府がその真実を認めていなかったため、長い間重要な海戦は行われなかった。

英・仏・西各国の植民地保有

北アメリカにおいては、イギリスは今やメインからジョージアに至る十三州（最初の合衆国）を保

有していた。これらの植民地には、本質的に自治、自立の精神に富み、しかも国王に忠誠で、職業は農業、商業そして船乗りを兼ねた自由人の集団が見られた。かれらの地方とその生産物の性格において、その長い海岸と防護された港湾において、そして彼ら自身において、彼らはすでに大いに発展をとげているシーパワーのすべての要素を備えていた。イギリスの海軍と陸軍は、西半球においては、このような地方とこのような人々の上にしっかりと基盤を置いていた。

フランスはカナダとルイジアナを保有していた。フランスはさきに発見した権利により、またセント・ローレンスとメキシコ湾を結ぶ必要なリンクとして、オハイオとミシシッピー河の全流域の領有を主張した。この中間地域には、当時まだ適当な占有者はいなかった。イギリスはフランスのその主張を認めず、イギリスの植民者たちは西方に無限に拡張していく権利を主張していた。

フランスの地位の強さはカナダにあった。セント・ローレンス河により、フランス人はカナダの中心部へいくことができた。ニューファウンドランドとノバスコシアはすでに失っていたが、ケープ・ブレトン (Cape Breton) 島を保有していたので、セント・ローレンス湾とセント・ローレンス河の鍵は握っていたわけである。カナダにはフランスに特徴的な植民制度があったが、そこの気候はそれには最も適していなかった。家長的、軍事的そして僧侶的な政府のため、個人的企業や共通の目的のための自由な共同体の発展は妨げられた。植民者たちは、当面の消費に十分な食糧だけを栽培して商業と農業を放棄し、武器をとって狩猟に専念した。

それぞれの母国から受け継いだ敵意のほかに、直接的に相対抗し、しかも互いに隣りあっている二つの社会的、政治的体制の間には、必然的な対立があった。海軍の見地からすれば、カナダが西インド諸島から遠く離れていることと厳しい冬の気候のため、フランスにとってカナダは、イギリスにとってその植民地が重要であったほど重要ではなかった。そのうえカナダの資源と人口は、イギリスの植民地よりはるかに少なかった。一九五〇年にカナダの人口は八万人であったが、イギリスの植民地の人口は百二十万人であった。力及び資源においてこれほどの不均衡があったので、カナダにとっての唯一のチャンスは、隣接する海域を直接コントロールするか、又はカナダに対する圧力を除きうるような強力な牽制をほかのどこかでするかのいずれかによって、フランスのシーパワーに支援してもらうよりほかにはなかった。

スペインは北アメリカ大陸においては、メキシコとその南方の地方のほかにフロリダを保有していた。フロリダといっても同半島より北方の広い地域が含まれていた。しかしフロリダはこれらの長い戦争のいずれの時点においても、スペインにとってはあまり重要な存在ではなかった。

西インド諸島及び南アメリカにおいてスペインは、キューバ、プエルトリコ (Port Rico) 及びハイチ (Hayti) 島の一部のほかに、今なおスペイン領アメリカ地方として知られている地方を領有していた。フランスは、ガダループ (Guadeloupe)、マルチニック (Martinique) 及びハイチ島の西半分を領有し、イギリスはジャマイカ (Jamaica)、バルバドス (Barbadoes) 及び若干の小さな島々を領有していた。土地が肥え、商業的産物を産し、気候がそれほど厳しくないため、これらの島は植民戦争において特別な野心の対象になったようである。しかし実際は、いずれの大きな島の征服も意図されなかった。ただしジャマイカは例外で、スペインは同島を奪回したいと思っていた。

西インド諸島の小さな島々は個々にはあまりにも小さいので、海洋を支配している国でなければ、これを確保することはできなかった。これらの島は戦争においては二重の価値を持っていた。一つは、海洋を支配している国に軍事拠点を提供することである。他は、自国の資源を増すか又は敵の資源を減ずるものとしての商業上の価値である。これらの島々に指向された戦争は商業に対する戦争と考えられよう。そして島々自身は敵の富を搭載している船又は船団とみなすことができる。したがって、これらの島は貨幣のように所有者を変え、平和になれば通常元の所有者に戻ることになるだろう。もっとも最終的には、その大部分はイギリスの手中に残ることになっていたが、それでも、諸大国がそれぞれこの商業の焦点地域に領土を持っていたがために、大艦隊や小戦隊がここに引きつけられた。ヨーロッパ大陸における陸上作戦に不具合な気候のときはこの傾向が顕著であった。

以上が主な海外戦域における三国の相対的な情勢であった。アフリカ西海岸の植民地は交易所であって、軍事的重要性はなかった。喜望峰はオランダが保有していたが、オランダは初期の諸戦争にはなんら積極的な役割を演じなかった。しかしオランダはイギリスに対しては引き続き長い間好意的中立を保った。

相戦う諸海軍の状況

ここで、やがて重要性を持つに至る海軍の状況について簡単に述べる必要がある。艦艇の正確な隻数も、その状態についての的確な説明についても資料はない。しかし相対的な能率については、公平に見積ることができる。

当時のイギリスの歴史家キャンベル（Campbell）は、一七二七年にはイギリス海軍は六十門以上の砲を有する戦列艦八十四隻、五十門艦四十隻、フリゲート艦及び小型艦艇五十四隻を保有していたといっている。一七三四年には、この数は、戦列艦七十隻、五十門艦十九隻に落ちた。スペインのみと四年間戦ったあとの一七四四年には、その数は戦列艦九十隻、フリゲート艦八十四隻であった。当時フランス海軍は、戦列艦四十五隻、フリゲート艦六十七隻であったと彼は見積っている。最初の戦争の終末に近い一七四七年には、スペイン海軍は戦列艦二十二隻に、フランス海軍は三十一隻に減じたが、一方イギリス海軍は百二十六隻に増強されていたと彼はいっている。

フランスの著述家たちも一致して、フランス海軍の艦艇の数があわれなほど少なくなり、しかもその状態は不良で、また造船所の資材も不足していたといっている。フランスは、これらの諸戦争を通じて、多少の差はあれ、こうして海軍を無視し続けた。そして一七六〇年に至り、国民は海軍復旧の重要性にはじめて目ざめたが、ときすでに遅く、最も重大なフランスの敗北を阻止することはできなかった。

イギリス、スペインに宣戦

一七三九年十月にイギリスはスペインに対して宣戦した。紛争の原因はスペイン領アメリカであったので、イギリスの最初の計画は当然そこに指向された。最初の遠征隊はバノン（Vernon）提督指揮の下に同年十一月に出撃し、大胆な急襲攻撃でポルト・ベロ（Port Bello）を攻略した。バノンはジャマイカに戻り、艦艇の大増援を得て一七四一年と一七四二年にカルタヘナ（Cartagena）とサンチャゴ・デ・キューバ（Santiago de Cuba）の攻撃を企図したが、いずれも惨胆たる失敗に終わった。

オーストリア王位継承戦争

一七四〇年の間に二つの事件が起こった。その結果、すでに、イギリスとスペインが戦っていた上に、さらにヨーロッパの全面戦争が起ることになった。

この年の五月に、フレデリック（Frederick）大王がプロシアの王となり、十月には以前スペイン王位に対する要求者であったオーストリア皇帝チャールズ六世が逝去した。同皇帝には男子がいなかったので、遺言により彼の領土の主権は長女たる有名なマリア・テレサ（Maria Theresa）に与えられた。

この継承はヨーロッパの諸国によって保証されていたのであるが、彼女の地位が外見上弱いように見えたので他国の君主たちの野心を刺戟した。

その間スペイン領アメリカへの遠征が失敗し、イギリスの通商が大きな損害を被ったことから、ウォルポール（Walpole）に対する国民の反対の叫びが高まり、彼は一七四二年初めに辞職した。イギリスは新首相の下でオーストリアに対する公然の同盟国となった。そして議会は、女帝に対する補助金のみならず、補助兵力としての軍隊のオーストリア領ネーデルランドへの派遣をも可決した。同時にオランダもイギリスの影響を受け、またイギリスと同様以前の条約によりマリア・テレサの帝位継承を支持する義務があったので、オーストリアに対する補助金を可決した。英蘭両国はこうしてフランスに対する戦争に加わった。しかしそれは主要交戦国としてではなく女帝に対する補助者としてであった。実際に戦場にある軍隊を除き、国民としてはなおフランスと平和を保っていると考えられた。

地中海における海軍問題

一七四一年にスペインはイタリアにあるオーストリアの領土を攻撃するため、一万五千名の軍隊をバルセロナ（Barcelone）から派遣した。地中海にあったイギリスの提督ハドック（Haddock）は、スペイン艦隊を捜し求めてこれを発見した。仏西連合艦隊は英艦隊の二倍近くであったため、イギリスの提督はやむなくポートマホンへ退いた。彼はまもなく解任された。新任の提督マシューズ（Matthews）は地中海艦隊司令長官とサルジニア王国の首都チュリン（Turin）の英国公使を兼ねた。

一七四二年にマシューズは、マーチン（Martin）代将指揮下の一隊をナポリ（Naples）に派遣し、ブルボン家の王に対し、北イタリアにおいてオーストリア軍と戦っているスペイン軍に協力している二万名の王の派遣部隊を引き揚げるよう強要させた。ナポリ王は従うほかはなかった。爾後イタリーにおけるスペイン軍の戦いは軍隊をフランス経由で送ることによってのみ維持しうることは明らかであった。フルューリ（Fleuri）はおそまきながらも、堅固な基盤の上に立ったシーパワーの影響の及ぶ範囲と重要性を認識したのであった。

イギリスの支配的なシーパワーと富の威力が再び発揮されて、サルジニア王はオーストリア側につくことになった。フランスとの同盟かイギリスとの同盟かという危険と利益のはざまにあって、サルジニア王の行動は補助金と地中海にある強力なイギリス艦隊の約束によって決せられた。その代わり王は、四万五千名の軍隊を出して戦争に加わることを約束した。この協定は一七四三年九月に調印された。

ツーロン沖の海戦、一七四四年

一七四三年一〇月、フルューリは死去し、ルイ一五世はスペインと条約を結んだ。それにより彼はイギリスとサルジニアに対して宣戦を布告すること、またイタリアにおける、及びジブラルタル、マホン及びジョージアに対するスペインの主張を支持することを約束した。こうして公然たる戦争が目前に迫っていたが、宣戦の布告はまだ遅らされていた。そして名目上の平和が保たれているときに最大の海戦が起こった。

それは一七四四年二月一九日のツーロン沖における仏西連合艦隊とイギリス艦隊との間の海戦であった。しかしこの海戦は軍事的にはなんら注目に値しない。

イギリスの失敗の原因

宣戦布告の五年後においてもイギリスの艦長たちが概して非能率で誤まった行為を広く犯していたことは、イギリスがこの海戦において期待していた戦果を挙げることができなかった原因を部分的に物語っていよう。イギリス艦隊は疑問の余地のないほど優位に立っていたのだから、戦果を挙げることはできたはずである。これらはまた士官たちに次のことを教えている。それは、もし彼らが戦闘の際に自分自身が無準備で恥をかくようなことをしたくないのであれば、自分たちの時代の戦争の諸条件を研究することによって自らの心の準備を整えることが必要であるということである。

（著者注） 近代の海軍史において、このツーロンの海戦以上に顕著な警告をすべての時代の士官に与えるものはない。著者の判断によればこの海戦の教訓は、自らの職業についての知識のみならず、戦争が必要とするものの情緒を自分につけることを怠ったものは、不名誉な失敗をしでかす危険があるということである。普通の人は卑怯者ではない。しかし危急の間に直感的に適当な行動をとりうるような特にすぐれた才能を生まれながらにして授けられているものもいない。多少の差はあれ、それは経験によるか又は反省によって得られるものである。もし経験と反省の両者を欠いておれば、何をなすべきかがわからず、又は自分自身の徹底的な献身と指揮が必要とされていることを理解することができない。そのいずれかのために彼は決断を下すことができないであろう。

イギリスの海軍軍人がこのような大失敗をしでかしたのは、艦長たちが心の準備と軍事的能率を欠いていたことが、司令長官の側におけるリーダーシップのまずさ及び粗暴で横暴な上官に対してありうる悪意と重なり合ったためである。ここにおいて上官の側における部下に対する誠意と善意の効果について注意を促すのは適当であるかも知れない。それはおそらく軍事的成功にとって不可欠ではないであろうが、軍事的成功に必要な他の要素に精神、生命の息吹を与えることは確かである。その精神こそ、それがなければ不可能なことを可能にするものであり、またそうして掻き立てられなければいかに厳しい規律の下にあっても達成されないような最高の献身と業績をもたらすものである。明らかにそれは天与の資質である。海軍軍人の間でおそらく知られているその最高の例はネルソンであった。彼がトラファルガル海戦の直前に艦隊にやってきたとき、旗艦に集った艦長たちは、自分たちの司令長官の階級も忘れて、ネルソンに会うことができた喜びを現わそうとしたようである。この海戦で戦死したダフ（Duff）大佐は次のように書いている――「このネルソンは、非常に愛すべきすぐれた人であり、非常に思いやりのある指揮官であったので、われわれはみんな彼が希望する以上のことをやり、彼に命ぜられなくても彼の意のあるところを知ろうとした」。ネルソンは、ナイルの海戦についてホー卿に報告を書いたとき、彼自らこの魅力とその価値を知っていて「私は兄弟の一団を指揮しうる幸福を享受しました」といっている。

海戦後の軍法会議

ツーロン沖におけるマシューズの行動により得た彼の悪評は、確かにこの海戦において示した拙劣な技量によるものでなく、また海戦の不首尾な結果によるものでもなかった。それは国内におけるごうごうたる非難及び主としてその後に開かれた軍法会議にかけられたものの数と判決によるものであった。司令長官及び次席指揮官並びに二十九名の艦長中十一名が告発された。司令長官は戦列を破ったために免職になった。すなわち、敵と交戦するために戦列を離れた際、艦長たちが彼のあとについてこなかったためである。次席指揮官は遥か遠く離れていたために戦列を破る誤ちを犯さずにすんだがゆえに無罪になった。十一名の艦長のうち一名は死亡し、一名は逃亡し、七名は免職又は休職になり、わずかに二名だけが無罪になった。

フランス及びスペイン側もこれより喜ばしいものではなかった。お互いに非難し合った。フランスのデ・クール（de Court）提督は指揮官の職を免ぜられた。またスペインの提督は戦いがせいぜいのところ引き分けであったにしては、全く異例の賞であるデ・ヴィクトリア侯爵の称号を同国政府から授けられた。他方フランス側は、同提督はほんの軽傷であったにもかかわらず、それを口実として艦を降り、同艦はたまたま乗艦していたフランスの艦長が指揮して戦ったのだと主張している。

ホークとレタンデュエール

その後海上の戦いは下火になりつつあったとはいえ、全く平穏無事であったわけではない。一七四七年中に、英仏両戦隊間に二回戦闘が起こり、フランス海軍は全滅した。両国ともイギリス側は決定的に優勢であった。フランス側はある艦長たちが若干すばらしい戦い振りを見せ、また大いに劣勢であったが最後まで抵抗して英雄的な頑張りを見せるという機会が与えられたものの、得られた教訓は一つだけであった。

その教訓とは、それが戦闘の結果であろうと、それとも、もともと彼我に兵力差があったためであろうと、敵が兵力的に大いに劣勢であって、算を乱して逃走を余儀なくされるときは、通常戦列に対して払うべき顧慮を少くとも幾分かは捨てて、総追撃を命ずべきであるということである。

今ここで論じている場合のはじめにおいては、イギリス艦隊司令官アンソン（Anson）が十四隻を保有するのに対し、フランス艦隊は八隻で、総兵力においてもまた個艦についても劣っていた。第二の場合には、英国のサー・エドワード・ホーク（Sir Edword Hawke）が十四隻保有するのに対し、フランス側は九隻であった。ただしフランスの各艦は個艦としては英艦より若干大きかった。両回とも総追撃の信号が発せられたが、その結果たる戦闘は乱戦であった。そうなるよりほかに仕方がなかった。ただ必要だったことは一つ、敵に追いつくことであった。そしてそれは、最も速力の速い艦又は最も良い位置を占めている艦を真先きに行かせ、最も速い追跡艦のスピードを最も遅い被追跡艦のスピードよりも速くし、その結果敵をして最も遅い艦を放棄するかそれとも全部隊を窮地に陥れるかのいずれかに確実に追いこむことによってのみ達成される。第二の場合には、フランスのレタンデュエール（l'Étenduère）代将は遠くまで追跡されるには及ばなかった。彼は二百五十隻の商船を護衛中であった。彼は軍艦一隻を分派して船団と行動をともにさせ、自らは他の八隻を率いて船団と敵の中間に位置して敵の攻撃を待ち受けた。イギリス艦隊は次々とやってきて、フランス艦隊の戦列のいずれかの側に分かれた。このためフランス艦隊は両側戦闘となった。頑強な抵抗の後フランス艦は六隻が捕獲されたが、船団は助かった。イギリス艦隊は非常に手荒くやられていたので、フランスの残りの二艦は無事フランスに帰った。したがってサー・エドワード・ホークがこの攻撃において、いつものようなりっぱな判断と勇猛振りを示したとしても、レタンデュエール代将は名誉ある劣勢の不利の下にありながらも、幸運にもこのドラマで主役を演じ、かつそれをみごとにやりとげたということができよう。

戦争結果に及ぼしたシーパワーの影響

この全面戦争を終結させたエイキス・ラ・シャペル（Aix-la-Chapelle）条約は一七四八年四月三〇日にイギリス、フランス及びオランダによって調印され、その年の一〇月にはついに全関係国によって調印された。一部を除き同条約の一般的傾向は戦前の状態への復帰であった。

フランスは宿敵オーストリア家の苦境に際して簡単に同国に対する攻撃を再開し、イギリスはフランスがドイツの問題に影響を及ぼし又はそれを支配しようとすることに対して簡単に反対するに至った。

あとで主戦場はネーデルランドに移った。そこでフランスはオーストリアを攻撃したのみならず、フランスのそこへの侵入を常に警戒していたイギリスとオランダの両海洋国をも攻撃した。英蘭両国はフランスの他の諸敵国に補助金を与え、またフランス及びスペインの通商に損害を与えるなど、対仏戦争の中心になっていた。ルイ十五世は、フランスは困窮のため平和条約を結ばざるを得なかったとスペイン王に弁明した。ルイはすでにネーデルランド及びオランダの一部を武力によって保持していたにもかかわらず、このような寛大な条件を呑まざるを得なかった。明らかにフランスの苦難は大きかったに違いない。しかし、フランスは大陸においてこそそのように成功していたものの、その海軍は全滅され、その植民地との交通線はこうして切断された。当時のフランス政府が植民地への野望を抱いていたかどうかは疑問であるが、フランスの通商が甚大な損害を被りつつあったことは明らかである。

もしフランスが当時、兵力においては若干劣勢であっても、イギリス海軍に対抗しうるほどの海軍を保有していたならば、ネーデルランドとマーストリヒト (Maestricht) を占領していたので、フランス自身の条件を押しつけることができたであろう。一方イギリスは大陸においては窮地に追いつめられながらも、その海軍により海洋を支配していたがゆえに、対等の条件で平和を獲得することができた。

要約すれば、フランスは海軍を欠いたがためにその征服地を放棄せざるを得ず、イギリスはそのシーパワーを最善活用することはできなかったものの、シーパワーによって救われたのである。

第6章 七年戦争

平和条約——多くの問題未解決のままに

オーストリア王位継承戦争の主要参加国は、将来の紛争の種を宿している諸問題を徹底的に処理することをおそれたかのように見える。それらを論議すれば、現に行っている戦争を長引かせるおそれがあったからであろう。イギリスが講和に応じたのは、そうしなかったならばオランダの没落が避けられなかったためであって、スペインに対する同国の一七三九年の要求を強要又は放棄したからではない。いかなる捜索も受けることなく西インド諸島海域を自由に航行する権利は、他の類似の諸問題同様未決定のまま残された。この平和が長続きし得ないことは明らかであった。イギリスは、この平和によってオランダを救ったとしてもイギリスがすでに獲得していた制海権を放棄した。紛争の真の性格は大陸の戦争によっておおい隠されていたが、このいわゆる平和によって明らかにされた。

北アメリカにおける動揺

北アメリカにおいては、平和宣言の後再び動揺が起こった。それは、英仏双方の植民者たちや地方官憲が抱いていた情勢に対する深刻な懸念と鋭い感覚から起こったものである。アメリカ人はその人種特有の頑固さをもって自分たちの主張を固執した。「フランスがカナダの支配者である限り、われわれの十三の植民地に平安はない」とフランクリンは書いている。

当時まだ定着していなかった中央地域——正確にはオハイオ河流域と称しうる地方——について、英仏両国は互いに自国の領域だと主張していた。しかしもしイギリス側が成功すれば、カナダを軍事的にルイジアナから分離することになろう。他方もしフランス側がここを占領すれば、フランスの領有がすでに認められているカナダとルイジアナを連結することにより、イギリスの植民者たちはアレガニー（Alleghany）山脈と海岸との間に閉じこめられることになろう。

現地のフランス人はやがて争いが起こること、また海軍の兵力が少く劣勢という不利の下にカナダは苦労しなければならないことを十分によく知っていた。しかし本国政府は植民地の価値についても、また植民地のためには戦わなければならないという事実についても、盲目であった。フランスの植民者たちは性格的にも慣習的にも政治的活動に欠け、また自らの利益を保護する措置を実行することに不慣れであって、本国政府の怠慢を改めさせることをしなかった。

英仏両本国政府はともに不注意であったので、結局何ものもイギリスの植民者たちが自らのために事を処理する能力に代わることはできなかった。

アメリカにおける武力衝突

ノバスコシア（Nova Scotia）でも問題が起こり、英仏両本国政府も、ようやく目覚め始めた。一七七五年にブラドック（Bradock）の不幸な遠征隊がデュクスン（Duquesne）要塞（現在のピッツバーグ）に差し向けられた。同年の五月に主として武装輸送船から成る大戦隊が三千名の軍隊と新総督デ・ボードリュール（De Vaudreuil）を乗せて、ブレストからカナダに向けて出航した。ボスカウエン（Boscawen）提督はすでにこの艦隊より先行していて、セント・ローレンス河口沖にあってそれを待ち受けていた。英仏両国はまだ公然の戦争状態にはなかったので、フランスはたしかにその植民地に守備兵を送る権利を持っていた。しかしボスカウエンの受けていた命令はそれを阻止せよというものであった。霧のためフランス戦隊はばらばらになったが、その通航を隠すこともできた。しかしその二隻が英艦隊により発見され、捕獲された。それは一七五五年六月八日のことであった。しかしまだ宣戦布告は行われなかった。

七月に、サー・エドワード・ホーク（Sir Edward Hawke）がアシャント（Ushant）とフィニステール（Finisterre）岬の間を行動して、発見したいかなるフランスの戦列艦をも捕獲せよ、との命令を受けて出航した。八月にはさらに、フランスのあらゆる種類の艦船、すなわち軍艦、私掠船及び商船を捕獲してイギリスの港に連行せよとの命令が追加された。年末までに六百万ドル相当の三百隻の貿易船が捕獲され、六千人のフランスの船員（ほぼ十隻の戦列艦に配員するのに十分）がイギリスで監禁された。以上はすべてまだ名目上の平和が存続している間に行われた。宣戦の布告はその六ヵ月後に行われたのである。

ミノルカに対する遠征

フランスは時機が来るのを待ち、痛打を与えるべく慎重に準備をしていた。艦艇の小戦隊又は分遣隊が引き続いて西インド諸島及びカナダに送られ、一方ブレストの造船所では物すごい勢いで準備が行われ、軍隊がイギリス海峡の沿岸に集められていた。イギリスは侵略の脅威を感じた。しかし当時の政府は弱体で、戦争を行うには全く不適であった。

フランスは、イギリス海峡で目につくような示威行動をする一方で、ツーロンでひそかに十二隻の戦列艦の戦備を整えた。それらはラ・ガリソニエール（la Galissonière）提督指揮の下に、リシュリュー（Richelieu）公の指揮する一万五千名の軍隊を乗せた百五十隻の輸送船を護衛して、一七五六年四月一〇日に出航した。一週間後に、この陸軍部隊はミノルカ（Minorca）に無事揚陸されてポート・マホン（Port Mahon）を包囲し、艦隊は同港の前面にあってこれを封鎖した。実際、これは完全な奇襲であった。

ポート・マホン沖のビングの行動

フランス軍のツーロン出撃のわずか三日前に、ビング（Byng）提督は十隻の戦列艦を率いてポーツマスを出航した。六週間後に彼がポート・マホンの付近に到着したときには、その艦隊は戦列艦十三隻に増強され、また彼は四千名の軍隊を伴っていた。しかし時すでに遅く、一週間前にポート・マホン要塞は事実上破られていた。英艦隊が視界に入ってきたとき、ラ・ガリソニエールはその前に立ちふさがって入港を阻止した。

そのあとに起こった海戦が歴史的に有名になったのは、全く、それから生じた異常で悲劇的な出来事のためである。

五月二〇日の朝、両艦隊は互いに相手を視認した。フランス艦隊は風下側にあり、イギリス艦隊と海岸の間に位置していた。イギリス艦隊が「戦闘」の信号を発したとき、両艦隊の進路は平行ではなく三〇度ないし四〇度の交角をなしていた。

ビング自身が語ったところによると、彼が行おうとした攻撃方法は、各艦が敵の戦列内の相対応する艦を攻撃するというやり方であった。これはいかなる状況の下でも実施困難な方法であるが、この場合は彼我の後方隊同士の間の距離が前方隊間のそれよりはるかに大きかったため一層困難であった。このためビング麾下の全戦列は同時に戦闘に入ることができなかった。「戦闘」の信号が発せられたとき、前方隊はその信号に従ってほとんど真向いにフランス側に襲いかかった。前方隊はそのため自らの砲火を大いに犠牲にした。また敵の舷側砲の掃射を三回受け、檣上に甚大な損傷を被った。

フランス海軍の方針

戦闘は全く非決定的なものであった。イギリス艦隊の前方隊は後方隊から離れて戦闘の矢面に立った。フランスのある権威者は、ガリソニエールが敵の前方隊の風上に出てこれを粉砕しなかったことを非難している。ガリソニエールは、もしイギリス艦隊を撃破しようとして麾下の艦隊を危険にさらすのであれば、それよりもマホンに対する陸上攻撃を支援する方が一層まさっていると考えた。

この結論の正否は、海軍戦争の真の目的についての見解によって決まる。もし海軍戦争の真の目的が、陸上の一つ又はそれ以上の拠点の確保にあるとすれば、海軍は特定の場合は単に陸軍の一支隊となり、陸軍に従属して行動することになる。しかしもし真の目的が敵の海軍に優越し、そうして海洋を制することにあるとすれば、敵の艦艇及び艦隊があらゆる場合に攻撃すべき真の目標となる。

もし海軍の戦争が陸上の軍事拠点のための戦いであるならば、艦隊の行動はその拠点の攻防に従属しなければならない。もしその目的が海上における敵の勢力を撃破し、敵のその他の領土との交通線を遮断し、敵の商業上の富の源泉を枯渇させ、敵の港湾の閉鎖を可能にすることにあるならば、攻撃の目標は海上における敵の組織された軍事力、要するに敵の海軍でなければならない。

いかなる理由によるのであれ、イギリスがこの戦争の終わりにミノルカを奪回することができたのは、制海のお陰であるが、その制海は後者の行動方針をとったゆえに得られた。一方フランスがその海軍の威信を失ったのは、前者の行動方針をとったためであった。

ビング提督軍法会議にかけられ処刑される

二〇日の戦闘の後、ビングは軍事会議を開いた。その会議では、これ以上何事もなし得ないこと、イギリス艦隊はジブラルタルにおもむき、同地を敵の攻撃から援護すべきであるということを決定した。ジブラルタルにおいてホークがビングに代わり、ビングは裁判のため本国に送還された。軍法会議は、彼の卑怯又は不忠誠の嫌疑は明白に晴らしたが、彼がフランス艦隊を打ち破るか、又はマホンの守備隊を救援するかのいずれかのために最善を尽さなかったのは有罪であるとし、軍律に従い彼に死刑の判決を下さざるを得なかった。彼は銃殺に処せられた。

イギリス、戦争の海洋性を認識

ビングの戦闘の三日前、五月一七日にイギリスは宣戦を布告し、フランスはこれに応じて六月二〇日に宣戦を布告した。二八日にポート・マホンは降伏し、ミノルカはフランスの手に移った。英仏両国間の紛争の性格及び紛争が起こった場所は、紛争の本当の舞台を極めて明白に示していた。今や本当に海洋戦争が始まろうとしていた。

フランスは、すぐあとで述べる原因により再び海洋からわき途へそれていった。フランス艦隊はあまり姿を現わさなくなった。フランスは制海権を失ったので、その植民地を次々と失い、またインドにおける希望をすべて放棄した。

一方イギリスは、海洋によって守られ、養われ、いたるところで海洋を駆使し勝利を収めた。本国は安全が確保され繁栄していたので、イギリスはフランスの敵国を金をもって支援した。七年にわたる戦争が終わったとき、大英王国は大英帝国となっていたのである。

七年戦争始まる

フランスが同盟国を持たずに海上においてイギリスと戦い成功し得たなどということは到底あり得ないことである。一七五六年にフランス海軍は六十三隻の戦列艦を保有し、そのうち四十五隻は良好な状態にあった。ただし装備や砲には欠陥があった。スペインは四十六隻の戦列艦を保有していた。しかしスペイン海軍の以前及びその後の業績からいって、その隻数相当の戦力を持っていたかどうか疑わしい。

イギリスは当時百三十隻の戦列艦を保有し、四年後には百二十隻が実際に就役していた。もちろん国が陸上であれ海上であれ、当時のフランスほど劣勢になるがままに放置しておくときは、その国は成功を望むことはできない。

しかしフランスは最初は有利であった。ミノルカの征服に続いて、その年の十一月にはコルシカを取得した。すなわちゼノア共和国は、同島のすべての要塞化された港湾をフランスに譲渡したのである。ツーロン、コルシカ及びポート・マホンを保有していたので今や地中海を強力に掌握していた。カナダにおいては、モンカーム（Montcalm）の指揮下に行われた一七五六年の作戦が、兵力において劣勢であったにもかかわらず成功した。

なおもう一つの出来事がフランス政府に、海洋におけるフランスの立場を強化する好機を与えた。オランダがフランスに対し、イギリスとの同盟を復活することなく中立にとどまることを約束したのである。

フランスは、イギリスに対して努力を集中する代わりに、もう一つの大陸の戦争を始めた。しかも今回は新しくかつ異常な同盟の下におけるものであった。オーストリアの女帝は、フランスを対プロシア同盟に引きこんだ。この同盟にはさらにロシア、スウェーデン及びポーランドが加盟した。女帝は、両旧教国は新教徒たるプロシア王からシレジアを奪取するため協力すべきであると説き、フランスが前々から望んでいたオーストリア領ネーデルランドの一部をフランスに与える用意があると言明した。

フレデリック（Frederick）大王は、彼に対する同盟が結ばれたことを知り、その同盟がさらに大きくなるのを待つことなく、彼の軍を動かしてサクソニー（その統治者はポーランド王が兼ねていた）に侵入した。一七五六年一〇月のこの行動によって、七年戦争が開始された。

フランスは、すでにイギリス海峡を挟んで隣国イギリスと大きな戦争をしている一方で、こうして公然とオーストリア帝国を強くするという目的をもって、不必要にも、もう一つの戦争に入っていったのである。

一方イギリスはこのときどこに自国の利益があるかを明確に見究めていた。イギリスは大陸の戦争を全く第二義的なものとして、努力を海洋と植民地に注いだ。同時に、フレデリックが自分の防衛のために戦うのを、金と衷心からの同情をもって支援した。これがフランスの努力を甚だしく牽制し分割した。こうしてイギリスは実際にはただ一つの戦争しか実施しなかったのである。同年、戦争の指導は弱体内閣の手から取り上げられて、大胆で熱烈なウイリアム・ピット（William Pitt）の手に委ねられた。彼は一七六一年までその職にとどまったが、そのときまでに戦争目的は実質的に達成されていた。

ルイスブルグの陥落

カナダに対する攻撃において、一七五七年のルイスブルグ（Louisburg）に対する攻撃の試みは失敗した。翌年、勇敢な提督ボスカウエンが、一万二千名の軍隊を伴って派遣された。港内には五隻の敵艦がいただけだった。軍隊は揚陸され、艦隊は味方の攻囲部隊を敵の妨害から掩護し、敵の被包部隊の補給線を遮断した。この島は一七五八年に陥落し、セント・ローレンス河によってカナダの心臓部に至る道を開き、イギリスは艦隊及び陸軍の両者に対する新しい基地を手に入れたのである。

ケベックとモントリールの陥落

翌年ウルフ（Wolfe）の指揮する遠征部隊がケベック（Quebec）に派遣された。全作戦は艦隊の上に成り立っていた。艦隊は陸軍部隊を輸送しただけでなく、各種の陽動のため必要に応じ河を上下した。部隊の揚陸は、艦艇から直接実施された。

モンカムは二年前に、シャンプレーン（Champlain）湖経由の途を封じていたのだが、増援兵力の派遣を本国政府に強く要請した。しかしそれは陸軍大臣によって拒否された。同大臣はほかの理由のほかに次のようにいって寄越した――イギリス軍が途中で増援部隊を阻止する公算は大いにあるであろう。そしてフランスが一層多くの増兵部隊を送れば送るほど、イギリスもますます阻止兵力を送るだろうと。一言にしていえば、カナダの保有はシーパワーに依存していたのである。

一七六〇年にイギリス軍はセント・ローレンス河の航路の一端のルイスブルグと他端のケベックを保持して、同航路を確保しているように見えた。しかしフランスの総督ボードリュールは、依然モントリール（Montreol）を保持していた。ケベックのイギリス守備隊は、カナダ軍より劣勢であったにもかかわらず、市外に出て戦い、敗れた。数日後、イギリスの戦隊が現われ、ケベックは救われた。

イギリスの古い海軍歴史家はいった――「こうして敵は、海上における劣勢が何であるかを知った。というのは、もしフランスの戦隊がイギリスの戦隊より先に河を上っていたならば、ケベックは陥落したに違いないからである」。

今や完全に外部から遮断されて、モントリールに残っていたフランス人小部隊は、三方からやってきた英軍によって包囲された。一七六〇年九月八日の同市の降伏によって、フランスのカナダ領有に永久に終止符が打たれた。

大陸戦争に対するシーパワーの影響

この戦争において、シーパワーは直接その結果に影響を与えなかったが、間接的には次の二つの形で影響を及ぼした。第一は、イギリスがその大きな富と信用によりフレデリックに与えることができた補助金。第二は、イギリスがフランスの植民地及び本国の海岸に対して攻撃を加えることによりフランスを困却させ、フランスの通商を破壊し、そしてフランスが海軍に投ずる金を節減せざるを得なくさせたことである。

フランスはイギリスの海洋力によって絶えず打ちのめされたので、それに対抗して何事かをやらざるを得なくなった。しかし海軍が甚だしく劣勢であり、世界中のいたるところで対抗することはできなかった。このため一つの目標に集中することに決定したのであるが、それは適当であった。ところで選んだ目標はイギリス本国そのもので、その海岸に侵攻することにしたのである。その結果、数年間にわたりフランス海岸付近及びイギリス海峡を中心に大きな海軍作戦が行われることになった。それについて述べる前に、イギリスの圧倒的シーパワーの使用の準拠となった一般計画を要約して述べよう。

イギリスの海軍政策（一七五六―一七六三年）

既述の北アメリカ大陸における作戦のほかに、この計画は次の四つから成っていた。

(1) フランスの大西洋岸の諸港、特にブレストを監視し、大艦隊であれ小部隊であれ戦わずして出航させせないようにする。

(2) 大西洋及びイギリス海峡沿岸を遊撃戦隊をもって攻撃し、時々それに続いて小兵力の地上部隊を揚陸する。これらの攻撃は、敵がその方向を予知し得ないように指導する。その主なねらいは、敵をして多くの地点に兵力を常置させ、こうしてプロシア軍に指向する兵力を減少させることである。

(3) フランスのツーロン艦隊が大西洋に出るのを阻止するため、地中海及びジブラルタルの近くに一個艦隊を配備する。ただし、フランスとミノルカの間の交通を阻止する企てが真剣に行われたようには見えない。地中海艦隊は、一つの独立部隊ではあったが、大西洋艦隊の補助的ものであった。

(4) 西インド諸島のフランス植民地及びアフリカ海岸に対して海外遠征部隊が派遣された。また東インドに一個戦隊が配備されて、同海域の制海を確保し、それによってインド半島の英軍を支援し、フランス側の交通線を遮断しようとした。フランス海軍を撃破してフランスのイギリス侵入のおそれがなくなった後は、遠隔海域におけるこれらの作戦は中断されることなく、その活動と規模はますます拡大され、一七六二年にスペインが戦争に加入してからは、イギリスに一層大きな獲物が提供された。

ブレストの敵艦隊の直接封鎖はこの戦争中はじめて組織的に実施されたのであるが、それは攻勢作戦というよりは守勢作戦とみなした方がよいかも知れない。というのは、好機があれば戦うことを意図していたのは事実であるが、その主な目的は敵の手中にある攻撃的兵器を無力化することであって、武器の破壊は第二義的であったからである。

イギリス本土侵攻計画

一七五八年の後期に、フランスは直接英本土に侵攻することに決した。このとき積極的な性格のショアズール（Choiseul）がルイ十五世によって権力の座に迎えられた。一七五九年のはじめから、大西洋岸及びイギリス海峡沿岸の諸港において侵攻準備が行われた。イングランド侵攻のため五万人、スコットランド侵攻に一万二千人を乗船させることになっていた。

それぞれ相当の兵力の二個戦隊が準備された。一つはツーロン、他はブレストにおいてであった。これらの二個戦隊がブレストで合同することが、この大計画における第一歩であった。しかし、イギリスがジブラルタルを領有し、またイギリス海軍が優勢であったがために、この計画はその第一歩において崩れ去った。

ボスカウエンとデ・ラ・クルー

一七五九年、フランスのツーロン艦隊司令官デ・ラ・クルー（de la Clue）代将は、ボスカウエン提督指揮下の英地中海艦隊がジブラルタルにいてツーロン沖にいないのをさいわい、八月五日に戦列艦十二隻を率いてツーロンを出撃し、強い東風に乗って大西洋に出た。イギリスのフリゲート艦が発見して号砲を発射した。クルー代将は、敵の追撃を避けるべく、大西洋に向って針路を北西にとった。しかし不注意か又は不忠誠により、十二隻中の五隻は北航し、翌朝代将が見えないのでカディスに入港した。

代将は夜が明けて麾下の部隊が減っているのを見てあわてた。八時に若干の帆影が見えたが、それはボスカウエン艦隊の哨艦であった。戦列艦十四隻を数える同艦隊は全力を挙げて追撃中であったのである。クルー艦隊の艦隊速力はもちろん最高速の英艦のそれよりおそかった。

追撃部隊が決定的に優勢な場合のすべての追撃戦における一般法則は、当時まではイギリス海軍においてはよく理解されていた。その法則とは、先頭の快速諸艦が後続の劣速諸艦の適当な支援距離にとどまる範囲においてのみ（それは後続諸艦がやってくる前に、先頭諸蚤が個々に圧倒されないようにするためである）陣列は保持されるべきだということである。ボスカウエンはそれに従って行動した。

一方フランス艦隊の殿艦は、午後二時イギリスの先頭艦に追いつかれ、やがて他の四隻によって包囲された。同艦の艦長は五時間の間必死の抵抗をしたが、それは自らを救おうとしてではなく、他艦が逃れることができるほど長く敵を引きとめておこうと思ってしたのである。M・デ・サブラン（M. de Sabran）艦長――その名は記憶に値する――はこの勇敢な抵抗で十一個所も負傷したが、その抵抗により追撃を遅らせて後衛の任務と奉仕をみごとに示した。

その夜フランス艦二隻は西方に逃げた。他の四艦は逃走を続けたが、翌朝代将は逃走をあきらめてポルトガル海岸に向い、ラゴス（Lagos）とセント・ビンセント（St. Vincent）岬の間に全艦を座礁させた。英提督はこれを追い、ポルトガルの中立を顧慮することなくこれを攻撃して二隻を捕獲しその他を焼いた。

ホークとコンフラン

ツーロン艦隊の撃破又は分散により、英本土侵攻は止められた。しかしカディスに逃げた五艦は、ブレストの前面にあるサー・エドワード・ホークの心配の種であった。

ショアーズは、主目的である英本土侵攻は妨げられたが、なおもスコットランド侵攻をあきらめなかった。デ・コンフラン（de Conflans）元帥麾下のブレストのフランス艦隊は、二十隻の戦列艦とほかにフリゲート艦を持っていた。最初の目的は、小艦艇のほかに五隻の戦列艦のみをもって輸送艦を護衛することであった。しかしコンフランは全艦隊が行くべきだと主張した。海軍大臣は、コンフラン提督が敵の前進を阻止し、決定的な交戦の危険を冒すことなく船団をクライド（Clyde）付近の目的地に無事到着させることができるほどの熟練した戦術家であるとは思っていなかった。したがって、全面的な戦闘が起こるだろうと信じていた彼は、軍隊が出撃する前に戦う方がよいと考えた。かりに敗けても船団が犠牲になることはないだろうし、もし決定的に勝つならば、船団の前途は開けるであろうからである。ここにおいてフランス艦隊は敵と戦うとの期待と目的をもって出撃した。

十四日にコンフランはブレストを出撃した。十二日にホークはトーベイ（Torbay）を出撃したが再びもとの泊地に吹き戻され、同じ十四日に再度出撃した。

二十日の日出時フランス艦隊は、ダフ（Duff）代将の指揮するイギリス戦隊を発見した。イギリス戦隊は二隊に分かれて逃れた。フランス艦隊の大部は、風を背に受けて逃げる一隊を追い続けた。そのときフランス艦隊は風上側にホークの指揮するイギリス艦隊の影を認めた。コンフランは戦闘準備を整えた。彼は予期しなかった状況の下で、自らの方針を決定しなければならなかった。

今や風は強く吹き、荒天の兆は歴然としていた。フランス艦隊は風下の海岸から遠く離れていないし、敵は数において相当優勢であった。というのは、味方の二十一隻に対しホークは二十三隻の戦列艦を擁し、ほかにダフは四隻の五十門艦を持っていたからである。そこでコンフランは逃げ出し、麾下の艦隊をキベロン（Quiberon）湾に入れようと決心した。当時の天候の下では、またキベロン湾は浅瀬や砂洲がありおそろしいリーフが並んでいるとフランス当局はいっているので、ホークはあえてついて来ないであろうとコンフランは信じたのであった。

ホークはいささかもまた一瞬たりとも、眼前の危険にひるむことはなかった。彼は、熟練した船乗りとしての自分の能力の限界をよく知っていた。しかし彼は勇敢であるとともに冷静で意志の強固な人であり、危険を過小視も過大視もすることなく正しく考量した。

コンフランが艦隊の先頭に立って湾の入口の最南端の岩礁カーディナル（Cardinals）を回りつつあったとき、イギリスの先頭諸艦がフランスの後方隊と交戦に入った。それは乱戦に終った。その結果フランスの大艦隊は殲滅された。他方イギリス艦隊は荒瀬に乗り上げて難破した二隻を失っただけで、戦闘中受けた損害も軽微であった。

ブレスト艦隊の撃破とともに、英本土侵攻のあらゆる可能性はなくなった。一七五九年一一月二〇日の海戦はこの戦争におけるトラファルガルであった。今やイギリスの諸艦隊はフランスの諸植民地に対し、さらに後ではスペインの諸植民地に対し、従来以上に大規模な行動を自由にすることができるようになった。

この大海戦が戦われ、またケベックが陥落したその同じ年に、西インド諸島のガダループ（Guadeloupe）とアフリカ西岸のゴリー（Goree）が攻略され、また東インド海域においては、フランスのダッシュ（D'Aché）代将とイギリスのポコック（Pocock）提督との間の三回にわたる非決定的戦いの後、フランス海軍はこの海域を放棄した。その放棄は必然的に、インドにおけるフランス勢力の没落をもたらし、フランスの勢力は再び立ち上ることはなかった。

チャールズ三世スペイン王となる

同じ年の一七五九年にスペイン王が逝去し、彼の弟がチャールズ三世の称号の下に王位を継いだ。それまでナポリ王であったチャールズは、スペイン王になってもイギリスに対する非友好的感情を持ち続けた。このためフランスとスペインは一層容易に結ばれるに至った。

チャールズがとった最初の措置は、イギリスとフランスの和解の調停を申し出ることであった。が、ピットはそれに反対した。フランスをイギリスの主敵と見なし、また海洋と植民地を力と富のおもな根源と見ていたピットは、今やフランスを押えこんでいるので、現在のみならず将来にわたってフランスを徹底的に弱体化し、フランスの破壊の上にイギリスの偉大さを一層確固として打ち立てたいと思っていたのである。
一年後の一七六〇年一〇月二五年にジョージ二世が逝去し、新王は戦争をしたがらなかったので、ピットの影響力はそのときから衰え始めた。

フランス海軍の衰退

フランスのシーパワーは明らかに海路遠隔の地においてその力を発揮することができなくなり、フランスはカナダとインドを両方ともに失った。一方スペインは、その海軍は弱く、その領土は広く分散していたので、この時点において戦争に加入する途を選ぶことはほとんどあり得ないように思われたであろう。ところが加入したのである。

フランスの海洋力の消耗は誰の目にも明らかであった。ある歴史家はいう――「フランスの資源は消耗された。一七六一年には、わずか数隻の船舶が本国の港から出ていっただけだが、それらはすべて捕獲された。スペインとの同盟は遅きに失した。一七六二年に、時たま出港した船は捕えられ、まだフランスの手に残っていた植民地を救うこともできなかった」と。

フランス商船の捕獲に始まったフランス通商の崩壊は、植民地の減少によって極点に達した。

一七六一年にイギリスは、予備艦のほかに就役中の戦列艦百二十隻を保有していた。それらには、五年間にわたる不断の海戦によって鍛えられ、勝利によって士気の上った七万名の船乗りが配員されていた。

一方フランス海軍は、一七五八年には戦列艦七十七隻を数えたが、一七五九年には二十七隻が戦利品としてイギリスに捕えられ、そのほか八隻が撃破され、多数のフリゲートを失った。フランス自身の著述家たちが告白したように、フランス海軍は根も枝も枯らされてしまったのである。

スペイン海軍は約五十隻の艦艇を擁していた。しかしその要員は、その前後の時代とあまり変っていないとすれば、非常に劣っていたに違いない。効率的な海軍を欠くスペイン帝国の弱点については前に指摘した。しばしば犯されたとはいえ、中立もまた同国にとって非常に有利であった。それによって同国の財政と貿易を立て直し国内資源を再建することができるからである。同国にはもっと長期間の中立が必要であった。にもかかわらず、国王は同族感情とイギリスに対する遺恨に動かされ、抜け目のないショアーズルのいいなりになって、一七六一年八月一五日には仏西両王家の間に対英条約が調印された。この条約にはナポリ王も加入したが、それは両王国の総力を挙げて相互の領土の安全を保証するものであった。それ自体重要な約束であったが、秘密条項にはさらに、一七六二年五月一日になってもまだフランスとイギリスとの間に和平ができていないときは、イギリスに対して宣戦を布告するということが約定されていた。

イギリス、スペインに宣戦

この種の交渉を全く秘密のままにしておくことはできなかった。ピットは、スペインがその意図において敵対的になりつつあることを確信するにたる情報を得た。彼はスペインに先んじて宣戦を布告することに決した。しかし新国王の諮問会議における反対勢力は余りにも強かった。彼は内閣を納得させることができなかったので、一七六一年一〇月五日に辞職した。

ピットの予見はすぐに正当化された。スペインは、戦争実施に必要な正金を積んだ宝船がアメリカから到着するまでは、イギリスに対して熱心に善意を示していた。九月二一日にガレオン船隊はカディスに投錨した。スペインは一方的に苦情や要求を主張し、争いは急速に激化した。このため、熱心に平和を望んでいたイギリスの新内閣すらも、年末前に大使を召還し、翌一七六二年一月四日にスペインに対して宣戦を布告した。しかし時機すでに遅きに失し、ピットがねらっていた利益を収めることはできなかった。しかしピットの立てた計画は彼の後継者によって大体採用され、イギリス海軍の整備の許す範囲のスピードで実施された。

フランス、スペイン植民地の攻略

三月五日にポコックは、ハバナに向う輸送船隊を護衛してポーツマスを出撃した。西インド諸島において同地にいた部隊により増強されたので、彼の部隊は戦列艦十九隻と小艦艇及び一万名の軍隊になった。

それよりさきの一月には、有名なロドネー(Rodney)麾下の西インド艦隊は、陸軍部隊とともにマルチニック(Martinique)島の攻略にたずさわっていた。この島は、仏領西インド諸島中の珠玉であり要害の地であった。また大規模な私掠船体制の基地でもあった。この必要な基地の陥落とともにそこに依拠していた私掠船体制も滅んだ。二月一二日にマルチニックは陥落し、この主要商業・軍事中枢の喪失に直ぐに続いて、グレナダ（Grenada）、セント・ルシア（Sta Lucia）、セント・ビンセント（St. Vincent）等の小島を失った。これらの取得によってアンティガ（Antigua）、セント・キッツ（St. Kitts）及びネビス（Nevis）のイギリス植民地並びにそれらの島と貿易する船舶は、敵の攻撃に対して安全となり、イギリスの通商は大幅に伸び、すべての小アンチル（Antilles）列島すなわちウインドワード（Windword）諸島がイギリスの領土となった。

五月二七日にポコック提督は、セント・ニコラス（St. Nicholas）岬沖で西インド諸島からの増援兵力と合同してハバナ（Havana）に向った。四十日の包囲の後、七月三〇日にモロ（Moro）要塞は陥落し、ハバナの町も八月一〇日に降伏した。スペイン軍はハバナの町のみならず十二隻の戦列艦及びスペイン王の所有にかかる三百万ポンドの金と商品をも失った。ハバナの重要性は、単にその大きさや広大で豊かに耕作された地域の中心地としての位置のみによって測るべきではない。当時においてはメキシコ湾からヨーロッパへ向う宝船その他の船舶が通りうる唯一の航路を支配する港でもあったのである。もしハバナが敵の手中にあれば、船舶をカルタヘナ（Cartagena）で集め、そこから貿易風に逆らって航海させなければならなくなるであろう。それは常に困難なことであり、船舶はイギリスの巡洋艦による捕獲の危険に暴露された海域を長い間航海しなければならないことになろう。この重大な成果は、自らのシーパワーによって交通線を支配することに自信のある国のみが達成し得たものであった。

仏西連合軍のポルトガル侵攻

こうしてイギリスのシーパワーが遠く西インド諸島において威力を発揮していたときに、ポルトガル及び極東においても同様な事例が見られた。仏西両王は最初ポルトガルに対し、彼らが「海洋の暴君」と呼んでいたイギリスに対する彼らの同盟に加わるよう誘いをかけた。しかしその勧誘状には、ポルトガルが保ち得ないような中立は許されないであろうと、はっきり述べられていた。それで当時のポルトガルの大臣は、ポルトガルがおそれるべきはスペインの陸軍よりもイギリスとその艦隊であると判断した。その判断は正しかった。

仏西両国はポルトガルに宣戦を布告して侵入した。連合軍は一時は成功したが、「海洋の暴君」はポルトガルの要請に答えて艦隊を派遣し、八千名の軍隊をリスボンに揚陸した。イギリス軍はスペイン軍を国境を越えて撃退し、戦争をスペイン本土にまで押し進めた。

スペイン、各地で深刻な敗北

これらの重要な事件と同時にマニラが攻撃された。海洋を管制することによって、インドにおいて成功し、インドの諸体制の安全が絶対的に確保されたので、インドの役人はこの植民地獲得の遠征を実施することができるようになったのである。遠征部隊は一七六二年八月に出撃して一九日にマラッカに到着した。その中立港で、これから実施しようとする包囲戦に必要なものをすべて補給した。遠征部隊は全面的に艦隊に依存していたのであるが、結局一〇月にはフィリピン群島全体が降伏した。「ハバナの征服により、スペインのアメリカにおける豊かな植民地とヨーロッパとの間の交通は大いに妨げられた。フィリピン諸島の攻略により、スペインは今やアジアから締め出された。両々相まって、スペインの貿易路はすべて切断され、広大であるがばらばらのスペイン帝国の各部間の交通もすべて遮断された」のである。

スペイン和を乞う

マニラの征服によってこの戦争の軍事作戦は終わった。一月にイギリスが宣戦を布告してからの九ヵ月は、フランスの最後の望みを粉砕し、スペインに和を乞わせるに十分であった。その講和でスペインは、それまで敵対的態度や要求の根拠としていた点をすべて譲歩した。

以上簡単に諸事件を要約して述べた。イギリスが迅速かつ徹底的にこれらのことをなし得たのは、全くそのシーパワーのおかげであることは指摘するまでもない。シーパワーによりイギリスの部隊は、キューバ、ポルトガル、インド及びスペインといった広く散在した遠隔地において、交通線が切断されるという深刻な事態を懸念することなく行動することができたのである。

パリ平和条約

一七六三年二月一〇日にパリで平和条約が調印された。同条約の条項によりフランスは、カナダ、ノバスコシア及びセント・ローレンス河のすべての島に対する要求をすべて放棄した。またカナダのほかに、オハイオ河流域及びニュー・オルリーンズ市を除くミシシッピー河以東の全領土を割譲した。

同時にスペインは、イギリスが返還したハバナの代償として、フロリダをイギリスに譲渡した。このフロリダのうちにはミシシッピー河以東のスペインの全大陸領土が含まれていた。

こうしてイギリスはハドソン湾からのカナダ及びミシシッピー河以東の現在の合衆国の全部を含む植民地帝国を獲得した。

西インド諸島においてはイギリスは、ガダループ及びマルチニックという重要な島をフランスに返還した。小アンチル列島の四つのいわゆる中立の島々は、英仏二国に分割された。すなわちセント・ルシア島はフランスの、またセント・ビンセント、トバゴ（Tobago）及びドミニカの三島はイギリスの領有となった。イギリスはまたグレナダ島をも保有した。

ミノルカはイギリスに返還された。同島をスペインへ返還することはスペインとの同盟条約の条件の一つであったが、フランスはその約定を遂行することができなくなった。そこでミシシッピー河以西のルイジアナをスペインに割譲した。

インドにおいてフランスは、デュプレイ（Dupleix）が彼の拡大計画に着手する以前から保持していた領土は回復した。しかしベンガルに要塞を築くか又は軍隊を配備する権利を放棄し、こうしてシャンデルナゴル（Chandernagre）の根拠地を無防備のままにした。一言にしていえば、フランスは貿易のための施設は回復したが、政治的影響力に対する主張を事実上放棄したのである。一方イギリスの東インド会社がその全征服地を保有することは暗黙裡に了承された。

ニューファウンドランド沿岸及びセント・ローレンス湾の部分における漁業権は、以前フランスが享受していたものであるが、この条約によってフランスに割譲された。スペインはその漁民たちのために同漁業権を要求していたが、それは認められなかった。

イギリスにおける条約に対する反対

一般国民及びその支持を得ているピットは、この条約の条項に痛烈に反対した。ピットはいう――「フランスはわれわれにとって主として海洋及び通商の国としておそるべき国である。この点においてわれわれが得るものは、その結果としてフランスに損害を与えるがゆえに、われわれにとっては特に貴重なのである。しかるに諸君はフランスに海軍再建の可能性を残した」。

事実において以上の言葉はシーパワー及び国民の嫉妬心の見地からは十分正当化されうるものであった。西インド諸島においてフランスの植民地を、またインドにおいてその根拠地をフランスに返還したことは、フランスの以前のアメリカ領土における漁業権とともに、フランスに海運、通商及び海軍を再建する可能性と誘因を与えるものであった。

イギリスは今や多くの重要拠点を確保して海洋を軍事的に支配していた。またその海軍は数の上で圧倒的に優勢で、その商業及び国内状態は繁栄していた。したがってもっと厳しい条項を強要することは容易であったろうし、またそれが賢明であったであろうということは否定できない。しかし内閣は負債が莫大になることを根拠にして、譲歩を熱望したこと及びその精神を弁護した。しかし有利な軍事情勢の下で取得しうるようになった利点は最大限度に取得すべきであるということもまた絶対的な要求である。しかし内閣はそれをしなかった。

この戦争の結果

それにもかかわらずイギリスが得たものは非常に大きかった。それは単に領土の拡大とか、さらに海洋における圧倒的優位においてだけではない。イギリスの偉大な資源や強力な力に十分に気付いた諸国民の眼前に確立されたイギリスの威信と地位においてもまた、その利得は大きかった。

海洋において獲得されたこれらの結果に比べて対照的に、大陸の戦争の結果は特異で示唆に富んでいた。フランスはすでにイギリスとともに、この戦争のすべての責任から手を引いていた。同戦争の他の当事国の間の平和条約は、パリ条約の五日後に調印された。平和条約の条件は単に戦前の状態への復帰であった。プロシア王の見積りによると、五百万人の同王国の十八万名の兵士がこの戦争で死んだ。一方ロシア、オーストリア及びフランスの損害は全体で四十六万名に達した。そして結果は、ただすべてが戦前のままに残っただけであった。

公正な結論といえそうなことは、良好な海岸を持つ国はもちろん、一つないし二つの出口によって外洋に容易に出られるに過ぎない国も、ほかの地方の現存の政治的秩序を乱してこれを変えようと企てるよりは、海洋及び通商によって繁栄を求める方が自国にとって有利であることに気付くであろうということである。

一七六三年のパリ条約以降、世界の未開の地は急速に占有されていった。わがアメリカ大陸、オーストラリア及び南アメリカすらその例外ではない。

七年戦争が英国の政策に与えた影響

イギリスは今日もそうであるが、ほかの諸国に比べて小さな陸軍をもって、まずうまく自国の海岸を守り、次いでその兵力をあらゆる方向に派遣して遠隔の地方にその支配と影響力を拡大した。そして彼らをイギリスに従属させたばかりでなく、イギリスの富、その力及びその名声に貢献させた。イギリスの努力は、その国民の生まれながらの才能とピットの火のように輝く天才によって指導された。その指導は戦争後も続いて行われ、その後のイギリスの政策に大きな影響を及ぼした。イギリスは今や北アメリカの女王となり、また東インド会社を通じてインドを支配するに至った。イギリスはそのほかにも地球上に遠くかつ広く散在する他の豊かな領土を持っていた。一方スペイン帝国は巨大ではあるが、ばらばらで弱かったがゆえに、イギリスはさんざんこれをこらしめることができたという有益な教訓をイギリスは眼の前に学んだ。この戦争についての英海軍歴史家がスペインに関して語った次の言葉は、ほとんどそのまま今日のイギリスについてもいうことができる。

「スペインはまさにイギリスが、優越と名誉を勝ち取りうるとの最も有望な見とおしをもって常に戦うことのできる国である。その広大な王国は本国そのものが疲弊しており、その資源ははるか遠隔の地にある。海洋を支配する国はいずれの国もスペインの富と通商を支配することができる」。

イギリスの本国が疲弊しているというのは正しくないであろう。しかしイギリスが外部世界に依存しているということから、この言葉はある種の示唆を含んでいる。

イギリスはこの英西両国の立場の類似性を看過しなかった。そのときから今日に至るまで、イギリスがシーパワーによって勝ちとった領土は、そのシーパワーそのものと相まってイギリスの政策を支配してきた。インドへの道は、クライブ（Clive）の時代には遠くて危険な航海であり、その途中にはイギリスの寄港地は一つもなかった。しかしセント・ヘレナ（St. Helena）、喜望峰、モーリシャス（Mauritius）の取得を機に、その道は強化されていった。蒸気船の時代になって紅海及び地中海の航路が実用化されるや、イギリスはアデン（Aden）を取得し、さらに後にはソコトラ（Socotra）島に根拠地を置いた。マルタ（Malta）はフランス革命中にすでにフランスの手に落ちていた。一八一五年の平和条約においてイギリスの要求はとおった。マルタはジブラルタルから千マイル足らずの距離にあるので、マルタとジブラルタルからする支配圏は交差している。今日ではこの支配圏はマルタからスエズ地峡にまで延びている。この間には以前には根拠地がなかったが、キプロス（Cyprus）がイギリスに譲渡されたので今はそれによって守られている。

エジプトはフランスの嫉視にもかかわらず、イギリスの支配下に移った。ナポレオンとネルソンは、エジプトの位置がインドにとり重要であることを理解していた。

M・マーティン（M. Martin）は七年戦争について述べていう――「中世以来イギリスははじめて、ほとんど同盟国もなく独力で、強力な同盟国を持つフランスを征服した。イギリスは専ら優れた政府によって征服したのである」。

イギリスの成功は海洋優位に負う

しかり。しかしそれは、イギリス政府がシーパワーという恐るべき武器を使用したその卓越さによってであった。シーパワーは、イギリスを豊かにし、次いでイギリスに富をもたらした貿易を保護した。イギリスはその金をもって、わずかの同盟国（主としてプロシアとハノーバーだった）が死闘を続けていたときにこれを支援した。イギリスの力はその船が到着しうるところにはどこにでもあり、しかもイギリスと海洋を争う国は一つもなかった。イギリスは欲するところへ行き、しかも大砲と軍隊がそれに伴った。この機動力によってイギリスの兵力は増強され、一方敵の兵力は悩まされた。海洋の支配者たるイギリスは、どこでも海の公路を妨害した。敵の艦隊は合同できなかった。大艦隊は出撃できず、出撃しても直ちにイギリスの艦隊と遭遇するだけ。しかも彼らの方は未熟な士官や乗組員たちであったが、イギリスの方は強風と戦闘の間に鍛えられた老練なものたちであった。ミノルカの場合を除いて、イギリスは自らの海上基地は周到に保持し、敵の海上基地はしきりに奪取した。フランスのツーロンやブレストの戦隊にとって、ジブラルタルはあたかも路上に横たわるライオンのようなものであった。イギリス艦隊がルイスブルグの風上にあるとき、フランスはカナダ救援にどのような望みを持ち得たであろうか。

この戦争において利益を得た国は、平時においては富を得るために海洋を使用し、また戦時においては海洋を支配した国であった。戦時におけるその海洋支配は、大規模の海軍により、海上に生活するかもしくは海によって生活する多数の国民により、また地球上に散在する多数の作戦基地によって達成された。しかしこれらの基地も、もし交通線が妨害されるままに放置されていたならば、その価値を失ったであろうということに注目しなければならない。そのためにフランスはルイスブルグ、マルティニック、ポンディシェリを失い、またイギリス自身もミノルカを失ったのである。基地と機動兵力間、港と艦隊間のサービスは相互的なものである。この点においては海軍は本質的に軽快部隊である。海軍は味方の諸港間の交通線を自由かつ安全に維持し、敵のそれを遮断する。しかし海軍は陸上のために海上を掃討し、また居住しうる地球上で人間が生活し繁栄しうるように砂漠〔海洋〕を支配するのである。

第7章　北アメリカ及び西インド諸島における海上戦争（一七七八—一七八一）

ダスタン、ツーロンを出撃

一七七八年四月一五日、ダスタン（D'Estaing）提督は十二隻の戦列艦と五隻のフリゲートを率い、アメリカ大陸に向けてツーロンを出航した。

アメリカ人は、この戦争に対する多くのフランス人の寛大な同情心は認めても、フランス政府の利己主義に対して自ら眼を閉じる必要はない。しかしフランス政府を非難すべきではない。というのは、フランスの利益を先ず考えるのがフランス政府の責任であるからである。

ダスタンの進出は非常に遅かった。彼は多くの時間を訓練に費したのみならず、無駄に空費したとすらいわれている。それはそうとしても、彼が目的地デラウエア（Delaware）岬に到着したのはやっと七月八日になってからであった。

迅速なホウの活動

イギリス軍にとって幸いなことには、ホウ(Howe)卿の行動はダスタンのそれと異って、活気があり、組織的であった。彼はまず艦隊と輸送船をデラウェア湾に集結し、そこで急いで軍需品と補給品を搭載し、陸軍がニューヨークに向けてフィラデルフィアから進撃するや直ちに同地を出発した。湾の入口に達するのに十日かかった。しかしダスタンが到着する十日前の六月二十八日にそこを去った。

イギリス陸軍部隊はワシントンの部隊に追撃され、苦しい行軍の後ネーブシンク(Navesink)の高地に到着した。それはホウの艦隊がサンディ・フック(Sandy Hook)に倒着した翌日であった。イギリス陸軍部隊は、海軍の積極的協力によって七月五日までにニューヨークに輸送された。そこでホウは、フランス艦隊の進入に対して港の入口を塞ぐため引き返した。しかし戦闘は起こらなかった。ホウはフィラデルフィアから逃れ、懸命な努力によりニューヨークを救った。彼の前途にはさらに、同様な迅速な行動によってロード・アイランドを救う名誉が待ち構えていた。

ホウ、ダスタンを追う

七月二八日にホウは、さきに南方に姿を消していたフランス艦隊がロード・アイランドに向っているのを目撃したとの報に接した。四日後に艦隊は出撃の用意ができたが、逆風のため八月九日にようやくポイント・ジュディス（Point Judich）に到着した。彼はそこで錨泊した。そしてダスタンがその前日砲台の前を通ってゴウルド（Gould）とキャノニカット（Canonicut）諸島の間に錨泊しているのを知った。

英仏艦隊嵐の中で分かれる

ホウは増援を受けたが、イギリス艦隊はフランス艦隊の三分の二以上には達しなかった。それでもホウの到着によりダスタンの計画はくつがえされた。湾内に吹きこんでいた風がその夜思いがけずに沖に向って変ったので、ダスタンは直ちに抜錨して沖合いに出た。ホウもまた風上の位置を維持すべく行動した。次の二十四時間は、有利な位置を占めるための運動で過ぎ去ったが、八月一一日の夜、猛烈な暴風のため艦隊はばらばらになり、両艦隊とも艦艇に大きな損害を受けた。

ダスタン艦隊を率いボストンに行く

イギリス艦隊はニューヨークに戻った。フランス艦隊は再びナラガンセット湾の入口に集った。しかしダスタンは、艦隊が受けた損害のためとどまることはできないと決心し、八月二一日にボストンに向けて出航した。こうしてロード・アイランドはイギリス側の手に残された。イギリス側はその後一年間ロード・アイランドを保持したが、戦略的理由により撤退した。

ホウは懸命に麾下の艦艇を修理し、フランス艦隊がロード・アイランドにいると聞いて再びそこへ向った。しかし途中で会った船からフランス艦隊がボストンに向ったことを聞き、それを追って同地に行った。しかし、フランス艦隊は港内にあって防備を厳にしていたので、これを攻撃することはできなかった。

英仏両艦隊間にはほとんど砲火は交えられなかったが、劣勢なイギリス艦隊は優勢なフランス艦隊より軍略において徹底的に優っていた。一部の場合を除き、得られた教訓は戦術的なものではなくして戦略的ものであり、それらは今日においても適用することができる、そのうちの主なものは明らかに自己の専門的知識に加えるに迅速さと慎重さが大切である。

ダスタン西インド諸島に向う

ダスタンは、麾下の艦艇を修理し、一一月四日に全部隊を率いてマルチニック（Martinique）に向けて出発した。同じ日にイギリスのホサム（Hotham）代将は、六十四門艦と五十門艦計五隻と、セント・ルシア（St. Lucia）島攻略に向う五千の軍隊を乗せた船団を率いて、バルバドス（Barbadoes）諸島に向けニューヨークを出撃した。途中激しい暴風に会い、フランス艦隊はイギリス艦隊以上の損傷を受けた。五十九隻のイギリスの輸送船がマルチニックよりさらに百マイルも遠方のバルバドス諸島に到着したわずか一日前に、損傷を受けなかった十二隻のフランス軍艦はやっとマルチニック島に到着している。これらの事実は、当時も今日も、海軍の戦いにおいては、専門的技量が決定的要素であることを大いに物語っている。

英軍サンタ・ルシアを奪取

バルバドスの指揮官バーリントン（Barrington）提督は、ホーと同じようなエネルギーを発揮した。輸送船団は一〇日に到着し、軍隊を船内にとどめたままで、一二日の朝セント・ルシアに向けて出航し、一三日の午後三時に同地に投錨した。その日の午後軍隊の半分は揚陸され、残りは翌朝揚げられた。彼らは直ちにより良い港を占領した。提督が輸送船団をそこへ移動させようとしたところへ、ダスタンが姿を現わしてそれができなくなった。フランス艦隊はイギリス艦隊の倍以上であった。もしイギリス艦隊が撃砲されたならば、イギリスの輸送船と軍隊は捕えられたであろう。

ダスタンは、イギリス艦隊の隊列に沿って北から南へ二回航過し、遠距離射撃を行ったが投錨はしなかった。そこでイギリス艦隊攻撃の企図を放棄して別の湾に行き、そこで若干のフランス軍隊を揚陸してイギリス軍の陣地を強襲させた。彼はこれにも失敗してマルチニック島へ後退した。サンタ・ルシア島の内陸部へ駆逐されていたフランスの守備隊は降伏した。

サンタ・ルシア島は、マルチニック島のすぐ南にある島である。同島の北端にあるグロイロ（Gros Ilot）港は、西インド諸島におけるフランスの補給所フォート・ロイヤル（Fort Royal）にいるフランス守備隊を監視するには、特に好適であった。

イギリス軍はこうして、フランスの西インド諸島総督によって九月二日に奪取されていたドミニカ

(Dominica) 島を取り戻した。そこには、イギリス戦隊がいなかったので、困難はなかった。

ダスタン、グレナダを奪取

サンタ・ルシア島の事件の後、ほとんど何もない平穏な六カ月が過ぎた。イギリス艦隊はバイロン(Byron) の艦隊により増強され、バイロンがその指揮をとった。一方フランス艦隊はさらに十隻の戦列艦が増強され、数においては依然優勢であった。

六月の半ばごろバイロンは、イギリスに向う大商船船団がこれらの諸島の海域を離れるまで、これを保護するために出撃した。当時ダスタンは極めて小さな遠征部隊をセント・ビンセントに派遣し、同部隊は一七七九年六月一六日に困難なく同島を占領した。そして六月三〇日に彼は全艦隊を率いてグレナダ (Grenada) 攻撃のために出撃した。七月二日にジョージタウン (Georgetown) の沖合いに投錨して陸兵を揚陸し、四日には七百名の同島の守備隊が降伏した。

グレナダの海戦

一方バイロンは、セント・ビンセントの喪失と次はおそらくグレナダの攻撃であろうということを聞き、軍隊を搭載した大船団と二十一隻の戦列艦を率いて出撃した。その目的はセント・ビンセントの奪回とグレナダの救援にあった。途中で、フランス艦隊がグレナダの前面にあるとの確報を得たので、バイロンは同島に向い、七月六日の払暁同島の北西端を回った。ダスタンはその前日、バイロン接近の報を得た。しかしダスタンは、もし出撃すれば潮流と至軽風のためはるか風下側に落されるかも知れないことをおそれ、そのまま停泊していた。

イギリス艦隊が見えてきたときフランス艦隊は行動を起こした。しかしバイロンは、フランス艦隊が混乱してかたまっていたので、直ちに兵力の不均衡を見抜くことができなかった。自らの二十一隻に対しフランス艦隊は二十八隻であったのであるが。バイロンは総追撃の信号を発した。フランス艦隊は隊列が混乱していたので、最風下側の艦を基準として隊形を整えなければならなかった。イギリス艦隊は容易に風上側の利を占め、それに乗じてフランス艦隊に接近していった。こうして戦闘が開始された。〔途中の戦闘経過省略〕

バイロンはこれまで風上側の利とフランスの後方隊の混乱のため取り得た主導権を利用して攻撃を実施してきた。

総追撃は次の場合に許されかつ適当である。一つは、もともと優勢であるか若しくは優勢をかち得たことにより、又は一般情勢から、最初に戦闘に入る味方の諸艦が数において敵より劣るとか味方の来援が来るまでに圧倒的な敵の集中攻撃を受けるとかのことがない場合である。あるいは、もしすみやかに敵に打撃を与えなければ、敵が逃げるかも知れない算がある場合である。しかしこの場合はそのいずれも該当しなかった。

フランス艦隊はそのときまでいつもの方針に従い厳に守勢にとどまっていた。そして今や、ダスタンの専門的資質を試すべき攻勢的行動をとる好機が到来した。それを評価するためには、当時の情勢を理解しなければならない。

英仏艦隊は並んで北方に向首しており、フランス艦隊が風下側にあった。フランス艦隊は、その戦列は完全に整ってはいなかったが、その推進力にはほとんど損害を受けていなかった。しかしイギリス艦隊は誤った攻撃のためその七隻がひどい損傷を受けていた。イギリス艦隊の速力は必然的に戦列に残っている損傷艦の速力にまで減ぜられた。その被害が全艦にわたることなくそのうちの数隻に集中しているような艦隊は、このような状況の場合は非常に困る。事実上はほとんど無傷の十ないし十二隻の艦が、戦列に残った他の損傷艦の能力に合わせて行動しなければならないからである。

ダスタン有利な情勢に乗らず

ダスタンは今や二十五隻の艦を率いていた。一方風上側にあったバイロンは、一緒に行動することはできるが敵より低速で一層操縦しにくい十七ないし十八隻の艦を率いていた。またダスタンは、バイロンが風上側の船団と風下側の行動不能の三隻の艦に配慮しなければならず戦術的に困っているのを見ていた。

このような状況下においてフランスの提督のとりうる行動方針には次の三つがあった。(1)自らはそのまま前方に進出してバイロンと船団の間に占位し、麾下のフリゲート艦を船団の間に投じる、(2)全艦隊をもって英戦列に立ち向い全面戦闘を実施する、(3)変針して敵の三隻の損傷艦を中断し、こうしてなるべく敵の砲火にさらされないようにして全面戦闘を行う、以上の三つである。しかし彼はそのいずれをも実施しなかった。

フランス海軍の政策

当時フランスの前方隊を指揮していた有名なサフラン（Suffren）は次のように書いている。

「ダスタンは当時三十歳で、陸軍から海軍に移され、しかも少将という早過ぎる階級にあった。戦争が勃発したとき、海軍は彼が航海上の能力を持っているとは考えていなかった。この海軍の見解は、戦争中の彼の行動によって正しいことが証明されたといってよい」。

この場合のダスタンの無気力な行動についてフランスの歴史家たちは、海乗りとしての無能力よりもほかに原因があると常にいってきた。すなわち、ダスタンはグレナダこそ彼の努力の真の目標であると見なし、イギリス艦隊は第二義的目標と考えていた、と彼らはいうのである。この戦争に進んで参加し、フランス帝国時代になって書いた海軍戦術家ラマテュエル（Ramatuelle）は、海軍戦争の真の方針を例記するものとして、この場合をヨークタウンその他の場合と関連させて引用している。彼の言葉はフランス政府の政策を反映しているように、おそらく当時の海軍の意見を反映しているであろうが、それは最も真剣に討議するに値する原則を含んでいる。したがってもっと詳しく述べる必要がある。ラマテュエルはいう――

「フランス海軍は、数隻の敵艦を捕獲するという華々しいが実際には価値の少い栄光よりも、征服を確実にしないしはそれを維持する栄光の方を常に優先してきた。そしてそれによってフランス海軍は戦争において目指すべき真の目的に一層接近したのである。事実、数隻の艦船の喪失がイギリスにとってどんなに重要な関係があるのだろうか。重要な点は、イギリスの商業上の富の直接の源泉でありまたその海上力の源泉たるその領土においてイギリスを攻撃することである。一七七八年の戦争は、フランスの提督たちがフランスの真の国益のために献身したことを証明するいくつかの例を提供している。グレナダ島の保持、英陸軍が降伏したヨークタウンの攻略、セント・クリストファ（St. Christopher）島の征服は大きな戦闘の成果である。それらの戦闘においてフランス軍は、敵に被攻撃地点救援の機会を与えるという危険を冒すよりもむしろ、妨害を受けずに撤退することを許した」。

グレナダとヨークタウンの二つの場合によって例証されているといわれるこの原則が健全であると決定するには、求められるべき利点は何であったか、またいずれの場合においても成功の決定的要因は何であったかを検討することが必要である。

ヨークタウンにおいては、求められた利点はコーンウォーリス（Cornwallis）の陸軍を捕虜にすることであった。目標は陸上における敵の組織された兵力を撃破することであった。

グレナダにおいては、選ばれた目標は、軍事的には大した価値のない一片の領土の保持であった。

軍事的に大した価値がないというのは、これらの小アンチル諸島をすべて保有するとなれば大きな派遣部隊を多数必要とし、それらの相互支援は全面的に海軍に依存しなければならないからである。これらの大きな派遣部隊は、もし海軍によって支援されないならば個々に撃破されやすい。そしてもし海軍の優勢を維持しようとするならば、敵の海軍を粉砕しなければならない。グレナダは、イギリス軍が強力に維持しているバルバドス諸島及びサンタ・ルシア島の近く、しかも風下側にあるので、フランス軍にとり特に弱点であった。しかしすべてのこれらの諸島にとって健全な軍事政策は、一つ又は二つの強力に要塞化されかつ守備隊が配備された海軍基地を保有し、その他の島の安全保障は艦隊に依存することである。このほかに必要なこととしては、単独の巡洋艦や私掠船による攻撃に対する安全保障だけであった。

グレナダにおいてダスタンは、数の上ではイギリス艦隊より優勢であった。彼の取りうる目標は、海上における組織的な部隊か又は肥沃であるが軍事的には重要でない小さな島のいずれかであった。グレナダは守るには強い拠点であったといわれる。しかしその拠点が戦略的に価値がなければ、本質的に強いということも何の重要性もなくなる。

この島を救うために、彼は幸運の神が彼に与え給うた非常に大きな利点を利用しなかった。それでも、これらの島々の領有権の帰趨は、英仏両海軍間の戦いの結果いかんにかかっていた。西インド諸島を本気で保持しようとすれば、まず強力な海港が必要であった。そしてフランスはそれを持っていた。第二には制海が必要であった。そのためになすべきことは、島々に増援部隊を多数配備することではなくして、敵の海軍を撃破することであった。島々は豊かな町のようなものに過ぎず、必要なのは一つ又は二つの要塞化された町すなわち拠点であったのである。

南部諸州におけるイギリス軍の作戦

一七七八—七九年の冬の間、フランス海軍が不在の間にイギリス海軍は西インド諸島に行かなかった数隻の艦をもって海洋を管制していた。イギリス軍は大陸の戦争の場面をイギリスに忠実な人々が多数いると信ぜられた南部諸州へ移そうと決心した。遠征部隊がジョージアに向けられ大成功を収めた。そのため一七七八年の年末にサバンナ (Savannah) がイギリス軍の手に落ち、全州はたちまち降伏した。そこで作戦はサウス・カロライナに拡大されたが、チャールストンの攻略は失敗した。

これらの事件の知らせとともに、両カロライナに対する危険が差し迫っているとの陳情や、フランスに対するアメリカ人の不平が西インド諸島にいたダスタンに伝えられた。このためダスタンは現に若干の艦を率いてヨーロッパに帰投せよとの命令を受領していたにもかかわらず、それを無視せざるを得なかった。彼はその命令に従わないどころか、二十二隻の戦列艦を率いてアメリカ海岸に向けて出撃した。その目的は二つあった。一つは南部諸州の救援であり、他はワシントンの軍に策応したニューヨーク攻撃であった。

不成功に終わったダスタンのサバンナ攻撃

ダスタンは九月一日、イギリス軍の不意を衝いてジョージア海岸の沖合いに到着した。しかしいつものように迅速性を欠いたため、再びこの好機を逸した。最初はサバンナの前面でぐずぐずして貴重な日時を過ごしているうちに再び状況が変り、悪天候の季節が近づいてきたために、彼は今度は機の熟するのを待たずに強襲に踏み切らざるを得なかった。しかし結果は出血の多い敗退であった。包囲は解かれた。ダスタンはニューヨーク攻撃の企図を断念しただけでなく、南部諸州をも敵に放棄して、直ちにヨーロッパに向けて出発した。

チャールストン陥落

ダスタンの出発後イギリス軍は一時中止していた南部諸州に対する攻撃を再開した。艦隊と陸軍は一七七九年の最後の数週間にジョージアに向けてニューヨークを出発し、チャールストンに移動した。アメリカ人が海上において無力であったため、この移動はほとんど妨害されなかった。チャールストンの攻囲は三月末に始まり、五十日の包囲の後五月一二日チャールストンは降伏した。

デ・ギシェン西インド諸島の指揮をとる

デ・ギシェン（de Guichen）伯指揮下のフランスからの増援部隊が前のダスタン艦隊の残存兵力に合同した。デ・ギシェンは一七八〇年三月二二日に西インド諸島の最高司令官になった。彼は翌日サンタ・ルシアに向けて出発した。しかしそこにはイギリスの戦闘的な老提督サー・ハイド・パーカー(Sir Hyde Parker) がすでに十六隻の艦を率いて停泊していた。デ・ギシェンは二十二隻を率いていたがこれを攻撃しようとしなかった。もしそれが好機であったとしたら、そのような好機は二度と起こらなかった。彼はマルチニック島に帰り、二七日に同地に投錨した。同じ日にサンタ・ルシアのパーカーは新艦隊司令官ロドネー (Rodney) に合同した。

ロドネーの軍人としての性格

ロドネーはすばらしい勇気と専門的技量を持っており、戦術に関してはイギリスにおける同時代の人よりはるかに進んでいた。しかし艦隊司令長官としては、ネルソン流の激しくて押え切れないような熱意の人というよりも、むしろフランスの戦術家流の周到で慎重な部類に属していた。

幸運がときにどのような偶然の恩恵を彼に与えようとも、彼が決して眼をそらさなかった目標は、フランス海軍、すなわち海上にある敵の組織された軍隊であった。コーンウォリスの征服者デ・ギシェンが、ロドネーを不利な立場に捕えながらこれを攻撃しなかったその日に、ロドネーは勝利を博した。それによりイギリスは不安の淵から救い出され、米仏同盟軍が一時獲得していた島々は、トバゴ(Tobago) 島を除きすべて、一撃の下にイギリスに取り戻された。

ロドネーとデ・ギシェンの行動

デ・ギジェンとロドネーは、ロドネーの到着から三週間後の一七八〇年四月一七日に、はじめて遭遇した。翌月両者はまた二度にわたって遭遇した。

一方戦列艦十二隻から成るスペイン艦隊が来航して、デ・ギシェンの艦隊に合同した。仏西連合艦隊は隻数においてイギリス艦隊よりはるかに優勢になり、イギリス領の諸島の恐怖が高まった。しかし仏西艦隊間の調和の欠如は遅疑峻巡を招き、おそるべき伝染病がスペイン艦隊内に大いにはやったりして、意図された作戦は無為に帰した。

ロドネー艦隊を二分す

八月にデ・ギシェンは十五隻の艦を率いてフランスに向った。ロドネーはデ・ギシェンの行先きを知らず、北アメリカとジャマイカの両方が気がかりになったため艦隊を二分して、一半を西インド諸島に残し、自ら残りを率いてニューヨークに向った。同地には九月一二日に着いた。こうして冒された危険は極めて大きく、しかもそれが正当化される根拠はほとんどない。しかし兵力の分散にかかわらずなんら悪い結果は起こらなかった。もしデ・ギェンがジャマイカに向うか、又はワシントンが期待したようにニューヨークに向うことを企てたならば、ロドネーの両部隊はどちらもデ・ギシェンによく対抗できなかったであろう。一つの戦場に全兵力を配することをせず、二つの戦場にそれぞれ小部隊を配したために、一つではなしに二つの災厄を被る危険ができたわけである。

ロドネーの北アメリカに関する懸念には十分な根拠があった。この年の七月一二日に久しく待望されていたフランスの救援部隊すなわちロシャンボウ（Rochambeau）麾下の五千のフランス軍隊とデ・テルネー（De Ternay）麾下の七隻の戦列艦が到着した。それでイギリスは海上においては依然優勢であったものの、ニューヨークに兵力を集中せざるを得ないと感じ、したがってカロライナにおけるその作戦を強化することができなかった。陸路による移動は困難でありまた距離が長大であったので、ラフェイエット（Laffayette）はフランス政府に対しさらに艦隊を増強するよう訴えた。しかしアンチル諸島におけるフランスの直接の利益に対し注意を払うのは当然かつ適切であった。まだアメリカ救援の時機ではなかったのである。

ロドネー西インド諸島に帰る

ロドネーは一七八〇年の暮に西インド諸島に帰った。そのすぐあとでイギリスとオランダの間に戦争が起ったことを知った。一七八〇年一二月二〇日に宣戦が布告された。ロドネーは直ちにオランダ領のセント・ユースタティユース（St. Eustatius）島及びセント・マーティン（St. Martin）島を奪取し、多数の商船と、総計千五百万ドルに達する財産を捕獲した。

一七八〇年という年は合衆国のためには陰鬱な年であった。フランス軍隊による実質的な援助が当時の情勢においては最も気を引き立てるようなものであった。しかし計画の援助軍の第二梯団はイギリス艦隊によってブレストに封鎖されていた。一方フランスのデ・ギシェンはついに現われずにその代わりにイギリスのロドネーがやってきて戦役を希望のないものにした。

デ・グラス、ブレストから出撃

一七八一年三月末、デ・グラス (de Grasse) 伯は二十六隻の戦列艦と大船団を率いてブレストから出撃した。アゾレス諸島沖で、五隻がサフランの指揮下に東インド諸島に向けて分離した。デ・グラスは四月二八日にマルチニック島の見えるところに来た。

マルチニック島沖の戦闘

フッド (Hood) 提督は、フォート・ロイヤル港の前面にあって封鎖していた。同港は、マルチニック島の風下側にあるフランスの港であり兵器廠であった。フッドの哨戒艦がフランス艦隊を発見したとき、同港には四隻の戦列艦がいた。フッドは二つの目的を持っていた。一つは、封鎖中の四艦が近づきつつある艦隊と合同するのを阻止すること。もう一つは、近接中のフランス艦隊がフッドとサンタ・ルシア島のグロイロ湾との中間に入ることを阻止することであった。しかしフッドの艦隊は、風が弱く潮流が風下側に向って流れていたため、その方向に流され目的を達することができなかった。デ・グラスは二九日に水道を通過してフォート・ロイヤルに向首し、船団を彼の艦隊と島の間に置いた。フォート・ロイヤルにあった四艦は出港して主隊に合同した。今やイギリス艦隊はわずか十八隻を有するに過ぎなかったが、フランス艦隊は二十四隻を擁し、しかも風上側にあった。こうしてデ・グラスは四対三の優勢で、攻撃するだけの力を持っていたのであるが、彼は攻撃しようとしなかった。自分の船団を敵の攻撃にさらすことをおそれて、重大な交戦の機会を逸したのである。麾下部隊に対する不信の念が強かったに違いない、と人はいうかも知れない。しかしもしこれが戦うべきときではないとすれば、海軍はいかなるときに戦うべきであるのか。彼は遠距離射撃を実施して、イギリス艦隊と対照的に一層顕著な遅疑逡巡振りを見せただけであった。このような行動路線を正当化する政策なり伝統は果たして良いものでありうるだろうか。

すでに好機を逸していたデ・グラスは、翌四月三〇日にフッドを追撃しようと企てた。しかしフッドには戦うべき理由はもはやなかった。デ・グラスは、艦隊の速力が劣っていたためフッドに追いつくことができなかった。

フッドはアンティグア（Antigua）島でロドネーに合同した。デ・グラスはあちこちの行動の後、七月二六日にハイチ島のフランス岬沖に投錨した。ここで彼は、ワシントンとロシャンボウからの至急便を携えて合衆国からやってきて彼を待っていたフリゲートに会った。

コーンウオリス南部諸州を席巻

イギリス軍による南部諸州侵略は、ジョージアに始まり、チャールストンの攻略、最も南の二つの州の軍事支配と続き、次いで北方へ向いカムデン（Camden）を経てノース・カロライナへと押し進められた。

一七八〇年八月一六日、ゲイツ（Gates）将軍はカムデンにおいて大敗を喫した。続く九カ月の間、コーンウオリス麾下のイギリス軍はノースカロライナ席巻の企図を強力に押し進めた。コーンウオリスは、実際の戦闘においては多くの成功を勝ち取ったものの、兵力を消耗して海岸方向に退き、ついにはウイルミントン（Wilmington）まで後退を余儀なくされ、これらの作戦は終わった。

コーンウオリスは独断で一七八一年四月二五日にウイルミントン（Wilmington）から進撃して、五月二〇日にはピータースバーグ（Petersburg）において先着のイギリス軍に合同した。こうして合同兵力は七千名に達した。サウス・カロライナからチャールストンへ追い返され、今やイギリスの勢力はニューヨークとチェサピーク港の二つの中心にしか残っていなかった。ニュージャージーとペンシルバニアがアメリカの手中にあったので、両中心地間の交通は海上に依存していた。クリントンはコーンウオリスの行動を非難したが、彼自身もすでにチェサピーク湾に大部隊を派遣する危険を冒していた。

チェサピーク湾沖の海戦

バージニアに派遣されたラファイエットの部隊に呼応してチェサピーク湾水域を支配するため、ニューポートにいたフランス戦隊は三月八日の夕方出撃した。ロングアイランド東端のガーディナー湾に停泊中のイギリス艦隊指揮官アーバスノット（Arbuthnot）提督は、消戒艦からフランス艦隊の出撃を聞き、三十六時間後の一〇日の朝、フランス艦隊追撃のため出撃した。

チェサピーク湾の岬の少し外側で両艦隊が互いに視界に入ってきたとき、イギリス艦隊の方が前方にあった。

両艦隊はいずれも八隻ずつで、兵力においてはほぼ同等であった。しかしイギリス艦隊には九十門艦が一隻おり、一方フランス艦隊の戦列中の一隻は大型フリゲート艦に過ぎなかった。

両艦隊間で海戦が行われた。この海戦においてイギリス艦隊は確かにうまくいかなかった。しかしいつものように目的を堅持してその達成に努めても海上の敵を追撃できなかったので、湾の方に向かってアーノルド（Arnold）と合同し、こうしてワシントンが非常に期待をかけていたフランスとアメリカの計画を挫折させた。

コーンウォリス、ヨークタウンを占領

こうして海上路が開かれ維持されたので、ニューヨークから来航中であった二千名以上のイギリスの軍隊が三月二六日にバージニアに到着した。その後五月にはコーンウオリスが列着して、兵力は七千名に増強された。クリントン（Clinton）の命令の下に行動していたコーンウオリスは、八月の初めに部隊をヨーク河とジョームス河の間の半島に後退させて、ヨークタウンを占領した。

ワシントンとロシャンボウは五月二一日に会って次のように決定した。それは、当時の情勢の下で

は、フランスの西インド艦隊が来たならば、その努力はニューヨークか又はチェサピーク湾のいずれかに指向すべきであるというものであった。これがフランス岬にあったデ・グラスが受けとった至急報の主旨であった。一方同盟軍の将軍たちは麾下の軍隊をニューヨークの方へ引き揚げた。そこは彼らが第一の目標〔ニューヨーク〕を推進するのに近かったし、もし第二の目標〔チェサピーク湾〕の方に進まなければならないときはもっと近かった。

いずれの場合においても、その結果は優勢なシーパワーにかかっているというのがワシントンとフランス政府の見解であった。しかしロシャンボウは、自分としては今後の作戦の舞台にはチェサピーク湾の方を選びたいということをひそかにフランス艦隊司令官に伝えていた。さらにフランス政府は、正式にニューヨーク攻囲戦に手段を提供することを断わっていた。

したがって作戦は大規模の共同作戦の形となったが、その成否は容易かつ迅速に移動できることと真の目標を敵に覚られないようにすることにかかっていた。チェサピーク湾が横切るには距離が近いこと、水深がより深いこと及び水先案内がより容易なこと、これらはこの計画が海軍軍人の同意を得られそうな別の理由でもあった。そこでデ・グラスは、難色を示さず、また修正を求めることもなく、簡単にこの計画を承諾した。

デ・グラス、チェサピーク湾に向う

デ・グラスはこの決定をした上で、極めて良好な判断、迅速さ及び活力をもって行動した。ワシントンからの至急報を持ってきた同じフリゲート艦が戻っていったので、八月一五日までには連合軍の将軍たちはフランス艦隊がやってくることになっていることを知った。彼は利用しうるすべての船舶をチェサピークに持っていった。そして八月三〇日に、二十八隻の戦列艦を率い、チェサピーク岬のすぐ内側のリンヘイブン（Lynnhaven）に投錨した。

その三日前の八月二七日に、M・デ・バラス（Barras）麾下の八隻の戦列艦、四隻のフリゲート及び十八隻の輸送艦から成るフランス戦隊は、ニューポートを出撃して会合点に向った。ワシントンとロシャンボウ麾下の軍隊は、八月二四日にハドソン湾を横切ってチェサピーク湾頭に向って移動した。こうして陸海のいろいろな軍隊がその目標コーンウオリスに向って集りつつあった。

イギリス艦隊の行動

イギリスはあらゆる面で不運であった。ロドネーは、デ・グラスの出発を知り、フッド提督麾下の十四隻の戦列艦を北アメリカに派遣した。そして彼は病気のためにイギリスに向け出港した。フッドはデ・グラスより三日前にチェサピーク湾に到着し、湾内を捜索して何もいないのを見てニューヨークへ行った。

ニューヨークで彼は、グレーブス（Graves）提督麾下の五隻の戦列艦に会った。しかしグレーブスの方が先任であったので、彼は全部隊の指揮をとり、デ・バランスがデ・グラスに合同しうる以前にデ・バラスを阻止しようとして八月三一日に出撃した。

グレーブス提督はチェサピーク湾に到着して、そこに数からして敵に間違いない艦隊が停泊しているのを発見しひどく驚いた。デ・グラスが行進を起こすや、敵の二十四隻に対して十九隻という数の上での劣勢にもかかわらず、グレーブスは攻撃をためらわなかった。しかし戦闘方法のまずさのために、彼の勇敢さにもかかわらず麾下の多くの艦が乱暴にあしらわれ、しかもなんら得るところがなかった。デ・グラスは、イギリス艦隊と戦うことなく、これをあしらいながら、デ・バラスの来着を待って五日間湾外にとどまった。それから泊地に帰って、デ・バラスが無事入泊しているのを発見した。

コーンウォリスの降伏

グレーブスはニューヨークに帰った。彼が去るとともに、コーンウォリスを喜ばせるはずであった救援の望みも絶えた。コーンウオリスは攻囲によく耐えたが、制海権が相手の手中にあっては残された途はただ一つ、一七八一年一〇月一九日ついに降伏した。戦いはなお一年間ぽつぽつと続いたが、重大な作戦は一つも行われなかった。

一七七八年戦争におけるイギリスの立場

一七八〇年から一七八一年にわたる間、イギリス艦隊を西インド諸島と北アメリカに分割したことを批判するのはやさしい。しかし当時の情勢の困難さを理解することはそれほど容易ではない。その困難さは、勢力が不均衡なこの大戦争において世界中にわたり軍事的困難を抱えたイギリスの立場を反映したものに過ぎない。イギリスは攻撃にさらされた多数の地点を持った帝国であったために、いたるところで敵に圧倒され悩まされていた。

ヨーロッパにおいては、海峡艦隊は圧倒的な敵兵力によって一度ならず港内に追いこめられた。陸海の両方から厳重に封鎖されたジブラルタルは、敵の連合部隊の不手際と不和に乗じて勝ったイギリス海軍々人のすぐれた技量をもってする必死の抵抗によって、ようやくその命脈を保ったに過ぎなかった。

東インドにおいては、サー・エドワード・ヒューズ (Sir Edward Hughes) が、フッドに対するデ・グラスにおけるように、数においてまさりしかもより大きな能力を持っていたサフランに対抗していた。

ミノルカは本国政府によって見捨てられ、優勢な敵兵力の前に陥落した。同様に、それほど重要でないイギリス領アンチル諸島が次々と陥落していった。

フランスとスペインが対英海洋戦争を始めたときから、イギリスの立場は北アメリカ以外のあらゆるところで守勢に立った。したがってそれは、軍事的視点からは本質的に誤まっていた。イギリスはいたるところで、いつも優勢な敵がその思いのままにかつ自分に都合のよいときに攻撃をかけてくるのを待つだけであった。北アメリカもまた事実例外ではなかった。

とるべき最善の軍事政策

このような情勢において、また国民的誇りないし鋭敏さの問題はわきにおいて、イギリスは軍事的英知をもって何をすべきであったか。この問題は軍事的探究者にりっぱな研究課題を提供するであろう。その答えは即座にできるものではない。しかしある明白ないくつかの真実は指摘することができよう。

まず第一に、攻撃された帝国のうちのどの部分が守らなければならない最も重要なところであるかを決定すべきであった。イギリス諸島自身の次には、北アメリカの植民地が当時のイギリスにとっては最も価値のある領土であった。

次に、それ以外の場所では、その天然の重要性により最も守る価値があり、またその固有の力又は帝国の力（主として海軍力）により最も確実に保持することができるのはどこであるかを決定すべきであった。たとえば、地中海においてはジブラルタルとポート・マホンの両者が非常に価値のある地点であった。両者は保持しうるであろうか。どちらがより容易に艦隊がそこへいって支援することができるであろうか。もしおそらく両者を保持することはできなかったであろうとすれば、そのうちの一つは明らかに放棄すべきであったし、その防衛に必要な兵力や努力はほかのところへ持っていくべきであった。西インド諸島においては、バルバドス島やサンタ・ルシア島は明らかに戦略的に利点を持っていたので、艦隊が数の上でかなり劣勢にならない限りそうしないにしても、劣勢になれば直ちにほかの小さな島々から守備隊を撤退する必要があった。ジャマイカのような大きな島の場合は、一般問題と関連させながら別個に検討しなければならない。このような島は十分自力でやっていけて、大兵力による攻撃でない限りいかなる攻撃をも退けることができるかも知れない。それだけにバルバドス島やサンタ・ルシア島の風上の根拠地から全イギリス兵力をジャマイカに引き揚げることも適当であったであろう。

積極的に主導性をとる必要

イギリスはこのような集中的防衛態勢を取って、その偉大な武器である海軍を積極的に攻撃に用いるべきであった。経験の示すところによると、自由な国民、民主政府は侵略者と自国の海岸ないし首府との間にいる自国の部隊をあえて全部ほかへ移すことはしないであろう。したがって、敵が合同する前にそれを捕捉攻撃するために海狭艦隊を派遣することが軍事的にいかに賢明な案であろうとも、そのような措置をとることはできなかったかも知れない。しかし重要性が少い地点においては、イギリス軍の攻撃は連合軍の攻撃を予期して行うべきであった。これはこれまで考察してきた戦域については特にそうであった。もし北アメリカが第一目標であったならば、ジャマイカその他の諸島は思い切って危険にさらすべきであった。ロドネーは、彼がジャマイカとニューヨークにあった隷下提督たちに与えた命令は一七八一年には遵守されなかった、そのためにグレーブスの艦隊は数の上でフランス艦隊よりも劣勢になった、と主張しているといわなければロドネーに対して不公平になろう。

しかし一七八〇年にデ・ギシェンがヨーロッパに向けて出発したあとロドネーが北アメリカへ行っ

ていた九月一四日から一一月一四日までの短期間の間彼は著しく優勢になっていた。にもかかわらず、なぜロドネーはニューポートにあった七隻の戦列艦から成るフランスの分遣隊を撃破すべく何も企てなかったのであるか。これらのフランス艦は七月はニューポートに到着していた。彼らは直ちに土木工事によって陣地を強化したが、ロドネーがアメリカ沿岸に出現したというニュースを聞いて大恐慌に陥った。ロドネーはニューヨークにいて何もせず、一方フランス軍は忙しく防御作業をして二週間が過ぎた。その結果フランス軍は、彼ら自身の見解によれば、イギリス全海軍兵力をものともしない立場に立ったという。

当時の有名なイギリス海軍士官でこの土地のことをよく知っていた人の意見によると、攻撃をすれば成功することは疑う余地がなかった。そして彼はしばしばロドネーに対して攻撃を促し、自ら先頭艦の水先案内をすると申し出た。この立場にあってフランス軍が感じていた安全感と、イギリス軍がフランス軍のその安全感を黙認したことは、この戦争がネルソンやナポレオンの諸戦争と精神上で大いに異っていたことを明らかに示すものである。

しかし、このような企てについてここで考察するのは、単に孤立した作戦としてではなく、一般的な戦争との関連においてである。イギリスはいたるところで、劣勢兵力をもって守勢に立っていた。このような立場から脱出するには、ほとんど必死ともいうべき活力ある行動によるほかはなかった。イギリスの海軍大臣がロドネーに対し次のように書き送っているが、それは本当に真実である――「われわれがあらゆる場所で優勢な艦隊を持つことは不可能である。われわれの艦隊司令長官が、貴官がするように、りっぱな方針を取り、それぞれの管轄下の陛下の全領土に配慮するのでなければ、われわれの敵はどこかでわれわれの無準備を発見して、われわれに攻撃をしかけてくるであろう」。

同盟諸国の海軍は情勢の鍵であり、ニューポートにいた部隊のような大きな分遣隊はいかなる危険を冒してもこれを粉砕すべきであった。しかし当時のイギリス艦隊司令長官の中には、フッドとおそらくホウを除いては、当時の情勢に対処し得るものはいなかった。ロドネーは今や年老いて優柔不断であり、すぐれた能力は持っていたものの偉大な提督というよりはむしろ慎重な戦術家であった。グレーブスの敗北とその後のコーンウォリスの降伏によっても、西半球における海軍作戦は終わらなかった。しかしヨークタウンにおけるイギリス軍の降伏とともに、アメリカ人にとっての愛国的関心事は終わった。

アメリカ独立のためのあの戦いに関する論述を終える前に、次のことを再度確言しておかなければならない。それは、この戦いが少くともそんな早い時期に成功に終わったのは、制海権――シーパワー――がフランス軍の手中にあったこととイギリス当局による海軍兵力の不適当な配分――のためであるということである。

ワシントンの見解――アメリカ独立戦争に与えたシーパワーの影響

ワシントンのすべての発言の主旨は、一七八〇年七月一五日付で、ラファイエットによって送られた「フランス軍との作戦の計画に関する覚書」の中に述べられている。

「ラファイエット侯爵は、次の一般的考え方を下記の者の考えとしてロシャンボウ伯爵及びシュバリエ・デ・テルネー氏にお知らせすることを喜びとするものである。いかなる作戦においても、またあらゆる状況の下においても、決定的海軍の優位は基本原則と考えるべきであり、またすべての成功の希望は究極的にはその基本原則の上に依存している」。

しかし、これはワシントンの見解のうちで最も正式でかつ決定的な表現ではあるが、同じように顕著な多くの他の表現の中の一に過ぎない。

一七八一年一月一五日に、特別の使命でフランスに派遣されたローレンス（Laurens）大佐あての覚書の中で、ワシントンはいっている。

「もしわれわれが、ヨーロッパからの補給品の定期的な輸送を阻止しうる制海権を持っていたならば、いかにして彼らがこの国において大部隊を給養し得たか想像することもできない。この海軍の優位と資金の援助があれば、われわれはこの戦争を積極的な攻勢的戦争に変えることができるであろう。われわれにとっては、それが二つの決定的な点の一つであるように思える」。

艦隊と資金がワシントンの叫びの要点であった。一七八一年五月二三日に彼はシュヴァリエ・デ・ラ・ルーツェルン（Chevalier de la Luzerne）に手紙を書き、次のように述べている。「われわれがこれらの海域において海軍力において劣勢である間は、いかにして南部諸州に効果的な支援を与えて、諸州を脅威している害悪を避けることができるか私にはわからない」。

ヨークタウン降伏の翌日、ワシントンはデ・グラスに手紙を書いた。その中で彼は、まだ十分季節は良いので、南部においてさらに作戦を行うべきことを主張して次のように述べている――「閣下が到着される以前はイギリス海軍が一般に優勢であった。このため南部においてイギリス軍は決定的に有利であって、軍隊や補給品を迅速に輸送することができた。一方わが方の救援部隊は果てしなく遠い陸路を行軍しなければならなかった。それはいかなる見地から見ても遅々としてはかどらずまた多額の経費を要する行軍であった。そしてわれわれは各個撃破されたのである。したがってこの戦争を終結させるには、閣下のお力によらなければならない」。

デ・グラスはこの要請を断わった。しかし翌年の会戦において協力するつもりであることを知らせた。ワシントンは直ちに承諾して次のように書き送った――「これらの海域において閣下に絶対的な優位を与えうるような海上兵力が不可欠的に必要なことは、閣下に申しあげるまでもないことである……閣下はすでに、地上軍がどのような努力を払おうとも、現在の戦争においては海軍が決定権を持たなければならないことをお認めであろう」。

アメリカ軍の尊敬すべき総司令官ワシントンの見解によれば、ワシントンがあれほどのすぐれた技量とあれほど限りない忍耐をもって指導し、そして数限りない試練と失望の中において光栄ある結末をもたらしたこの独立戦争の上に及ぼしたシーパワーの影響力は以上のごときものであった。

同盟国の巡洋艦やアメリカの私掠船がイギリスの通商に甚大かつ明白な損害を与えたにもかかわらず、アメリカの大義がこのような瀬戸際に追いこめられたことが看取されるであろう。この事実、そして通商破壊という考え方に支配された全面戦争から得られた小さい成果こそは、そのような政策は戦争の大きな結果に第二義的で非決定的な影響しか及ぼさないことを強く物語っている。

第8章　一七七八年の海洋戦争の論評

純海洋的一七七八年の戦争

イギリスとブルボン家との間の一七七八年の戦争は、アメリカ革命と密接な関連があるが、一つの点においては独立したものである。それは純然たる海洋戦争であった。

イギリスは前からの政策に従って大陸に紛争を起こさせようと努めたが、フランス、スペインの同盟王国は慎重に大陸の紛争に巻きこまれないようにした。それのみならずイギリス、フランス両交戦国の間には、ツールビル（Tourville）の時代以来実現しなかった海上における勢力の均衡がほぼとれていた。争点――そのために戦争が行われた目標、換言すれば戦争がねらった目標――は、その大部分がイギリスから遠く離れたところにあった。それらの争点は唯一の例外であるジブラルタルを除き大陸にはなかった。ジブラルタルは岩だらけの困難な地形をした突出部の先端にあり、またフランスとスペインにより中立諸国から隔てられていた。このためジブラルタルをめぐる紛争が同地に直接利害関係のある国以外の国を巻きこむおそれはなかった。

このような状態は、ルイ十四世の即位からナポレオンの没落までの間のいずれの戦争にも存在しなかった。ルイ十四世の治世の間には、一時期フランス海軍は兵力数と装備においてイギリス及びオランダ海軍よりも優位にあった。しかしルイの政策と野心は常に大陸への膨脹に向けられ、またフランスの海軍は不十分な基盤の上に立っていたため、フランス海軍力は短命に終った。

十八世紀の最初の四分の三の間は、イギリスのシーパワーを阻止しうるものは事実上なかった。イギリスのシーパワーが当時の諸問題に及ぼした影響は大きかった。しかし有力な対抗者がいなかったため、イギリス海軍の行った諸作戦は軍事的教訓に乏しいものになった。

フランスの共和制及び帝政時代の後期の諸戦争において、フランス海軍は軍艦の隻数と砲力において、みかけ上はイギリス海軍と均勢を保っているかに見えた。しかしここで敷衍する必要のない理由によるフランス海軍の将兵の士気の阻喪のため、外見上の均勢も単なる幻影に過ぎなかった。フランス及びスペインの海軍は数年間勇敢ではあるが無力な努力をしたあとトラファルガルにおいて大敗を喫し、両海軍の専門的な面での非能率が世人の前にさらけ出された。しかしネルソン及びその同僚たちの烱眼はすでにそれを見破っていた。ネルソンの仏西両海軍に対する態度及びある程度彼の戦術においていて顕著に見られる相手を軽蔑した自信もそれに起因していた。

トラファルガル海戦以後ナポレオンは「運命の女神が彼に味方しなかった唯一の戦場〔海洋〕から眼を他に転じた。海上以外のところでイギリスを追いつめることを決意した彼は、海軍の再建に着手したものの、戦争がかつてないほど激しくなる中で海軍には何の役割も留保しなかった。……帝国の最後の日に至るまで彼は再建されて熱意と自信に満ちたこの海軍に、敵と雌雄を決する機会を与えようとはしなかった」。イギリスはこうして不動の海洋の女王としてもとの地位を取り戻したのである。

一七七八年の戦争の特殊な興味

したがって海軍戦争の研究者は、次の諸点について特殊な興味あるものが発見できるものと期待するであろう。その一つはこの戦争に参加した諸国の計画や方法、特にそれらの計画や方法が戦争の全体ないしは戦争中のある大きくかつ明確に限定された部分の全般的実施に関係したところ。次は戦争の最初から最後まで交戦国の行動に一貫性を与えないしは与えるべきであった戦略目的。並びに海軍会戦と称しうる一層限定された期間の運命に良かれ悪しかれ影響を及ぼした戦略的行動。以上の諸点である。

今日においてもある特定の戦闘が戦術的教訓に全く欠けているということを認めることはできない(これまで述べてきたのはその教訓を引き出すことが目的の一つであった)。しかし歴史上のすべての戦術体系と同様、それらにはそれらの時代があった。したがってそれらが現在学生にとって有用であるとしても、それはそのままそっくりまねてよい模範を提供するという点において有用であるというよりは、むしろ精神的な訓練をするという点、正しい戦術的思考の習慣をつけるという点において有用である。これらは明らかに真実である。

他方大きな戦闘に先き立ちそれに備えて行う運動、又はそれらの巧妙かつ精力的な共同行動によって、実際に戦闘を交えることなく大目的を達成する運動は、その時代の兵器よりも一層恒久的な諸要因にかかっている。したがってより永続的な価値のある原則を提供してくれる。

戦争の批判的研究における継続的手順

いかなる目的のために始められた戦争においても（その目的が特定の領土又は拠点の領有であっても）、その欲する場所を直接攻撃することは、軍事的見地からすれば、それを獲得する最善の方法でないかも知れない。したがって軍事作戦が指向される目的物は交戦国の政府が獲得しようと思っている目的（object）以外のものであるかも知れない。それには目標（objective）という特定の名前がつけられている。

目的と目標の区別

いかなる戦争であれそれを批判的に研究する場合は、まず研究者の眼前に各交戦国が達成しようと望んでいる目的（object）を明確に示すことが必要である。次に選んだ目標（objective）は、それを獲得したとき果たしてそれらの目的を最も達成しそうであるかどうかを考察する。そして最後に、目標を達成しようとしてとるいろいろな運動の利点や欠点を検討することが必要である。どの程度綿密にこのような検討を行うかは、研究者がやろうとしている作業の範囲次第であろう。しかし細目事項にわずらわされることなく主要な特色のみを示す大要をまず検討し、そのうえで徹底的な論義を行うならば、一般に問題点の明確化に役立つだろう。このような大すじが十分に理解されるならば、各細目事項は容易に大すじに関連づけられてしかるべきところに位置づけられる。したがってここにおいては本書の範囲に適しているような大要について述べるにとどめよう。

一七七八年の戦争の参加国とその目的

一七七八年の戦争の主要参加国は、一方はイギリス、他方はフランスとスペインの二大王国を支配するブルボン家であった。アメリカの植民地はすでに本国と不釣り合いの闘争に入っていたので、自分たちにとってかくも重要なこの事件をアメリカ植民地は喜んで歓迎した。一方オランダは一七八〇年にイギリスによって無理に戦争に引きずりこまれた。しかしそれによってオランダが得るものは何もなく失うものばかりであった。アメリカ人たちの目的は全く簡単であった。それは自分たちの国をイギリス人の手から解放することであった。アメリカ人たちは貧しく、また敵の通商を悩ました数隻の巡洋艦以外には海軍力を持っていなかった。そのため必然的に彼らの努力は陸上の戦争に限定された。それは仏西同盟国にとっては有利な強力な牽制となり、イギリスの資源を枯渇させるものとなった。しかしイギリスはこの闘争を断念することにより直ちにそれを止めることができる立場にあった。

他方オランダは陸路侵略されるおそれはなかったので、同盟海軍の援助をすることにより外部的損害をできる限り少くして戦争から離脱すること以外にはほとんど何も望まなかった。したがってこれらの二つの小国の目的は戦争の終止にあったということができよう。しかし主要交戦国は戦争を継続することによりある情勢の変化を望んでおり、それらが彼らの目的であった。

イギリスにとってもまた戦争の目的は非常に簡単であった。イギリスは自国にとって最も有望な植民地と嘆かわしい紛争に引きこまれ、争いは一歩一歩大きくなり、ついにはその植民地を失うおそれに直面した。アメリカ人が進んで本国と結ばれていようとする意欲を失ってしまったときに、イギリスは無理やりにアメリカに対する支配を維持しようとして武器をとったのであった。そのような行動をとったイギリスの目的は、当時の世代のイギリス人の眼にはイギリスの偉大さと不可分に結びついていると見えた海外領土の喪失を阻止することにあった。アメリカの植民者たちの主張に対する積極的な支持者としてフランスとスペインが出現することにより、イギリスの軍事計画においてどのような目標の変更が行われたとしても、また行われるべきであったとしても、イギリスの目的そのものにはなんらの変更もなかった。大陸の植民地を失うことの危険は、敵側がそれらを獲得することによって非常に大きなものになり、それはまた他の重要な海外領土を失うおそれをもたらすのであるが、それは部分的に間もなく現実のものとなった。

要するに戦争目的に関してはイギリスは厳に守勢に立っていた。イギリスは多くのものを失うことをおそれ、精々現に保有するものを維持できさえすればよいと思っていた。しかしオランダを戦争に引きこむことによってイギリスは軍事的に有利となった。なぜならば敵の力を増大することなく、いくつかの重要ではあるが防衛不良のオランダの軍事的及び商業的拠点を攻撃することができたからである。

フランス及びスペインの見解と目的はもっと複雑であった。イギリスに対する伝統的な敵意とつい最近の敗北に対する復讐の念とによる精神的誘因が疑いもなく重きをなしていた。またフランスにおいては、自由を求める植民地人たちの戦いに対する上流社会の人々や哲学者たちの同情もまたあずかって力があった。しかし情緒的な考慮は国家の行動を大きく左右するとはいえ、国民を満足させうるような明確な手段であってこそ記述や評価の余地がある。

フランスは北アメリカの領土を回復したいと欲したかも知れない。しかし当時の世代の植民地人たちは、昔の闘争についてあまりにも生々しい記憶を持っていた。このため彼らはカナダに関するフランスのこのような願望は黙認しなかった。革命時代のアメリカ人の特徴としてフランス人に対する父祖伝来の不信の念があった。しかし当時フランス人から効果的な同情と援助が与えられたため、それに対する感謝の念で一ぱいになり、フランス人に対する不信の念はあまりにも忘れられていた。しかしもしフランスがそのような要求をあらためて出すならば、つい最近分かれたばかりの同一民族に属するアメリカ人とイギリス人の間に譲歩による和解が促進されるであろうということは当時理解されていた。またフランス人もそれを感じとっていた。その和解こそは強力で高潔なイギリス人の一派が提唱し続けてきたものであったのである。

したがってフランスはこの目的を公言しなかったし、またおそらく抱かなかったであろう。これとは反対にフランスは、当時イギリスの支配下にあり又は最近まで支配下にあったアメリカ大陸のいずれの部分に対する要求も公式にこれを放棄した。しかし西インド諸島のいずれの島であれその征服と維持については行動の自由を要求した。もちろんイギリスの他のすべての植民地はフランスの攻撃にさらされていた。したがって、フランスがねらっていたおもな目的は、英領西インド諸島とイギリスの手に移っていたインドの支配であり、また合衆国にとって有利なように十分牽制したあと適当な時に合衆国の独立を確実にすることであった。当時の世代の特徴であった独占貿易政策にとって、イギリスがこれらの重要な領土を失うことは、イギリスの繁栄がかかっていた商業上の偉大さを減ずるものと期待された。すなわちイギリスを弱めフランスを強くするものと期待されたのである。事実戦争をより大きくすることがフランスを動かしていた動機であった、ということができよう。すべての目的はそれが貢献する最高目的に集約された。その最高目的とはイギリスに対して海洋上及び政治上の優位を獲得することであった。

フランスと連合してイギリスに対し優位に立つことは、スペイン王国の目的でもあった。スペインはフランス同様イギリスから屈辱を受けていたが、フランスほどの活気はなかった。しかしスペインが受けた損害にも、同国が特に追求した目的にも、フランスのより広い見解には容易に見られないような明確さがあった。当時のスペイン人のうちには、かつてスペインの国旗がミノルカ（Minorca）やジブラルタルやジャマイカ（Jamaica）にひるがえっていたことを思い出すことのできるものは一人もいなかった。しかしたとえ時間が経過しても、誇り高く粘り強い国民にこれらの領土の喪失を忘れさせることはなかった。またアメリカ人の方にも、両フロリダ地方に対するスペインの主権の復活に対し、カナダに対して抱いていたような伝統的な反対はなかった。

以上がフランス及びスペインの両国が追求した目的であったが、両国の介入によってアメリカ独立戦争の全性格が変った。それらの目的が、両国が戦争に加入するにあたって公言する原因や口実の中に必ずしもすべて現われていないことはいうまでもない。しかし当時の聡明なイギリス人が、連合した両ブルボン王家の行動の基盤を数語で表現したものとして次のフランスの宣言に注目したのは当を得た見解であった。それは「仏西両国がそれぞれ被った損害に対し復讐すること、またイギリスがすでに強奪して現在海洋上において維持していると主張しているあの専制的な帝国にとどめをさすこと」というものであった。要するに戦争の目的に関しては、仏西同盟国は攻勢に立ち、一方イギリスは守勢に立たされたのであった。

植民地の反乱の脅威

イギリスがこうして海洋上において行使していたと非難されても不当ではなかった専制的な帝国は、イギリスの現実の又は潜在的な偉大なシーパワーの上に、すなわち同国の通商と軍艦、また世界の各地にある同国の商業基地、植民地及び海軍基地の上に依存していた。このときまで各地に散在するイギリスの植民地とイギリスは、親愛の情のきづなによって結ばれていた。また母国との緊密な通商上の結びつきによる自己利益及び優勢な海軍の不断の存在によって与えられる保護というなお一層強い動機によって結ばれていた。しかし今やアメリカ大陸の植民地の反乱によって、イギリス海軍力の基盤となっていた一連の強力な港湾の帯に毀裂ができたのである。一方アメリカ大陸の植民地と西インド諸島との間の多くの通商上の利益は、反乱の結果起こった戦闘行為によって損害を受けた。しかしその利益のゆえに西インド諸島の各島の同情もまた両方に分かれるようになった。闘争は単に政治的な領有とか通商上の使用のみをめぐってのものではなかった。それは最も重要な次の軍事上の問題を含んでいた。その問題とは、アメリカ大陸の大西洋海岸の一部をカバーし、カナダ、ハリファックスと西インド諸島を結び、そして海上を業として繁栄しつつある人々によって支援された一連の海軍根拠地が果たしてイギリスの手に残るであろうかということであった。イギリスはそれまで終始断固たる積極性をもって、かつほとんど常に成功裏に、自らの未曾有のシーパワーを使用してきた。

目標の選択

イギリスはこうして、その海軍力の守勢的要素である海軍基地の確保の維持が困難となり、困っていた。一方その攻勢的海軍力である艦隊はフランス及びスペインの軍艦の増強によって脅かされていた。仏西両国は今や同等ないし優勢な組織的軍事力たる艦隊をもって、それまでイギリスが自国のものだと主張していた分野である海洋において、イギリスに対抗するに至った。海洋から得られたイギリスの富は過去の一世紀の間のヨーロッパの諸戦争において決定的要素であった。今やそのイギリスを攻撃するのに絶好のときであった。

次の問題は攻撃点の選択であった。すなわち攻撃側がその主要努力をしっかりと指向すべき主要目標（objective）と、それによって防御側を牽制しその兵力を分散させる第二義的目標とを選択することであった。

当時のフランスの最も賢明な政治家の一人であるチュルゴー（Turgot）は、アメリカ大陸の植民地が独立を達成しない方がフランスにとって有利であると主張した。もし植民地が疲弊して弱まるならば、イギリスは植民地の力を失う。もし植民地の支配的な地点を軍事的に保持するために弱体化はするが疲弊はしないならば、終始それを押えておく必要があることは母国にとって継続的な弱点になろうというのである。この意見は、アメリカの究極的な独立を望んでいたフランス政府の評議会では広く受け入れられなかったが、そこには戦争政策を効果的に形成していた真実の諸要素が含まれていた。

もし合衆国を救ってこれに利益を与えることが主目的であったならば、アメリカ大陸が当然戦場となり、大陸の決定的な軍事的地点が主要目標となったであろう。しかしフランスの第一の目的は、アメリカに利益を与えることではなくして、イギリスに損害を与えることであった。したがって健全な軍事的判断としては、大陸の戦争を終らせるよう援助するどころか、激しく戦い続けさせるべきであるというのであった。それはフランスにとっては陳腐な牽制であり、イギリスにとっては国力消耗であった。すなわちアメリカの叛徒たちが必死になってせざるを得ない抵抗を続けるのに必要な程度の支援を与えさえすればよかった。したがって、アメリカの十三の植民地の領土はフランスの主要目標ではなかった。ましてやスペインにとっては主要目標からさらに程遠いものであった。

作戦目標

英領西インド諸島が持っていた大きな商業上の価値はフランス人にとっては魅力的な目的であった。フランスはこの地域にすでに広範な領土を有しており、この地域の社会的状態に特有の迅速さで順応していた。フランスが今もなお保留しているガダループ島（Guadeloupe）とマルチニック島（Martinique）という小アンティール列島（Lesser Antilles）中の最良の二つの島のほかに、フランスは当時サンタ・ルシア島（Sta. Lucia）とハイチ島（Hayti）の西半分を保有していた。フランスがその戦争に勝って、以上のほかに英領アンティール諸島の大部分を加え、こうして真に壮大な熱帯の属領を完成することを望んだとしても、それは無理もないことであった。フランスがジャマイカを奪取することは、スペインの国民感情を害するためにできないにしても、弱い同盟国スペインのためにこのすばらしい島を奪回してやることはできたかも知れない。しかし小アンティール諸島が領土として、したがって戦争の目的としていかに望ましかったとしても、その軍事的保有は全面的に制海にかかっていたので、それ自体において適当な目標ではなかったかも知れない。したがってフランス政府は海軍の指揮官たちに対し、攻撃可能な島を勝手に占領することを禁じた。彼らは攻略した島の守備兵を捕虜にし、防衛施設を破壊した上で撤退することになっていた。マルチニック島のフォート・ロイヤル（Fort Royal）のりっぱな軍港に、キャップ・フランセーズ（Cap Francais）に、そしてまたハバナ（Havana）の強力な同盟国の港には、十分な規模の艦隊にとって良好で安全なしかもうまく分散された基地があった。なおフランスがサンタ・ルシアを早期に失ったのは、フランス艦隊の拙劣な措置とイギリスの提督のすぐれた専門的能力とに帰すべきである。

したがって西インド諸島の陸上に、相対抗する両軍はほぼ同じ程度に必要な支援拠点を持っていた。単に相手の拠点を占領するだけでは自らの軍事力を増強することにならなかった。それ以後は軍事力の増強は艦艇の数と質とにかかっていたからである。安全に占領地域をさらに拡大する上にまず必要なことは、局地においてのみならず全戦域において海上の優位を獲得することであった。さもなければたとえ占領しても、占領するという目的の価値以上の経費を要するほど大規模の軍隊をもって強行しない限り、その占領は不安定なものであった。西インド諸島における情勢の鍵はこうして艦隊にあり、艦隊こそ軍事努力の真の目標になった。さらにこの戦争において西インド諸島の港が軍事的に有用であったのは、それらがアメリカ大陸とヨーロッパの間の中間の基地であり、陸軍が冬営に入ったときの艦隊の後退地であったからである。そのため艦隊はますます軍事努力の目標になった。イギリス軍によるサンタ・ルシア島攻略と一七八二年の不成功に終ったジャマイカ攻略計画を除けば、西インド諸島においては陸上での健全な戦略的作戦は何一つ実施されなかった。また戦闘又は幸運な兵力の集中のいずれかによって海軍の優位が確保されるまでは、バルバドス（Barbadoes）又はポート・ロイヤルのような軍港に対する真剣な企ても不可能であった。繰り返していわなければならないが、情勢の鍵は艦隊にあったのである。

積極的海軍戦争に不可欠の要素

海軍力、すなわち武装艦隊がアメリカ大陸の戦争に及ぼした影響については、ワシントン及びサー・ヘンリー・クリントン（Sir Henry Clinton）がその意見の中ですでに述べている。一方それ自体で一つの戦域と見なされた東インド諸島の情勢については、サフラン（Suffren）の会戦の項で大いに論じておいた。したがってここでは、同地域におけるすべてのことは優勢な海軍力による制海にかかっていたということを繰り返すだけでよかろう。ほかに基地を持っていなかったフランス戦隊にとってツリンコマリ（Trincomalee）の占領は不可欠であった。しかしそれはサンタ・ルシアの占領と同様奇襲であり、敵艦隊を撃破するか又はたまたまそうであったように、敵艦隊が不在の場合にのみ達成することができたであろう。北アメリカ及びインドにおいて、健全な軍事政策は敵の艦隊こそが真の目標であることを指摘している。母国との交通線もまた艦隊に依存しているのである。

ところがヨーロッパがまだ残っている。しかしヨーロッパと全般的戦争との関係ははるかにより重要であるので、ヨーロッパを別箇の戦域としてくどくどと論じてもあまり有益でない。ヨーロッパにおいて政治的帰属の変更が戦争の目的になっていたのは、ジブラルタルとミノルカの二つの地点だけであったということを簡単に指摘するだけでよいであろう。そのうちジブラルタルはスペインの緊急の要求によって終始同盟国の主要目標になった。上記の両地点の保有も明らかに制海にかかっていた。

一七七八年の戦争の作戦基地

海洋戦争においては他のすべての戦争におけると同様に次の二つがまずもって不可欠である。一つはそこから作戦が開始される国境上の適当な基地、この場合は海岸にある基地である。もう一つは計画された作戦に対して十分な規模と質の組織された軍事力、この場合は艦隊である。もし戦争が今取り上げている戦争の場合のように地球上の遠隔の地方にまで広がっているならば、各遠隔地方に、局地戦における第二義的ないし臨時の基地となりうる艦船のための安全な港が必要となろう。これらの第二義的な基地と主要基地ないし本国基地の間には、相当に安全な交通線がなければならないが、その交通線はその間に横たわる海洋の軍事的な管制にかかっている。海軍は次のいずれかの方法によってこの管制を行使しなければならない。その一つは、あらゆる方面の海洋から敵性の巡洋艦を駆逐することにより、自国の船舶をかなり安全に航行させる方法である。もう一つは、遠距離作戦を支援するのに必要な各補給船団を兵力をもって護衛する方法である。前者の方法は国力の広範囲な分散をねらい、後者は船団がある時点に現に所在している海上のその部分への国力の集中をねらっている。いずれの方法が採用されるにせよ、航路に沿って適当な間隔を置き、しかもあまり多過ぎない良港、たとえば喜望峰とかモーリシャス（Mauritius）のような良港を軍事的に保持することにより、交通線は疑いもなく強化されるであろう。この種の根拠地は今までも必要であったが、今や従来に倍して必要である。というのは、以前食糧や補給品を補給した以上に今日では一層頻繁に燃料を補給する必要があるからである。

本国と海外の基地との組み合わせ並びにそれらの基地の間を結ぶ交通線の状態は、一般的軍事情勢における戦略的特徴と呼ぶことができよう。それによって、また相対抗する両艦隊の相対的戦力によって、作戦の性格は決定されなければならない。

1　ヨーロッパ

わかりやすいように戦域をヨーロッパ、アメリカ及びインドの三つに分けて説明してきたが、その各戦域において海洋の管制こそが決定的要因であること、したがって敵艦隊が真の目標であることを強調してきた。以上の考察を戦争の全域に適用して、同じ結論がどの程度に正当であるか、もし正当であるならば彼我双方の作戦の性格はいかにあるべきかを検討しよう。

ヨーロッパにおいてはイギリスの本国基地は、英仏海峡沿岸にあった。プリマス（Plymouth）及びポーツマス（Portsmouth）の二つの主要兵器廠のあるイギリス海峡沿岸にあった。一方仏西同盟国の基地は大西洋岸にあり、主要軍港はブレスト（Brest）、フェロール（Ferrol）及びカディス（Cadiz）であった。その背後の地中海にはツーロン（Toulon）とカルタヘナ（Cartagena）の造船場があり、その向うにそれに相対してミノルカのポート・マホン（Port Mahon）があった。しかしイギリス艦隊は戦争中地中海には戦隊を割く余裕がなかったため、ポート・マホンの役割は守勢に限定されていた。したがって同港は考慮外に置いてもよいであろう。反対にもしジブラルタルを監視任務に十分な艦艇部隊の根拠地として利用したならば、その位置によって海峡内から派遣される派遣部隊や増援部隊の監視を効果的に行うことができたであろう。しかしこれは実施されなかった。イギリスのヨーロッパ艦隊はイギリス海峡に、すなわち本国の防衛に縛りつけられた。ジブラルタルへはそこの守備隊の持久に緊要な補給品を護送するためにときたま行くだけであった。しかしポート・マホンとジブラルタルの演じた役割は異っていた。ポート・マホンは当時全く重要でなかったので、戦争の後期に六ヵ月攻囲された後陥落するときまで同盟国はなんらの注意もこれに払わなかった。しかしジブラルタルは最も重要と考えられていたので、最初から同盟軍の攻撃の大部分を受け、したがってイギリスにとり有利な貴重な牽制の役割を果たした。ヨーロッパの自然の戦略的情勢の主要な特徴についてのこの見解に対し、次のことを付言しておくのは適当であろう。それはオランダは同盟海軍に援助を送る気になっていたかも知れないが、その交通線はイギリス海峡にあるイギリスの基地のそばを通らざるを得ないため非常に不確実であったということである。事実かかる援助は提供されなかった。

2 北アメリカ大陸

北アメリカにおいては戦争勃発時の戦争の局地的基地はニューヨーク、ナラガンセット（Narragansett）湾及びボストンであった。このうちニューヨークとナラガンセット湾は当時イギリス軍が保持していたが、その位置、防御の容易さ及び資源の点からして大陸における最も重要な根拠地であった。ボストンはアメリカ人の手に移っていたので、同盟軍に使用された。一七七九年にイギリス軍の積極的な作戦を南部諸州に牽制することにより戦争は実際にその方向に移ったので、ボストンは作戦の主要戦域から取り残され、その位置から軍事的には重要でなくなった。しかしもしハドソン（Hudson）河とシャンプレーン（Champlain）湖の線を保持し、軍事努力を東方に集中することにより、ニューイングランドを孤立化させる計画が採択されていたならば、これらの三港は戦争の結果にとって決定的に重要になっていたであろう。

ニューヨークの南ではデラウエア（Delaware）湾とチェサピーク（Chesapeake）湾は疑いもなく海上の諸計画にとり魅惑的な地域であった。しかし入口の幅が狭いこと、海の近くに海軍基地に適当でしかも防御しやすい地点がないこと、あまりにも多くの地点を保持するためには陸上部隊を広く分散する必要があること、並びに年間の大部分の期間その地方が不健康地であったことのために、最初の会戦計画において、この地方は主要戦域から除外されたのであろう。したがってそれらを戦争の局地的基地の中に含める必要はない。

イギリス軍は、住民の支持が得られるとの空(から)頼みに引かれてずうっと南の方へ引きずりこまれた。たとえ住民の大多数が自由よりも平穏の方を選んだとしても、彼らがその性質上反乱政府に反対して立ち上ることはないであろうということにイギリス軍は考え及ばなかった。イギリス人の理論によれば、住民たちは反乱政府によって抑圧されていることになっていた。しかしこの遠隔地における、しかも結局最も不運な結果に終ったこの作戦の成功は、すべてこのような住民の蜂起に賭けられていたのである。この戦争の局地的基地として別にチャールストン(charlston)があった。同地は、最初の遠征部隊がジョージアに上陸しから十八ヵ月後の一七八〇年五月にイギリス軍の手に陥ちた。

3 西インド諸島

この戦争における西インド諸島の主要な局地的基地は、これまでの話によりすでに知られているとおりである。すなわちイギリス側の基地としては、バルバドス、サンタ・ルシア、そして程度は下るがアンティガ(Antigua)島があった。それから一千マイル風下側に大きなジャマイカ島があり、そこのキングストン(Kingston)には大きな天然の能力を持つ造船所があった。

同盟軍側は第一級の重要基地としてマルチニック島のフォート・ロイヤル及びハバナを、また第二級のものとしてガダループ島とキャップ・フランセーズを保有していた。

当時の戦略情勢の支配的特徴は貿易風とそれに伴う海流であった。もっともそれらは今日においても全く重要でないとはいえない。これらの障害に抗して風上に向って進むことは単艦にとっても時間のかかる困難な行動であったが、大きな集団にとってははるかにより困難なことであった。したがって艦隊が西方の島へ行くのは、いやいやながら行くか又は敵がその方向へ向ったことが確実なときだけだった。たとえばロドネー（Rodney）はセインツ（Saints）の戦いのあと、フランス艦隊がキャップ・フランセーズに行ったことを知ってジャマイカへ向った。風の状態がこのようであったため風上の諸島、すなわち東方の諸島はヨーロッパとアメリカを結ぶ自然の交通線上の拠点となり、また海軍戦争の局地的基地となって艦隊はそこに縛りつけられた。また二つの作戦場面の間、すなわちアメリカ大陸と小アンテイール列島の間には広い中間地帯が介在した。この海域では大いに優勢な海軍を持つ交戦国が行う場合のほかは、又は一方に決定的に有利な条件が得られない限り、大作戦を安全に実施することはできなかった。イギリスが海上において絶対優位を保持してウインドワード（Windward）諸島の全島を保有していた一七六二年には、イギリスは安全にハバナを攻撃してこれを制圧した。しかし一七七九年から一七八二年にわたる間は、アメリカにあるフランスのシーパワーとフランスのウインドワード諸島保有とが事実上イギリスの海軍力と釣り合い、このためハバナのスペイン軍は前述の中間地域において自由にペンサコラ（Pensacola）及びバハマ（Bahamas）諸島に対する計画を実施することができた。

したがってマルチニック島やサンタ・ルシア島のような拠点はこの当面の戦争のためには、風下側にあるジャマイカ、ハバナその他に対し大きな戦略上の利点を持っていた。上記の拠点はその位置によりジャマイカ島等を管制していた。またその位置のために西方へ行くのは帰ってくるときよりはるかに迅速にできた。一方大陸における戦争の決定的地点はそれらのいずれからもほとんど同じ距離にあった。小アンティール列島として知られる諸島のほとんど全部の島も等しくこのような利点を持っていた。しかしバルバドス(Barbadoes)という小島はすべての島のうちで最も風上側にあったため、攻勢作戦の上のみならず、フォート・ロイヤルのような非常に近いところからも大艦隊が近接しにくいように防備されていたため、特に有利であった。バルバドス島に向うよう意図された遠征部隊が猛烈な貿易風のためにそこに到達することができずに、結局セント・キッツ(St. Kitt's)を包囲することになったことが想起されるであろう。こうしてバルバドス島は当時の状況下では、イギリスの戦争における局地的基地及び補給所として、またジャマイカ、フロリダ、さらに北アメリカに至る交通線上の途中の避難港としても特に適していた。一方百マイル風下側のサンタ・ルシアは、フォート・ロイヤルの敵を厳重に監視する艦隊の前進拠点として実力をもって保持されていた。

4 東インド諸島

インドにおいては半島の政治情勢から必然的に作戦場面は東海岸、すなわちコロマンデル(Coromandel)海岸であった。近くにある島セイロンのツリンコマリは、不健康地ではあったが、良好でしかも防御しやすい港であったため、第一級の戦略的重要基地となった。東海岸のすべての他の泊地は単なる開かれた停泊場に過ぎなかった。このような環境から、この地域においても貿易風すなわちモンスーンは戦略的意義を持っていた。秋分から春分まで風は規則正しく北東から吹き、ときには非常に猛烈に吹いて海岸に高い磯波を打ち上げ上陸を困難にする。しかし夏季の数ヵ月の間は一般に風は南西であり、海上は比較的平穏で、天候もよい。九月及び十月の「モンスーンの変り目」にはしばしば猛烈なハリケーンが吹くのが特徴である。したがって、このときから北東モンスーンが終るまでは、積極的な作戦、又は沿岸にとどまることすら得策でない。この季節に引き揚げるべき港の問題は緊急な問題であった。ツリンコマリはそれに適した唯一の港であった。また海上状況が良好な季節の間、同港が戦争の主要な場面の中で風上側にあることから、その特有の戦略的価値は一層高められた。西海岸にあるイギリスのボンベイ（Bombay）港はあまりにも遠く離れ過ぎているため、局地的基地とは考えられなかった。同港はむしろフランスのモーリシャス諸島やブルボン（Bourbon）島のように母国との交通線上の拠点の部類に属するものである。

一般に資源に欠ける海外基地

以上が交戦諸国の本国及び海外の主要支援拠点すなわち基地であった。これらの海外基地については、一般的にいって、資源――戦略的価値のある重要要素――において欠けていたといわなければならない。海軍及び陸軍用の需品及び装備並びに海上で消費する食糧の大部分は母国からこれらの海外基地へ送らなければならなかった。繁栄しつつある友好的な住民に取り囲まれたボストンは、おそらく上記の例外であったであろう。当時重要な海軍の兵器廠であり造船が盛んに行われていたハバナもまた例外であった。しかしこれらは主要戦域から遠く離れていた。ニューヨークやナラガンセット湾に対してはアメリカ人が非常に近接して圧迫を加えていたので、イギリス側はその付近の資源をあまりよく利用することができなかった。一方東インド及び西インドの遠隔の諸港は資源を全面的に本国に依存していた。

交通線の重要性の増大とその保護者としての海軍

こうして交通線の戦略的問題が一層重要性を帯びてきた。敵の大補給船団を阻止することは、敵の戦闘艦艇部隊を撃破することに次ぐ第二義的作戦に過ぎなかった。一方味方の補給船団を主力をもって保護し又は敵の捜索を回避することによってこれを保護する場合、注意を払うべき多くの目的があるが、その間で軍艦や戦隊をいかに分配配備するかについて政府や海軍の指揮官たちは熟練を要した。

ケンペンフェルト（Kempenfeldt）の手際良い処理と、猛烈な暴風によりさらにひどくなった北大西洋のギシェン（Guichen）の拙劣な管理により、西インド諸島のデ・グラス（De Grasse）は大いに悩まされた。大西洋において小船団が妨げられたため、インド洋のサフラン（Suffren）も同様な損害を被った。しかしサフランは直ちにこれらの損失の大部分を補った。さらは彼は麾下の巡洋艦によるイギリス補給船襲撃の成功により敵を悩ました。

海軍のみによってこれらの死活的に重要な補給の流れを確保し、又は敵のそれを危険に陥れることができた。このような海軍はすでに箇々の部分で観察してきた全般戦争の継続に対しても同じような関係を持っていた。海軍はそれらの各部を一つに結びつけるリンクであり、したがって両交戦国はそれぞれ相手の海軍を適当な目標としていた。

ヨーロッパとインド間の中間基地の必要

ヨーロッパからアメリカまでの距離は中間の補給基地を絶対に必要とするほど長大ではなかった。そしてもし予期しなかった理由により困難が起これば、敵との遭遇を避けながらヨーロッパへ引き返すなり、西インド諸島の友好国の港を利用するなり、それはいつでも可能であった。しかし喜望峰経由のインドへの長い航海の場合は違っていた。二月に船団を伴ってイギリスを出発したビッカートン(Bickerton)は次の九月にボンベイに入港して人々からよくやったと思われた。一方気性の激しいサフランは三月に出港し、同じ月日を費してモーリシャスに到着したが、そこからマドラス(Madras)へ行くのにさらに二ヵ月を要した。このような長期の航海は、艦内貯蔵品で必要な物資をまかなえるときにおいても、水や生鮮食糧品の補給のため、またときには静かな港内でしなければならないような修理のため、途中寄港することなしにはほとんど不可能だった。

既述のとおり完全な交通線には、適当に隔たり、十分に防御され、そして補給品の豊富ないくつかの港湾が必要であった。たとえばイギリスは現在いくつかの主要通商路上に過去の諸戦争によって獲得した港湾を保有している。しかし一七七八年の戦争においては、いずれの交戦国もこの路上にこのような港を保有していなかった。しかしオランダが喜望峰を取得してからは、フランス人は同港を自由に使用し、サフランは適当にそれを強化した。喜望峰と途中のモーリシャス及びはるか末端のツリンコマリをもってフランスの同盟国の交通線は適当に守られた。

当時イギリスはセント・ヘレナ (St. Helena) を保有していたが、大西洋のインド向けの戦隊や船団の補給や修理は、マディラ (Madeira) 諸島及びケープ・ベルデ (Cape Verde) に、またブラジルの諸港にまで及ぶポルトガルの好意的中立に依存していた。この中立はケープ・ベルデにおけるジョンストン (Johnstone) とサフランの間の交戦が示したように防衛上は頼りなくはかないものであった。しかし利用しうる停泊地がいくつかあり、味方がそれを使うにしてもそのうちのどれを使うかは敵にはわからない。ジョンストンがポート・プラヤ (Port Praya) でやったように、もし海軍の指揮官が敵の知らないことに安心して麾下の部隊の適当な配備をおろそかにすることをしないならば、敵が味方の使用港を知らないということ自体が少からず安全確保に役立った。実に、当時は一つの地点から他の地点への情報の伝達は著しく遅れまた不確実であった。このため攻勢的作戦を企図する場合、どこで敵を発見すべきかについての疑念が、植民地の港にしばしば見られた微弱な防御以上に大きな障害となっていた。

有用な港湾とそれらを結ぶ交通線の状況との組み合わせによって、情勢の主要な戦略上の大要が形成されることはさきに述べたとおりである。海軍は全体を結び合わせる組織的兵力として軍事的努力指向の主要な目標とされてきた。この目標を達成するために用いられる方法、すなわち戦争の実施はこれから考察するところである。

海上における情報取得の困難性

この考察を行う前に、海洋に特有で今からの論述に影響のある一つの条件について簡単に触れておかなければならない。それは情報資料を得ることの困難性である。陸軍部隊は多少の差はあれ定住者のいる地方を通過し、彼らの通ったあとに行軍のあとを残すものである。しかし艦隊は、放浪者があちこち動き回るがそこにとどまらない砂漠の上を移動する。その通ったあとは水がふさいでしまう。ときに甲板からの投棄物があって艦隊が通ったことはわかるが、どちらへ行ったかについては何もわからない。追跡船から問いかけられた船も、追跡されているものが問題の地点をわずか数日ないしは数時間前に通過していたとしても、それについては何も知らないかも知れない。最近は海洋の風や海流を慎重に検討して、ある有利な航路が決定された。用心深い船乗りはそれらの航路を常に通るであろうし、その動きについてなんらかの推定ができるであろう。しかし一七七八年にはこのようなデータは集められていなかった。たとえ集められていたとしても、追跡又は待ち伏せを避けるために、最短の航路を放棄してとりうる多くの航路のうちの一つをとることもしばしばあったに違いない。このようなかくれんぼにおいては追われる方が有利である。したがって敵国の港湾の出口を監視し、相手が静かな砂漠の中に逃げこむ前にこれを捕えることが非常に重要であることは一目瞭然である。もしなんらかの理由でこのような監視ができないのであれば、次善の策は敵がとらないかも知れない航路を監視することなどは考えないで、まず敵の目的地へ行ってそこで敵を待つことである。しかしそれは敵の意図を知っていることが前提である。しかし、敵の意図は必ずしもいつも知りうるとは限らない。ジョンストンと戦ったときのサフランの行動は、彼のポート・プラヤにおける攻撃においても、また急いで両者に共通の目的地に急いで行った点においても、終始戦略的に健全であった。一方ロドネーが一七八〇年と一七八二年にマルチニック島に向う敵の船団を、船団が来つつあることを知らされていたにもかかわらず、二度とも捕捉しそこねたことは、到達地点がわかっていても待ち伏せには困難が伴うことを示している。

海軍遠征部隊の目的地の予知困難

いかなる海上遠征部隊についても出発点と到着点の二つの地点が確定されるだけである。到着点は敵にはわからないかも知れないが、出発時までにはある部隊がある港に所在すること及び間もなく行動を起こそうとしているとの兆候は敵に知られているものと見なしてよいであろう。このような動きを阻止することはいずれの交戦国にとっても重要であろうが、防御側にとっては特にまた一般的により重要である。なぜならば防御側は攻撃を受けやすい多くの地点のうちのどこが脅威されているかを知ることができないであろうからである。これに反して攻撃側は、もし敵を欺くことができるならば、十分な知識をもって目的地に向って直航する。このような遠征部隊がいずれの時点であれ二つ又はそれ以上の港に分散されているならば、同部隊を封鎖することの重要性は一層明白になる。二つ又はそれ以上の港への分散は、許された期間内にそれほど多くの艦艇の出撃準備を整えるにはたった一つの造船所の施設だけでは不十分なとき、又はこの戦争におけるように同盟国がそれぞれ別個の部隊を派遣するときには容易に起こるであろう。これらの派遣部隊の合同を阻止することは最も重要であるが、それにはそれらの派遣部隊の一つ又は両者が出撃する港の沖合いでこれを阻止することが一番確実である。防御側はその名の示すとおりおそらくより弱い側であり、したがってそれだけに敵兵力の分割という弱さの根源により一層乗じることになる。一七八二年にロドネーはマルチニック島のフランス派遣部隊がキャップ・フランセーズ島のスペイン部隊と合同するのを阻止するため、サンタ・ルシアにあってフランス部隊を監視したが、それは正しい戦略的立場をとった例である。さらにかりに彼が監視にあたっていたサンタ・ルシア島が、フランス部隊の後方ではなくして、同部隊の出発地であるマルチニック島と目的地であるキャップ・フランセーズ島の中間にあるような関係位置にあったならば、それ以上によい計画を策定することはできなかったであろう。実際にロドネーは当時の状況ではとりうる最善の方法をとったのである。

防御側の不利

防衛側は劣勢であるため、分割された敵の各部隊が所在しているすべての港の封鎖を企てることはできない。もしそうすれば各港の前面に所在の敵より劣勢な兵力を配することになって自らの目的を達成することができなくなる。これは基本的な戦争原則を無視するものであろう。もしそのようなことをすることなく一つ又は二つの地点の前面に敵より優勢な兵力を集中するという正しい決定を下すならば、次にはいずれの地点をこうして監視しいずれの地点を無視すべきかを決定することが必要となる。それは各方面における軍事的、精神的及び経済的な主要条件を十分に理解した上で、戦争の全政策を含む問題である。

一七七八年に守勢に立ったイギリス

一七七八年にはイギリスは必然的に守勢をとった。前時代のイギリス海軍の最高権威者だったホークや彼と同時代の人々にとっては、イギリスは仏西両ブルボン王国の連合艦隊と数において同等の海軍を維持することが格言となっていた。海軍々人の質がすぐれ、また海軍がたよりとする海上を業とする人々の数が多いという条件が備わっていたので、イギリスは真に優越した部隊をつくることができたであろう。しかしこの警告は近年においては守られなかった。それができなかったのが、反対派が攻撃するように政府の非効率によるのか、それとも代議政体が平時にしばしば犯すような誤まった節約によるのかは、この論議にとっては重要でない。フランスとスペインが参戦する公算が大きかったにもかかわらず、イギリス海軍が数において仏西連合海軍より劣勢であったという事実は依然として残る。しかし情勢の戦略的特徴と称せられてきたもの、すなわち本国基地と海外の補助基地においては、概してイギリスの方が有利であった。それらの基地自体は仏西連合軍の基地より以上に強力ではなかったにしても、戦略的効果の上には少くとも地理的によりよい位置を占めていた。しかし戦争の第二の必須要件、攻勢作戦に適当な組織された軍事力すなわち艦隊においては、イギリスは劣勢になるままに放置されていた。したがって残された唯一の途は、この劣勢な部隊を科学的にかつ力強く使用して、敵よりもさきに海上に出撃し、巧妙に有利な位置を占め、より迅速な運動によって敵の共同行動の機先を制し、敵の目標との交通線を妨害し、敵の主要な分力を優勢な兵力をもって要撃することによって敵の計画を挫折させることだけであった。

アメリカ大陸以外のいずれの場所においても、この戦争を継続するためにはヨーロッパの母国並びに母国との自由な交通線の確保が必要であることは全く明らかであった。もしイギリスがその圧倒的な海軍力をもってなんら妨げられることなく自由にアメリカの通商と産業を押しつぶすことができたならば、アメリカは直接的な軍事力の行使によってではなく消耗のために結局は崩壊していたであろう。もしイギリスが連合海軍の圧力から免れていたならば、イギリスはこの力をアメリカに加えることができたであろう。この連合海軍の圧力から免れることは、二十年後にできたように、単に物質的のみならず精神的にも圧倒的優位を獲得することができたならば可能であったであろう。その場合には、仏西の両宮廷は、財政的に弱体なことは周知のことであったので、イギリスを劣勢な地位に引きずり落すというかれらの主要目的がすでに失敗に帰していたこの戦争から手を引くに違いない。しかしこのような優位は戦うことによってのみ獲得することができた。すなわち数においては劣勢であるが、イギリスは海軍軍人の技量及びイギリスの富の源泉の点においてすぐれていたので、同国政府はこれらの力を賢明に行使して戦争の決定的点において実際に優位に立ちうることを示すことによってのみこの優位を獲得することができた。この優位は、広範囲に分散している帝国のすべての暴露された地点を守ろうとして世界中に戦列艦を分散配備し、個々に分撃される危険にさらすようなことをすれば絶対に得ることはできなかった。

情勢の鍵とナポレオン戦争における英海軍政策

情勢の鍵はヨーロッパに、そしてヨーロッパにおいては敵の造船所にあった。もしイギリスがフランスに対してヨーロッパ大陸での戦争を引き起こすことができなかったのであれば（できないことはあとでわかったのであるが）、イギリスに残された一つの希望は敵の海軍を見つけ出してこれを叩きつぶすことであった。敵を見つけ出すには敵の本国の港ほど確実なところはなかった。また敵を要撃するには敵が本国の港を出撃した直後ほど容易なところはなかった。これがナポレオン戦争におけるイギリスの政策であった。当時イギリス海軍は確固として精神的に優位に立っていたので、港内に静かに停泊している数的に優勢でしかも装備のよい敵艦と海洋とが組み合わさった場合の危険に対して、あえて劣勢部隊を対抗させたのであった。この二重の危険に立ち向うことによって、イギリスは二重の利益を得た。すなわちこうして敵を常に自分の監視下に置き、敵に安易な港内生活をさせることによってその効率を減殺した。一方イギリス自身の将兵は厳しい巡航行動によって鍛えられ、そのエネルギーの発揮が求められたならばいつでもそれに応じうる完全な即応態勢に置かれたのであった。

一八〇五年にビルヌーブ（Villeneuve）提督は、皇帝の言葉をそのまま伝えて公言した――「われわれはイギリスの艦隊が見えても恐れる理由はない。彼らの七十四門艦の乗組員は五百名もいない。彼らは二年間の巡航によって疲れ切っている」。しかし一月後に彼は次のように書いている。「ツーロンの艦隊は港内にあっては非常にりっぱに見えた。乗員の服装は良好で、よく訓練されているようだった。しかし嵐が来るや否やすべては変った。彼らは荒天の中で訓練されていなかったのである」。

ネルソンはいった――「もし皇帝が本当のことを聞けば、彼の艦隊はわれわれの艦隊が一年の間に受けた以上の損害を一夜で受けることを今や知るであろう。……彼らはハリケーンには馴れていない。しかしわれわれは二十一ヵ月の間ハリケーンに勇敢に立ち向い、しかもマストもヤードも失わなかった」と。しかしそのような行動が乗員と艦の双方におそろしく大きな緊張を与えたこと、また多くのイギリスの士官たちが激しい消耗を体験して、艦隊を敵の沿岸の沖合いに常時張り付けることに反対したことも認めなければならない。「われわれが堪えなければならない暴風の一つ一つがわが国の安全保障を減じる。前回の行動で五隻の大艦が航行不能に陥り、最近さらに二隻がそうなった。そのうちの若干隻は入渠の必要がある」とコリンウッド（Collingwood）は書いた。彼は再びこう書いた。「この二ヵ月の間、私は一夜の休息が何であるかをほとんど知らなかった。この間断ない巡航は私には人間性の能力の限界を越えるもののように見える。カルダー（Calder）は疲れて幽霊のようになり、全くまいってしまっている。またグレーブズ（Graves）もあまりよくはないと聞いている」。ホー卿の権威ある専門的な意見もまたこのやり方には反対であった。

人員や艦船の損耗のほかに、封鎖によって敵艦隊の出港を確実に阻止できるとあてにすることはできないこともまた認めなければならない。ビルヌーブはツーロンから、またミシェシー（Missiessy）はロッシュフオール（Rochefort）から脱出した。コリンウッドは書いた。「私はここでロッシュフオールのフランス戦隊を監視している。しかし彼らの出撃を阻止することはできないように思われる。それでも、もし彼らが私のそばをすり抜けて出撃するならば、私は非常に残念に思うだろう。……彼らはどこにわれわれがいるかを正確に知ることができないために、われわれのまっただ中にはいっていくかも知れないという心配だけが彼らの出撃を阻止することができる」と。

それにもかかわらず当時の緊張は堪え抜かれた。イギリス艦隊はフランス及びスペインの海岸を包囲した。損害は補充され、艦艇は修理された。一人の士官がその配置で倒れるか又は疲れ果てると、ほかの士官が彼に代わった。ブレストに対する厳重な監視のため皇帝の共同作戦は挫折した。いろいろな困難が異常にも同時に起こったにもかかわらず、ネルソンは注意深くもツーロン艦隊をそのツーロン出発から大西洋を渡りヨーロッパの海岸へ帰ってくるまで追跡した。彼らの打ち合いが始まるまでに、すなわちトラファルガルにおいて戦略がかたわらに退いて戦術がその働きを完了するまでには長い間かかった。しかし一歩一歩、一点一点、粗野ではあるがよく訓練された乗員と、古臭くかつ使い古されてはいるが巧妙に操縦される艦艇は、訓練未熟な敵の動きを封じた。彼らは敵の各兵器廠の前面に配備され、小艦艇の連鎖によって互いに連接されていた。時々敵の襲撃を阻止することには失敗したかも知れないが、敵の諸戦隊の大共同行動をすべて効果的に阻止した。

七年戦争における英海軍政策

一八〇五年当時の艦艇は一七八〇年当時のそれと本質的に同じであった。確かに進歩や改善はあったが、それらの変化は程度上のものであって種類上のものではなかった。そうであるばかりでなく、それより二十年前の艦隊も、ホークやその同僚たちの指揮の下にビスケー湾の冬にもあえて行動した。

「ホークの通信文には、冬の暴風の中でも海上に行動し続けることが可能であるのみならず、それが彼の義務であること、またそうすることによってやがて〝りっぱに義務を果たし〟うるようになるであろうということを、ホーク自身一瞬たりとも疑ったということを示すものは片鱗もない」とホークの伝記作者はいっている。

この政策に伴う困難

ホークやネルソンの時代よりも、フランス海軍の状態がより良く、その士官たちの性格や練度がより高かったという主張がもしあるならば、その事実は認めなければならない。それにもかかわらず、このような士官の数がなお非常に不足していて甲板勤務の質に重大な影響を及ぼし、また水兵の不足があまりにも大きいために定員を陸兵で満たさなければならないことに、海軍省もやがて気づいたという事実は認めなければならない。またスペイン海軍の人員に関しては、十五年後の状態より当時の方が良かったと信ずべき理由はない。それより十五年後、当時ネルソンはスペインがフランスに若干の艦艇を譲渡したことについて述べ「スペイン人を配員しないのは当然のことだと思う。スペイン人を配員することはそれらの艦艇を再び失う最も容易な方法であるからである」といった。

しかし事実において、劣勢側が敵の艦艇を無力化する最も確実な方法は、港内にいる敵艦艇を監視して、もし出てきたならばそれと戦うことである、ということはあまりにも明白なことであって、議論の余地はない。ヨーロッパにおいてこれを実施するに当たり唯一の重大な障害は、フランス及びスペインの沿岸における、特に冬の長い夜間の厳しい天候であった。この厳しい天候は、強力でよく管理された艦艇ですらとても耐えられない直接的災害の危険をもたらした。それのみならず、いかなる熟練技量をもってしても阻止することのできないような不断の緊張をもたらした。したがって修理のため又は乗員の補充交代のため送り返す艦艇と交代のために多数の予備艦艇を必要とした。

もし封鎖艦隊が、敵の取らなければならない航路の側面に便利な錨地を見つけることができるならば、問題は大いに簡単になるであろう。ネルソンが一八〇四年と一八〇五年に、ツーロン艦隊を監視の際サルジニア島のマダレナ（Madalena）湾を使用したのはその例である。当時ネルソンは麾下の艦の多くが異常に悪い状態にあったため一層その方法をとらざるを得なかった。それでジェームズ・ソーマレズ（James Saumarez）卿は一八〇〇年に、封鎖部隊のうちの沿岸部隊を荒天時停泊させるために、ブレストからわずか五マイルしか離れていないフランス海岸のドゥアールネ（Douarnenz）湾を使用さえした。この見地からはプリマスやトルベーの地点は完全に満足であるとは考えられない。マダレナ湾のように敵の航路の側面にあるためではなくして、サンタ・ルシアのように敵の航路のむしろ後方にあるからである。それにもかかわらずホークは、精励でよく管理された艦はこの不利点を克服しうることを実証した。また後でロドネーもまたそれほど荒れていない場所においてそれを証明した。

一七七八年戦争における英海軍の配備

一七七八年の戦争全体についていえば、イギリス政府は使用可能な艦艇の使用に当たってアメリカ、西インド諸島及び東インド諸島の海外派遣部隊を敵の部隊と同兵力に維持した。ある特定のときにはそうでない場合もあったが、艦艇の配備について全体的にいえばこの記述は正確である。ヨーロッパにおいてはこれとは反対に、また上述の政策の必然的結果として、イギリス艦隊はフランス及びスペインの諸港にある敵艦隊よりはるかに劣勢であるのが常であった。したがってイギリス艦隊は、非常に慎重に、また分遣された敵の小部隊に遭遇するという幸運に恵まれた場合のみ、攻勢的に使用することができた。それにしても、もし決定的な勝利でなければ、高価な勝利となり、戦闘に参加した艦艇がその結果一時的に使用不能になるという危険を必然的に伴っていた。したがってイギリスの本国艦隊（すなわち海峡艦隊）——ジブラルタル及び地中海との交通線は同艦隊に依存していた——は、戦闘についても天候についても非常に経済的に使用され、本国海岸の防衛又は敵の交通線に対する作戦に限定して使用された。

インドは非常に遠く離れているので、そこでもこの政策について例外的措置を取ることはできなかった。インドに派遣された艦艇は行ったままで、突然の緊急事態の目的で、増強することも召喚することもできなかった。この戦域は独立していたのである。しかしヨーロッパ、北アメリカ及び西インド諸島は一つの大きな戦域と見なされるべきであった。その全戦域を通じて事件は相互に依存しあっており、そのいろいろな部分は大なり小なりの重要性を持つ緊密な関係にあり、それらには然るべき注意が払われるべきであった。

海軍基地を要塞化しないときの影響

交通線の守護者としての海軍が戦争における支配的要素であるとするならば、また海軍及び交通線と称せられる補給の流れの両者の源泉が本国にあり、本国では主要兵器廠に集約されているとするならば、次の二つのことがいえる。

第一は、守勢に立つ国すなわちイギリスの主要努力は、これらの兵器廠の前面に集中されるべきであったということ。第二に、このような集中のためには、海外の交通線を不必要に拡大して、それを守る派遣部隊を絶対に必要とする程度以上に増強するようなことはすべきでなかったということである。第二の考慮事項と密接な関連があることであるが、交通線が通じている死活的に重要な地点は要塞化その他によって強化する義務がある。そうしてこれらの地点はいずれにせよその保護を艦隊に依存すべきではなく、適当な間隔で行われる補給及び増援のみを艦隊に依存するようにしなければならない。たとえばジブラルタルは、事実上難攻不落であり、また非常に長時間持ちこたえられる補給品を貯蔵しているので、これらの条件を十分に満たしている。

もしこの考え方が正しいならば、アメリカ大陸におけるイギリスの兵力配備は非常に誤まっていた。イギリスはカナダ並びにハリファアックス、ニューヨーク及びナラガンセット湾を保有し、またハドソン河の線を支配下に収めていたので、叛乱地域の大きな部分、おそらくその決定的に重要な部分を孤立化させることが可能であった。またニューヨークやナラガンセット湾を当時のフランス艦隊が攻撃できないようにすることもできたであろう。こうして海上からの攻撃に対して守備隊の安全を確保しイギリス海軍の任務を最小にすることもできたであろう。また敵部隊がヨーロッパの兵器廠の前面にあるイギリス艦隊の目を逃れてアメリカの海岸に現われた場合には、イギリス海軍はニューヨークやナラガンセット湾に避難することができたであろう。しかしそのような措置は取られず、これらの二つの港は弱体な防備のまま放置された。両港は、もしネルソンやファラガット（Farragut）のような勇敢な指揮官の攻撃を受ければ陥落していたであろう。一方ニューヨークの陸軍は二度にわたって分割され、はじめはチェサピーク湾へ、そして後ではジョージアへ派遣された。しかし分派された部隊のいずれもその任務を達成するのに十分なほど強力ではなかった。こうしていずれの場合にも二分された英陸軍部隊の間に敵を置くように制海権が行使された。当時英陸軍部隊はもし二分されなかったならば、途中に敵が介在する地域を強行突破することはできなかったであろう。二分された英陸軍部隊間の交通は全面的に海路に依存していたため、交通線が長くなるのに伴い海軍の任務は増大した。こうして諸海港を防護する必要性と長くなった交通線とが相まって、アメリカへの派遣部隊の増強を促し、それだけヨーロッパの決定的地点における海軍兵力は弱体化された。こうして南方遠征部隊の派遣の直接的結果として、一七七九年にデスタン（D'Estaing）がアメリカ海岸に現われるや、急いでナラガンセット湾を放棄することになった（注1）。

（注1）これについてロドネーは「ロードアイランドからの撤退は取りうる方策のうちで最も致命的なものであった。それはアメリカにおける最良かつ最も貴重な港湾を放棄したものである。艦隊はそこから四十八時間でアメリカの三つの主要都市すなわちボストン、ニューヨー

ク及びフィラデルフィアを封鎖することができたのである」といっている。

西インド諸島においてはイギリス政府にとって当面の問題は、反乱地域の制圧ではなく、多数の小さな実り多い島々の確保にあった。すなわちそれらの島を保有し続け、それらの島との貿易を敵の略奪からできる限り自由にしておくことにあった。このためには敵の艦隊及び単独行動の巡洋艦(今日〝通商破壊艦〟と呼ばれているもの)の両者に対する海上の優位が必要であることはここで繰り返すまでもない。いかに警戒を厳重にしてもこれらをすべて港内に閉じこめておくことはできないので、イギリスはフリゲート艦や軽快艦艇をもって西インド諸島の海域の哨戒を行わなければならない。しかし現場のイギリス艦隊——いつでもフランス艦隊とほぼ同等であるに過ぎず、またしばしばそうであったように同兵力以下に低下しがちであった——をもってフランス艦隊を抑制するよりは、もしできるならばそれを一掃してしまう方が確かによかったであろう。イギリスは守勢に立たされていたので、こうして劣勢の場合は常に損害を受け易かった。イギリスは実際にイギリスの島々の多くを敵の奇襲によって一つ一つ失っていった。そして別々の機会にイギリス艦隊は港の砲台の下に閉じこめられた。一方敵は自分が劣勢であることがわかれば、増援兵力を待つことができた。そうして待っていても何も恐れるものはないことを知っていたからである(注2)。

(注2)サンタ・ルシア島の喪失は、イギリスの提督の大胆さとすぐれた技量により、他方フランス艦隊は大いに優勢であったにもかかわらずその指揮官の専門的能力が不足していたこと

によるものであって、上記の論述を妨げるものではない。

またこの困難は西インド諸島に限られなかった。これらの島はアメリカ大陸に近いため、攻撃側は、防御側が攻撃側の目的を確めることができる前に、二つの方面にいる麾下部隊を合同することが常にできた。このような合同は、天候や季節の状況を熟知していたことによってある程度コントロールされたが、一七八〇年及び一七八一年の事件は、最も有能なイギリスの提督がこのために混乱したことを物語っている。同提督の兵力配備は誤まったものではあったが、それは彼の心が不確定であったことを反映したものであった。あらゆる場合を通じて防御側に共通なこの困難の上に、イギリス帝国の繁栄が主としてかかっていたその大きな貿易に対する懸念が加わったのであるから、西インド諸島におけるイギリス提督の任務が軽くも単純でもなかったことは認めなければならない。

英海軍の分散、各地で劣勢を暴露

ヨーロッパにおいては、これらの大部隊が西半球に派遣されていて不在であったため、イギリス自身及びジブラルタルの安全は大きな危険にさらされた。ミノルカの喪失もこの兵力不在に帰することができよう。同盟側の六十六隻の戦列艦が、イギリス一国で集め得た三十五隻に立ち向って彼らをイギリスの港湾内に追いこんだとき、同盟側によるイギリス海峡支配が実現した。その海峡支配こそは、ナポレオンが自分はそれによって疑いもなくイギリスの支配者になれるだろうと公言したものであった。三十隻の艦艇からなるフランスの分遣隊は三十日間、ぐずぐずしたスペイン隊の来着を待ってビスケー湾に行動した。しかしイギリス艦隊の妨害は受けなかった。ジブラルタルはイギリスとの交通の途絶のために一度ならず飢餓の寸前にまで追いつめられたが救われた。しかしそれはイギリス政府が適当に配備した海軍力によってではなく、イギリスの士官たちのすぐれた技量とスペイン軍の非能率のためであった。あの最後の大救援作戦の場合、ホー卿の艦隊は同盟艦隊の四十九隻に対してわずかに三十四隻を数えるに過ぎなかったのである。

それでは、イギリスが苦労したこのような困難な状態の中で、次のうちのいずれがよりよい方策であっただろうか。その一つは、敵をその港から自由に出撃させ、敵の攻撃に暴露された各根拠地に十分な海軍兵力を維持することによりこれを要撃しようとするもの。他は、あらゆる困難な情勢の下において敵の本国の兵器廠を監視しようとするものである。ただしそれは、敵のすべての襲撃を阻止し又はすべての船団を妨害するといったあてにならない希望をもってするのではなくして、敵の大合同を挫折させ又はいかなる大艦隊であれそのすぐあとを追跡しようとする期待をもってするのである。このような監視(watch)を封鎖(blockade)と混同してはならない。封鎖という言葉はしばしば、しかも全く不正確に監視という意味に使用されるが。

「閣下に申し上げますが、私は決してツーロンを封鎖してきたのではありません。事実は全く反対であります。敵には出撃のあらゆる機会を与えてきました。わが国の希望と期待を実現するのは海上においてであるからであります」とネルソンは書いている。彼は再びいう――「もしフランス艦隊に出撃の気持があれば、彼らをツーロン又はブレストに押しこめておくような何物もなかった」と。この言葉は幾分誇張されてはいるが、フランス艦隊を港内に閉じこめておこうとする企てが望み得ぬことであったことは真実である。

ネルソンが十分な見張艦を適当に配備して敵の港の近くで待機を続けたのは、彼自身の表現を用いれば「地球の反対側まで敵艦隊を追いかけていく」ことを意図して、いつ彼らが出撃するか、そしてどちらの方向に向うかを知るためであった。彼は別の機会に次のように書いている――「フランス艦から成るフェロール（Ferrol）艦隊は地中海に進出するだろうと私は信じるに至った。もし同艦隊がツーロンの艦隊と合同すれば、われわれよりはるかに優勢になるであろう。しかし私は決して彼らを見失わないであろうし、ペリュー（Pellew）（フェロール沖のイギリス艦隊指揮官）はすぐ彼らのあとを追うであろう」。

事実、あの長期にわたった戦争の期間中、フランス艦艇部隊が天候の悪化、封鎖艦隊の一時的不在又は封鎖艦隊司令官側の誤判断に乗じて脱出することがしばしば起こった。しかし警報がすみやかに出され、多数のフリゲート艦中の若干隻が脱出部隊を発見し、彼らが向いそうな目的地を見きわめるためにそのあとを追い、地点から地点へ、艦隊から艦隊へと信号を送り、そしてやがて同等兵力の部隊が必要とあれば「地球の反対側まで」彼らを追跡した。フランス政府による海軍の伝統的な用法によれば、フランスの遠征部隊は敵艦隊と戦うためにではなく「隠れた目的」をもって出撃した。このためそのすぐあとに続いたやかましい急追は、それが一隊のみによるものであっても、既定計画を整然と実施する上に助けになるどころか大いに妨げになった。また別々の港から出撃する部隊を一体にすることにかかっていた大合同にとってこの追跡は絶対的に致命的であった。

一七九九年に二十五隻の戦列艦を率いてブレストを出撃したブルーイ (Bruix) の冒険的な行動、そのニュースの迅速な伝播、イギリス軍の活発な行動と個々の錯誤、フランス側の計画の挫折（注3）と厳しい追跡（注4）、一八〇五年のミシェシー (Missiessy) のロシュフォールからの脱出及び一八〇六年のウィロームズ (Willaumez) とレセーグ (Leissegues) の部隊のブレストからの脱出——これらはすべてトラファルガルの大会戦とともに、ここに示唆された路線に沿った海軍戦略の興味ある研究資料を提供するものとして挙げてよいであろう。一方一七九八年の会戦はナイルの海戦で華々しい幕を閉じたのであるが、フランスの遠征部隊がツーロンを出撃したときにイギリス軍はその前面に部隊を配備していなかったことと、ネルソンに十分なフリゲート艦が与えられていなかったために、同会戦は危うく失敗しかけた場合として引用することができるであろう。一八〇八年のガントーム (Ganteaume) の九週間の地中海巡航もまた、あのような狭い海域においても、監視せずに出撃を許してしまった艦隊をコントロールすることがいかにむつかしいかを示している。

（注3）ブルーイのためにフランス執政府が策定した会戦計画は実施不可能になった。フランス及びスペインの戦隊の合同が遅れたために、イギリスに地中海に六十隻の艦艇を集めることを許してしまった。

（注4）ブルーイの指揮するフランス及びスペインの連合艦隊は帰途、地中海から彼らを追跡してきたキース (Keith) 卿よりわずか二十四時間前にブレストに到着したに過ぎなかった。

一七七八年の戦争と他の戦争の海軍政策比較

フランスの古い王政時代には、帝国時代の厳格な軍事独裁主義のように艦隊の動きを秘匿することはしなかったが、一七七八年の戦争から上記の事例に類似したものを引用することはできない。両時代ともイギリスは守勢に立った。しかし初めの方の戦争（一七七八年の戦争）においては、イギリスは防衛の第一線である敵の港の沖合いに兵力を配備することを断念して、広く散らばっている帝国のすべての部分に艦隊を分散配備することによってそれらを防護しようとした。一つの政策の弱点を示しながら他の政策の困難性と危険性を認めようと試みたのである。

一七七八年の戦争より後の方の戦争におけるイギリスの海軍政策は、敵海軍を閉じこめるか又はそれに戦闘を強いるかのいずれかによって、短期間で戦争に決着をつけることをねらった。それは海洋が戦域内のいろいろな部分を同時に結合もし分離もする場合には、それが情勢の鍵であることを認識してのことである。そのためには数において同等でしかも効率においてすぐれた海軍を必要とし、海軍には限られた行動範囲を割り当て、しかもそのおのおのに配備された各戦隊が相互に支援できる程度にそれを狭ばめることが必要である。このように兵力を配備した場合、出撃する敵のいずれの部隊をも阻止ないし圧倒するには技量と用心深さが必要である。それは敵の艦隊に対して攻勢を取ることによって遠隔の領土と貿易を守るものであり、敵の艦隊こそが彼らの真の敵であり主要目標である。また本国の港の近くにいるので、修理をする艦艇の交代と更新は最小の費消時をもって行うことができ、海外基地の少い資源に対する需要は少くてすむ。

前者の政策が有効であるためには、敵よりも数において優勢でなければならない。各部隊は遠く離れ過ぎていて相互支援ができないからである。したがって各部隊はそれに対抗する敵のありそうないかなる合同に対しても同等でなければならない。ということは、敵は予想外に増強されるかも知れないので、いずれの場所においても実際に対向する敵の部隊よりも優勢でなければならないことを意味する。兵力において優勢でない場合、このような守勢的な戦略はいかに実施不可能でかつ危険であるか。それは、イギリス軍がどこにおいても敵と同等であろうと努めたにもかかわらず、ヨーロッパにおいても海外においてもしばしば劣勢であった事実によっても明らかである。一七七八年のニューヨークにおけるホー、一七七九年のグレナダ（Grenada）におけるバイロン（Byron）、一七八一年のチェサピーク沖のグレーブス（Graves）、一七八一年のマルチニック島及び一七八二年のセント・キッツ（St. Kitt's）のフッド、彼らはすべて劣勢であった。当時ヨーロッパの同盟艦隊はイギリス艦隊より圧倒的に優勢であった。その結果、航海に適しない艦艇はこれを本国へ送り返して兵力を減ずるよりはむしろ残しておいたので、その乗員は危険にさらされ、艦艇自身の損害も大きくなった。それは植民地の造船所に欠陥があって、大修理は大西洋を渡って本国に帰らなければできなかったからである。

以上二つの戦略の相対的経費に関しては、問題はどちらの方が同じ時間内により多くの経費を要するだろうかということのみでなく、どちらの方が効率的な行動によって戦争を最も短縮する傾向があるだろうかということにあった。

同盟国側の海軍政策

同盟国側の軍事政策はイギリスのそれよりも一層厳しい公然の非難を受けている。攻勢をとる側はその事実そのものによって守勢をとる側よりもそれだけ有利だからという理由によってである。同盟側が両者の兵力を合同するという最初の困難を克服したとき――いかなるときにもイギリスは同盟側の合同を真剣に妨げたことがないことはすでに見てきたとおりである――同盟側はその数的に優勢な兵力をもってどこで、いつ、またいかにして攻撃するかの選択の自由を得た。彼らはいかにしてこの公認の絶大な利点を利用したか。彼らはイギリス帝国の周辺を少しずつかみ取り、ジブラルタルに自分の頭をたたきつけたのである。フランスが行った最も真剣な努力は合衆国に一個戦隊と一個師団の軍隊――実際に目的地に到着した二倍の兵力の派遣を意図した――を送ることであった。その結果、イギリスは一年たつかたたないうちに植民地と戦うことの絶望的なことを覚り、こうしてそれまでイギリスの相手を非常に有利にしていたイギリスの兵力分散に終止符を打った。

西インド諸島においては、概してイギリス艦隊の不在のために小さな島が次々といとも容易に攻略された。そのことは、もしイギリス艦隊に対して決定的勝利を収めるならば、すべての問題がいかに完全に解決されたであろうかということを物語っている。しかしフランス軍は多くの好機に恵まれながらも、すべてがそれに依存していた敵兵力を攻撃するという簡単な方法によって問題を解決しようとはしなかった。

スペインはフロリダで勝手に振舞い、圧倒的な兵力をもって若干の成功を収めたが、それらは軍事的になんらの価値もないものであった。

ヨーロッパにおいてはイギリス政府がとった計画のためイギリス海軍部隊は年々劣勢のまま放置された。しかし同盟側の計画した諸作戦はどのみちイギリス海軍部隊の撃破を真剣に企図したものとは思えない。三十隻の戦列艦から成るダービー（Derby）の戦隊を四十九隻の同盟艦隊が外海に開けたトルベイ（Torbay）の泊地において取り囲んだ決定的な場合においても、軍議の結果戦わないことに決定したことは連合海軍の作戦の性格を端的に現わしていた。ヨーロッパにおける同盟側の力の発揮をさらに困難にしたのは、スペインが長い期間にわたってその艦隊をジブラルタルの近傍に縛りつけることを頑強に固執したことであった。しかしイギリス海軍に対し、ジブラルタル海峡において、又はイギリス海峡において、あるいは洋上において痛烈な打撃を与えることが、一度ならずも飢餓の寸前にまで追いやられたジブラルタル要塞を攻略する最も確実な道であるという事実を実際に認識したことは一度もなかった。

同盟側の誤まり

同盟側の両宮廷は、攻勢的な戦争の実施に当たって意見の相違や警戒心によって悩まされ、それが大部の海軍合同運動を妨げた。スペインの行動はほとんど不誠実というほど利己的であったように見える。一方フランスの行動はより誠実であり、したがってより健全であったようである。賢明に選択された共通の目標に対し心から協力して一致した行動をとれば、両国の目的は一層よく推進されたであろう。またいろいろな兆候が同盟側、特にスペイン側の非効率的な管理及び準備を示していること、及び人員の質（注5）がイギリスのそれに劣っていたこともまた認めなければならない。

（注5）この記述においては、フランスの士官たちの多くのものの高い専門的な技能は看過されていない。人員の質は、良い兵員の数が不十分なために劣った人員によって薄められる。「われわれの乗員は一七七九年の会戦における諸事件によって重大な影響を受けた。一七八〇年の当初には、若干の艦艇の役務を解くか、それとも乗員の中に加える陸兵の率を上げるかのいずれかが必要であった。海軍大臣は後者の方法をとった。陸軍から引き抜かれた新しい連隊が海軍の使用に供せられた。戦争の当初多数というにはほど遠かった士官団は完全に不十分なものになった。デ・ギシェン（de Guichen）少将は、自分の艦隊の将兵の定員を満たすのに最大の困難に直面した。彼が海軍大臣に書き送ったように、彼は〝配員の悪い〟艦艇を率いて二月三日に出港した」（シュバリエ著〝フランス海軍史〟）。「一七七八年の戦争中われわれはわれわれの艦艇に士官を補充するのに最大の困難に直面した。たとえ提督、代将、艦長を任命することは容易であったとしても、尉官の階級の士官の間に死亡、病気又は進級によってできた欠員を埋めることは不可能であった」（シュバリエ著〝共和制下のフランス海軍〟）。

しかし準備及び管理の問題は、深い軍事的関心事であり重要なものであるが、同盟側の両宮廷が目標の選択と攻撃従って戦争目的の達成に当たって採用した戦略的計画ないし方法とは非常に異っている。したがってそれらを検討することは、この論考を不当に拡大するのみならず、主題に無関係の細目事項を積み上げることによって戦略的問題をぼかすことにもなろう。

隠れた目的

戦略的問題については、「隠れた目的」という言葉が海軍政策の基本的な誤まりを具体的に現わしているというのは含蓄のある表現といえよう。隠れた目的のために同盟国の希望は水泡に帰した。同盟国はそれらの隠れた目的にじっと眼を向けるために、その目的に至る道を不注意にも通り過ぎてしまったからである。目指す目的を達成しようと熱望するあまり、目的を達成しうる唯一の手段にめくらになった。したがって戦争の結果として、至るところで目的を達成することができなかった。再び前に述べた要約を引用すると、同盟側の目的は「それぞれが被った損害に対し復讐し、イギリスが洋上において維持していると主張するあの専制的帝国に終止符を打つこと」にあった。しかし彼らが達成した復讐は彼ら自身にとって益のないことであった。彼らはアメリカを解放することによってイギリスに損害を与えた、と当時の世代の人々は考えた。しかし彼らはジブラルタルやジャマイカにおける過失を回復しなかった。イギリス艦隊はその傲慢な自負心を減ずるような取り扱いはなんら受けなかった。北方諸国の武装中立は成果なく終った。そして海洋上のイギリス帝国はやがて以前同様に圧制的になり、またより絶対的なものになった。

同盟海軍体系的に守勢的姿勢をとる

準備や管理の問題、イギリス艦隊と比較しての同盟艦隊の戦闘素質の問題は除外して、数的に大いに優勢であったという論議の余地のない事実のみを見ると、同盟側は攻勢に立ちイギリスは守勢に立っていた。しかし同盟艦隊はイギリス海軍の前面では習慣的にその態度が守勢的であったということは、戦争の軍事的実施における最高の要素として注目の必要がある。戦略的な大連合においても、また戦場においても、同盟側には敵艦隊の分力を粉砕し、彼我の兵力差をより大きくし、イギリス帝国を支えている組織された部隊〔艦隊〕を撃破することによって海洋の帝国に終止符を打つために、優勢な兵力を使用しようとする真剣な目的は見られない。サフラン (Suffren) によるただ一つの輝やかしい例外を除き、同盟海軍は戦闘を避けるか又は受けて立った。彼らは決して戦闘を敵に押しつけることをしなかった。それでもイギリス海軍がこうして無事海上を動き回ることができた限りにおいては(実際にしばしばあったように)イギリス海軍が同盟側の会戦の隠れた目的を挫折させないという保障はなかった。それのみならずイギリス海軍がなんらかの好機に重要な勝利を収めて、兵力の均衡を回復する可能性も常にあった。しかしイギリス海軍がそうしなかったということは、イギリス政府の責任に帰すべきである。しかしもしイギリスが誤まってそのヨーロッパ艦隊を同盟国の艦隊よりもはるかに劣勢ならしめたとするならば、同盟側がその誤まりを利用しなかったことはもっと責められるべきであった。攻撃をとる一層強い方の側は、多くの地点を懸念する防御側が不当に兵力を分散した（それは正当化されるものではないが）ために困ったといって言い訳をすることはできない。

通商破壊の魔力

ここで再び行動方針中に現われ、最後に批判を加えるフランス人の国民的偏見が、当時の政府及び海軍士官の双方にあったようである。それはフランス海軍の行動方針の鍵である。また著者の意見によれば、この戦争からフランスにとってより実質的な結果を達成し得なかったことの鍵である。高い教養があり勇敢な海軍軍人の一団が、彼らの崇高な職業にとってはつまらない役割を一見不平もなく引き受けたことは、伝統が人々の心をいかに強く支配するかを示すものとして教訓的である。それはまた、もしこれらの批判が正しいならば、現在一般にいわれている意見とかもっともらしい印象は、常に十分検討すべきであるという警告を伝えるものである。もしそれらの意見や印象が誤まって作用するならば、確実に失敗し、またおそらく災害をもたらすであろうからである。

戦争において通商破壊の効果を（特にイギリスのような通商国家に対して指向する場合）主として頼りにするという考え方を当時のフランスの士官は広く抱いていたが、今日の合衆国でもその考え方は一層広く行きわたっている。有名な士官ラモット・ピケ（Lamotte-Picqut）は「私の意見ではイギリス人を征服する最も確実な方法は、彼らを通商において攻撃することである」と書いている。通商に対する重大な妨害により国に苦悩と困窮がもたらされることは、すべてのものが認めるであろう。それは疑いもなく海軍戦争において非常に重要な第二位の作戦であり、戦争そのものを終結するまでそれは放棄されそうにない。しかしそれ自体において敵を粉砕するのに十分な、主要かつ基本的な方法であると考えるならば、それはおそらく思い違いであろう。また安上りの方法だという魅惑的な衣をまとって国民の代表者たちに提示されるときは、最も危険な妄想となろう。特にそれを指向する国が（イギリスがかつて持ちかつ現在も持っているような）強力なシーパワーの二つの必須要件たる、広範囲にわたる健全な通商と強力な海軍を持っているときは、それはミスリードするものである。国の歳入と産業が、スペインのギャリオン船〔一五〜一七世紀にスペインでおもに軍船又はアメリカとの貿易船として使用された大帆船〕の小船隊のような少数の宝船に集中されるときは、軍資金はおそらく一撃の下に切断されるだろう。しかしその国の富が行ったり来たりする幾千隻もの船に分散される場合、その体制の根が広く広がりかつ深く根ざしている場合は、その国は多くの苛烈な衝撃に耐え、相当多くの大枝を失うことがあってもその生命には影響を受けないですませることができる。通商の戦略的中枢を長期にわたって支配して軍事的に海洋を管制することによってのみ、そのような攻撃を致命的なものとすることができる（注6）。そしてこのような制海能力は、強力な海軍と戦いそれに打ち勝つことによってのみその海軍から無理に奪い取ることができるのである。イギリスは二百年の間世界の大商業国であった。イギリスは平時も戦時もその富をほかのいずれの国よりも海洋に托していた。しかもすべての国の中でイギリスは通商免税及び中立国の権利を認めることを最もいやがっていた。歴史は、イギリスの拒否を権利の問題としてではなく政策の問題とみなしてこれを正当化してきた。そしてもしイギリスが十分な兵力の海軍を維持するならば、将来も過去の教訓がくり返されるであろうことに疑問の余地はない。

（注6）イギリスの通商の重要中枢はイギリス諸島周辺の海域にある。連合王国は今やその食糧の補給を大いに海外に依存しているので、フランスは通商破壊によってイギリスを苦しめるのに最も有利な位置を占める国ということになる。フランスはイギリスに近く、また大西洋と北海の両方に港を持っているからである。過去においてイギリスの船舶を悩ました私掠船はこれらの港から出撃した。昔の戦争の際にはフランスはイギリス海峡に良港を持っていなかったが、今ではシェルブール（Cherbourg）を持っているので、フランスの立場は以前より現在の方が強くなっている。一方蒸気や鉄道のために連合王国の北方海岸の諸港は一層利用できるようになった。そしてイギリスの船舶は以前ほどイギリス海峡の付近に集中する必要がなくなった。

一八八八年の夏の行動中、イギリス海峡内及びその近くで巡洋艦が行った商船の捕獲が大いに重要視された。合衆国は、これらの巡洋艦が本国の港の近くで行動したことを忘れてはならない。彼らの石炭補給線の長さは二百マイルであったかも知れない。彼らを本国から三千マイルのところで活躍させることはそれとは非常に異ったことであったであろう。このような場合に、石炭を補給、又は艦底の掃じとか必要な修理などの便宜を供与することは、イギリスに対しては非常に非友好的である。したがって近隣の中立国がフランスの巡洋艦にそれをさせるかどうかは大いに疑わしいかも知れない。

単独行動する巡洋艦による通商破壊は、広範囲にわたる兵力の分散に依存している。一方大艦隊をもってする戦略中枢の管制を通じて行う通商破壊は、兵力の集中に依存している。それらを副次的作戦ではなく主作戦と見なすならば、幾世紀もの経験から前者は非難されるべく、後者は正当化される。

一七八三年の平和の条件

イギリスと同盟国宮廷の間の平和予備条約が一七八三年一月二十日ベルサイユにおいて調印され、この大戦争に終止符が打たれた。その二ヵ月前にイギリスとアメリカの委員の間で協定が締結され、それによって合衆国の独立が認められた。これがこの戦争の大きな結果であった。ヨーロッパの交戦国の間では、イギリスは、フランスからトバゴ（Tobago）以外の、いったん失っていたすべての西インド諸島の島々の返還を受け、一方サンタ・ルシアを放棄した。インドにおけるフランスの諸根拠地は返還された。ツリンコマリは敵が保有していたので、イギリスはそのオランダへの返還に反対することができなかった。しかしネガパタム（Negapatam）の割譲は拒否した。スペインに対してはイギリスは両フロリダとミノルカを引き渡した。もしスペインの海軍力がミノルカを保有し続けるのに十分なほど強力であったならば、それを失ったことはイギリスにとって深刻であったであろう。事実、次の戦争においてミノルカは再びイギリスの手中に帰した。アフリカ西海岸の交易所についての若干の重要でない再配分もまた行われた。

それ自体つまらないものであるが、これらの取り決めについてただ一つの論評を加える必要がある。それは、来たるべきいかなる戦争においても、それらの取り決めが恒久性を持つか否かは、全面的にシーパワーの均衡に、海洋の帝国（それについてはこの戦争によって決定的なことは何一つ確立されなかった）にかかるであろうということである。

最終的な平和条約は一七八三年九月三日ベルサイユにおいて調印された。

アルフレッド・セイヤー・マハン（Alfred Thayer Mahan）
1840-1914年。アメリカ海軍の軍人、歴史家、軍事理論家。海軍兵学校卒業後、南北戦争に従軍。1886-89年および92-93年、海軍大学校校長。1902年にはアメリカ歴史学会会長を務めた。1906年少将で退役。

北村謙一（きたむら・けんいち）
大正4年、香川県生まれ。昭和12年海軍兵学校卒業、第二次世界大戦中は東南アジア、ミッドウェー、ソロモン方面の作戦に参加。終戦時海軍少佐。昭和27年海上自衛隊入隊。昭和32年米海軍大学校卒業。昭和43年海将。海上幕僚監部防衛部長、護衛艦隊司令官、横須賀地方総監、自衛艦隊司令官を歴任、昭和48年退職。平成8年没。

マハン海上権力《かいじょうけんりょく》史《し》論《ろん》

●

2008年6月16日　第1刷
2024年4月29日　第7刷

著者………アルフレッド・セイヤー・マハン
訳者………北村謙一《きたむらけんいち》
解説者………戸高一成《とだかかずしげ》
発行者………成瀬雅人
発行所………株式会社原書房
〒160-0022　東京都新宿区新宿1-25-13
電話・代表03(3354)0685
http://www.harashobo.co.jp
振替・00150-6-151594

装幀………和田悠里・沢辺均（Studio Pot）
印刷………株式会社平河工業社
製本………株式会社明光社印刷所
ISBN978-4-562-04164-0

本書は1982年小社刊『海上権力史論』に新たに解説を加筆した増補新装版である。

シャーマン・ケント **戦略インテリジェンス論**

シャーマン・ケント／並木均監訳、熊谷直樹訳

アメリカで「情報分析の父」と呼ばれたシャーマン・ケントによるインテリジェンス論を初邦訳。「情報」をどのように考えるか。インテリジェンスの意味から分類、いかに活用するかを明解に示した名著。　３０００円

ルーデンドルフ **総力戦**

エーリヒ・ルーデンドルフ／伊藤智央訳・解説

「第一次大戦により戦争の質は変化した。クラウゼヴィッツでは読み解けない」とした歴史的戦略論を最先端の日本人研究者による完全新訳。また詳細な解説論文を付す。現代でもなお通ずる論点が見逃せない。　２８００円

ルパート・スミス **軍事力の効用** 新時代「戦争論」

ルパート・スミス／山口昇監訳

「軍事力」についての意識を改めなくてはならない今、湾岸戦争、ボスニア紛争の司令官が自らの経験を通じて、これからの「戦争」「戦略」そして「軍事力」に関してつきつめた名著、待望の全訳。　３８００円

戦争文化論 上・下

マーチン・ファン・クレフェルト／石津朋之監訳

人類は戦争に魅了されていると著者は主張する。戦争は政治目的の手段に過ぎないというクラウゼヴィッツに異議を唱え「戦争とはなにか」を喝破、軍事史・戦略論の世界的権威が語り尽くす。　各２４００円

リデルハート **戦略論** 上・下　間接的アプローチ

Ｂ・Ｈ・リデルハート／市川良一訳

紀元前5世紀から20世紀まで軍事的に重要な世界の戦争を鮮やかに分析して構築した「間接的アプローチ理論」のすべて。クラウゼヴィッツ『戦争論』と並び称される20世紀の戦争学・戦略学の名著。　各２４００円

（価格は税別）

歴史と戦略の本質　上・下
歴史の英知に学ぶ軍事文化
ウィリアムソン・マーレーほか編著／今村伸哉監訳

現代人の教養としての「軍事文化」を学び、歴史研究との真のコラボレーションの重要性を踏まえて探究に取り組むためのスキルを身につける基本テキスト。国内外の課題を「戦略的」に考えるための必読書。各２４００円

マッキンダーの地政学
デモクラシーの理想と現実
H・J・マッキンダー／曽村保信訳

地政学を学ぶための最重要文献。国際関係を常に動態力学的に把握しようとする「ハートランドの戦略論」の全貌。地政学の祖マッキンダーの幻の名著。『デモクラシーの理想と現実』を改題、新装復刊。３２００円

マキアヴェリ戦術論
ニッコロ・マキアヴェリ／浜田幸策訳

ルネサンス期の自由都市フィレンツェ防衛のため、「戦争」に勝利するためになすべき支配・管理・統制の実際を、時代を超えた人間関係学として展開し、フランス革命後の国民軍構想を予言した先駆的名著。３２００円

新戦略の創始者　上・下
マキアヴェリからヒトラーまで
エドワード・ミード・アール／山田積昭・石塚栄・伊藤博邦訳

16～20世紀、世界を動かした35人の戦略・戦術家の思想と行動を解説。戦略が単に軍隊指揮を意味した時代から平時の政治、経済、外交を含む国家戦略に発展するまでの系譜を体系的に跡づけた戦略思想史。各２８００円

ハンチントン　軍人と国家　上・下
サミュエル・ハンチントン／市川良一訳

近代国家における軍人の行動とはどうあるべきなのか。アメリカを代表する国際政治学者が豊富な資料を駆使し、政治と軍事の関係およびシビリアン・コントロールの健全なあり方を究明した名著の新装復刊。各２４００円

（価格は税別）

第3図 北大西洋

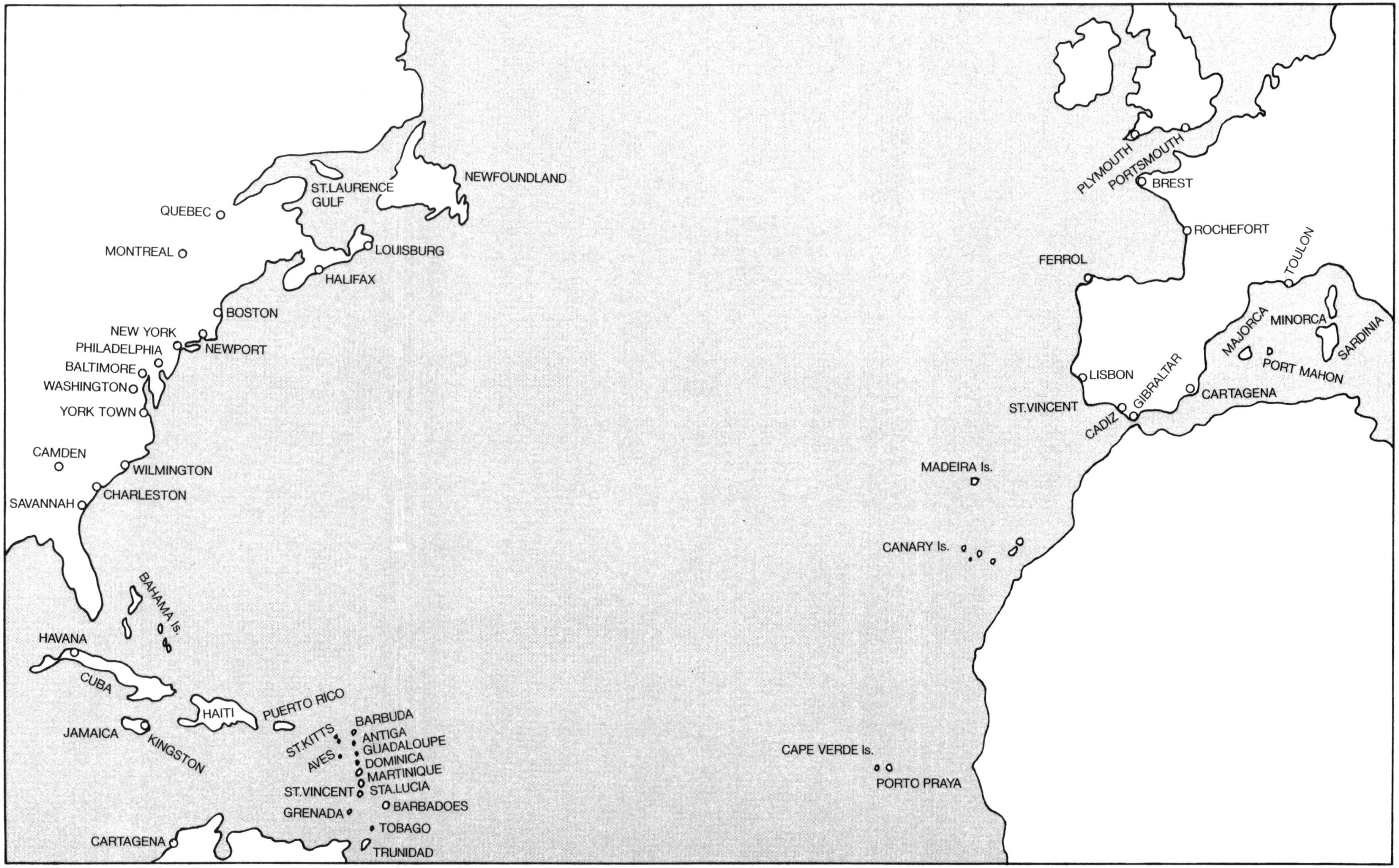
NEWFOUNDLAND
ST.LAURENCE GULF
QUEBEC
MONTREAL
LOUISBURG
HALIFAX
BOSTON
NEW YORK
NEWPORT
PHILADELPHIA
BALTIMORE
WASHINGTON
YORK TOWN
CAMDEN
WILMINGTON
CHARLESTON
SAVANNAH
BAHAMA Is.
HAVANA
CUBA
HAITI
PUERTO RICO
JAMAICA
KINGSTON
BARBUDA
ST.KITTS
ANTIGA
GUADALOUPE
AVES
DOMINICA
MARTINIQUE
ST.VINCENT
STA.LUCIA
BARBADOES
GRENADA
TOBAGO
CARTAGENA
TRUNIDAD
PLYMOUTH
PORTSMOUTH
BREST
ROCHEFORT
FERROL
TOULON
MINORCA
MAJORCA
SARDINIA
PORT MAHON
LISBON
GIBRALTAR
CARTAGENA
ST.VINCENT
CADIZ
MADEIRA Is.
CANARY Is.
CAPE VERDE Is.
PORTO PRAYA

第2図　イギリス海峡及び北海

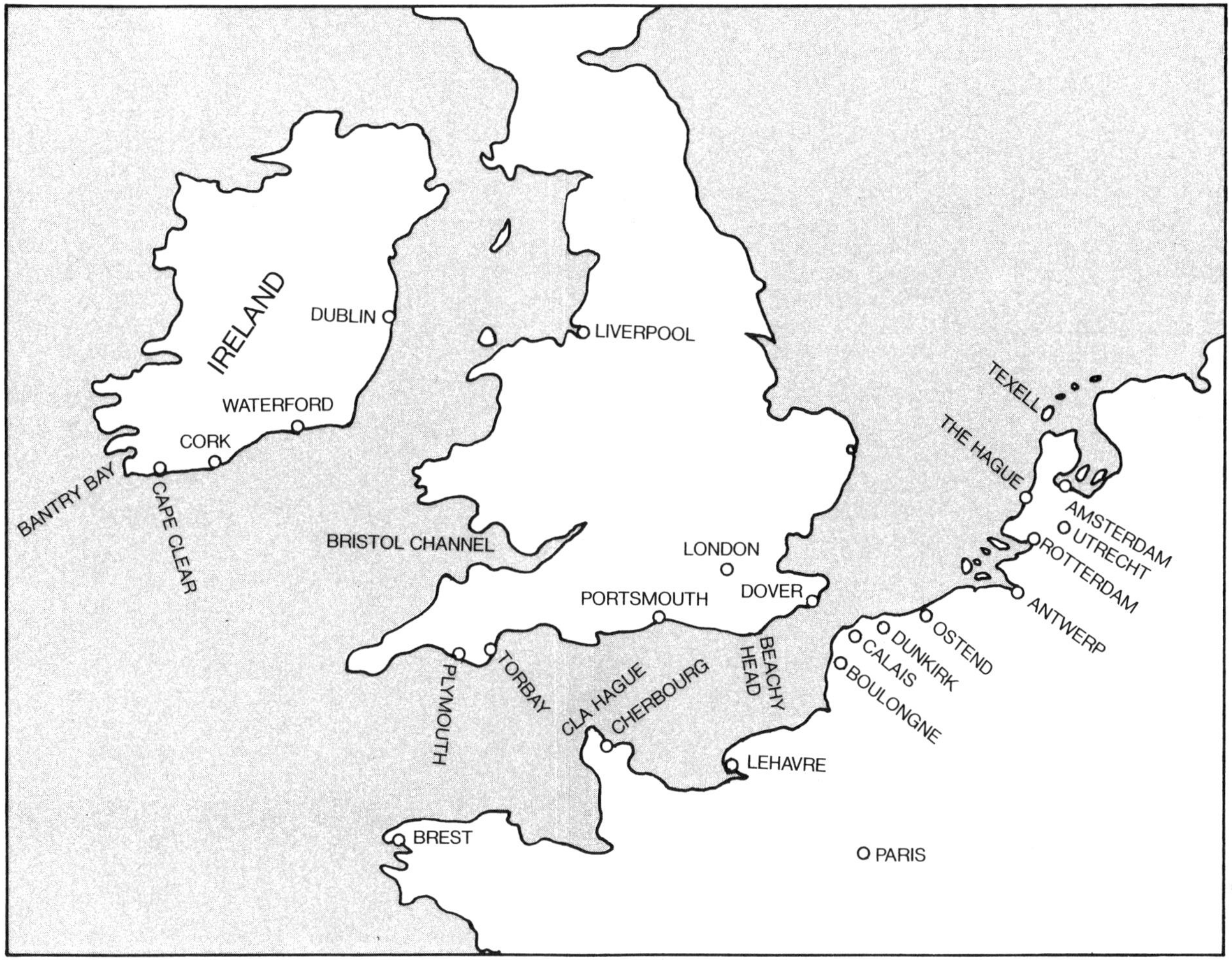

第1図　地　中　海

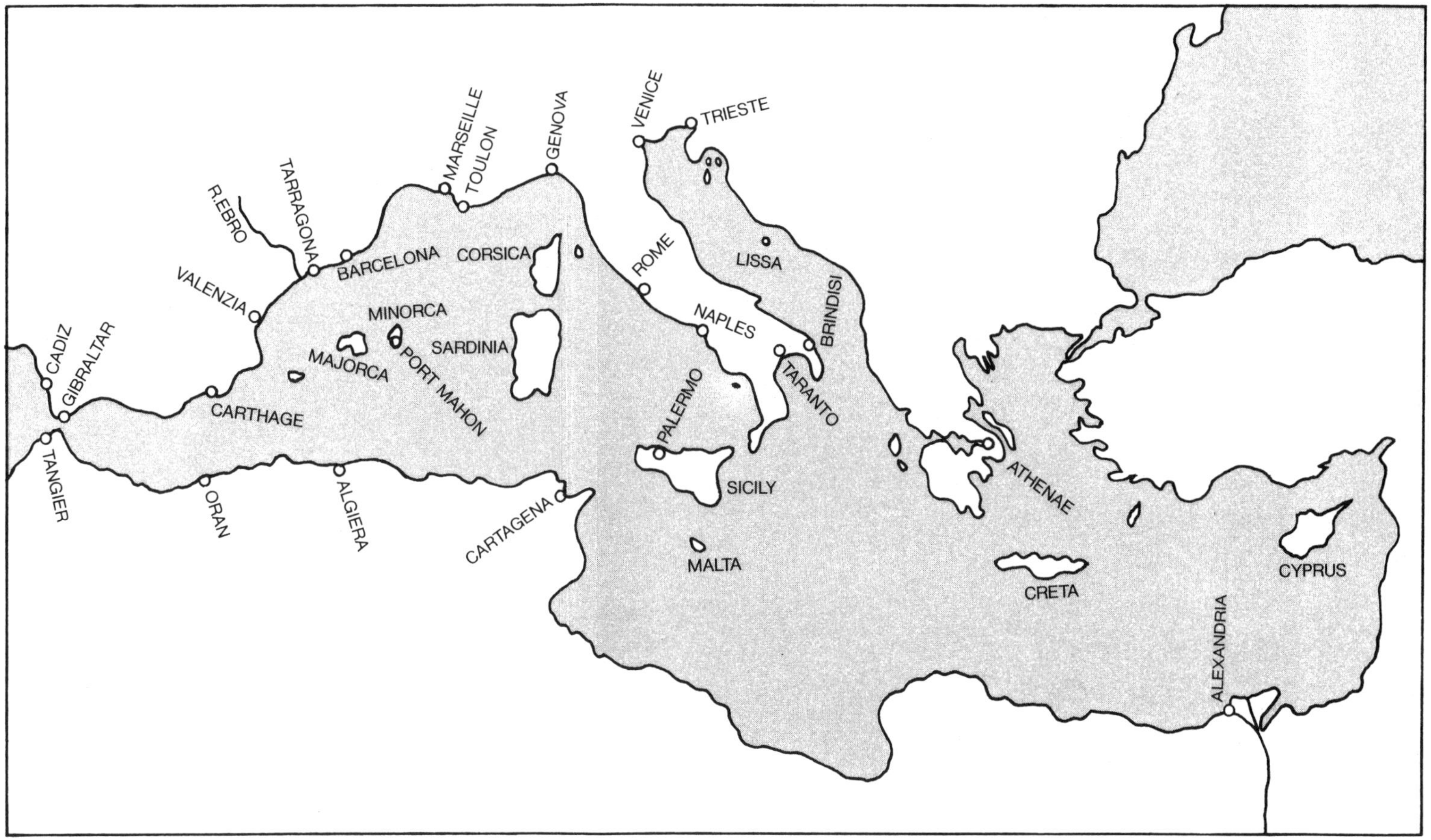
VENICE
TRIESTE
MARSEILLE
TOULON
GENOVA
R.EBRO
TARRAGONA
BARCELONA
CORSICA
ROME
LISSA
BRINDISI
VALENZIA
MINORCA
SARDINIA
NAPLES
CADIZ
GIBRALTAR
MAJORCA
PORT MAHON
TARANTO
PALERMO
CARTHAGE
TANGIER
ORAN
ALGIERA
CARTAGENA
SICILY
ATHENAE
MALTA
CYPRUS
CRETA
ALEXANDRIA